Zu diesem Buch

Die Natur, vor allem die Tier- und Pflanzenwelt, überrascht uns immer wieder durch die Fülle ihrer Formen und ihre feingegliederten Strukturen, in denen die Einzelteile höchst sinnvoll zusammenwirken. Wie entstehen diese Strukturen, und welche Kräfte sind dabei am Werk? Dies ist das Hauptthema der von Hermann Haken begründeten Synergetik. Sie ist ein interdisziplinäres Forschungsgebiet, denn Gestaltbildung findet überall statt: im Entstehen und Vergehen der Organismen, bei Laserlicht und chemischen Uhren, beim Wahrnehmen und Denken ebenso wie in kollektiven Entwicklungen von Gesellschaften, Politik und Wirtschaft.
Im Vorwort zu dieser überarbeiteten und erweiterten Neuausgabe seiner Einführung in die «Erfolgsgeheimnisse der Natur» schreibt der Autor: «Die Synergetik ist eine höchst lebendige Wissenschaft. Mir kam es darauf an, dem Leser ihre Grundkonzepte näherzubringen und aufzuzeigen, wie diese Konzepte immer wieder die Basis für die Interpretation von Selbstorganisationsvorgängen bilden. Das vergangene Jahrzehnt hat uns so viele überraschende neue Entwicklungen im Zusammenhang mit der Synergetik beschert, daß ich nicht daran zweifle, daß die Erforschung sich selbst organisierender komplexer Systeme erst am Anfang steht.»

Hermann Haken, geboren 1927, Studium der Mathematik und Physik in Halle und Erlangen, lehrt seit 1960 als Ordinarius für Theoretische Physik an der Universität Stuttgart. Forschungsschwerpunkte: Festkörperphysik, Quantenoptik, Lasertheorie und synergetische Prozesse. Zahlreiche Fachpublikationen und Sachbücher, zuletzt «Erfolgsgeheimnisse der Wahrnehmung» (1992).

Hermann Haken

Erfolgsgeheimnisse der Natur

Synergetik: Die Lehre vom Zusammenwirken

rororo

Rowohlt

rororo science
Lektorat Jens Petersen

Veröffentlicht im Rowohlt Taschenbuch Verlag GmbH,
Reinbek bei Hamburg, März 1995
Die Originalausgabe erschien 1981 unter dem Titel
«Erfolgsgeheimnisse der Natur. Synergetik: Die Lehre vom
Zusammenwirken» in der Deutschen Verlags-Anstalt, Stuttgart

Das Buch wurde vom Autor für diese Taschenbuchausgabe
überarbeitet und erweitert

Umschlaggestaltung Barbara Hanke

Satz Sabon (Linotronic 500)
Gesamtherstellung Clausen & Bosse, Leck
Printed in Germany
1690-ISBN 3 499 19744 8

Inhalt

Vorwort zur erweiterten Taschenbuchausgabe

Das vorliegende Buch kann bereits auf ein sehr erfolgreiches «Leben» zurückblicken. 1981 erstmals bei der Deutschen Verlags-Anstalt veröffentlicht, erlebte es dort mehrere Auflagen und dann als Taschenbuch zwei weitere Auflagen bei Ullstein. Parallel dazu erschien es in chinesischer, englischer, italienischer, japanischer und spanischer Übersetzung. Als mir Herr Petersen den Vorschlag machte, eine neue Taschenbuchausgabe bei Rowohlt vorzubereiten, habe ich dem begeistert zugestimmt. Dies war natürlich gleichzeitig der Anlaß zu prüfen, inwieweit das damals Geschriebene heute noch aktuell ist. Um es gleich vorwegzunehmen: Es ist aktueller denn je. Die Synergetik führte unter anderem zu der allgemeinen Erkenntnis, daß in bestimmten Situationen selbst kleine Änderungen von Umweltgrößen ein System zum schlagartigen Umkippen bringen können. Das Schlagwort *Klimakatastrophe* mag erhellen, wie zeitgemäß diese Erkenntnisse sind.

An den grundlegenden, in früheren Auflagen dargestellten Resultaten hat sich nichts geändert, hingegen ist die Synergetik in viele weitere Gebiete eingedrungen, was sich in zusätzlichen Kapiteln oder Abschnitten dieser Ausgabe widerspiegelt. Ein solches Kapitel, das zehnte, ist der Bewegungskoordination gewidmet, einem für die Sportwissenschaft wichtigen Gebiet, das aber auch zum Beispiel bei der Frage der Rehabilitation eine fundamentale Rolle spielt. Wie der Leser sehen wird, hat hier die Synergetik grundlegend neue Einsichten vermittelt.

Dem bisher schon vorhandenen Kapitel über Chaos habe ich noch ein weiteres (13) hinzugefügt, das sich nüchtern mit den theoretischen Grundlagen dieses Wissenschaftszweiges befaßt. Dies schien mir um so notwendiger, als nicht nur viel Sinniges, sondern in manchen Medien auch sehr viel Unsinniges zur Chaostheorie veröffentlicht worden ist. Zugleich wird hier deutlich, wie eng die Chaostheorie und die schon früher entstandene Synergetik miteinander verknüpft sind und wie so

manches, was heute der Chaostheorie zugeschrieben wird, schon im Rahmen der Synergetik entwickelt und entdeckt wurde.
Weitere längere oder kürzere neue Abschnitte beziehen sich unter anderem auf Neurocomputer und synergetische Computer, die einen neuen Zugang zur Deutung der menschlichen Wahrnehmung eröffnen. Hier werden auch Beziehungen zwischen der Synergetik und der Gestalt-Theorie deutlich, worauf schon früher Peter Kruse und Michael Stadler wie auch der Verfasser dieses Buches hingewiesen haben. Um all die neuen Ergebnisse, die die Anwendungen der Synergetik hervorgebracht haben, darzustellen, hätte es eines ganzen Sammelwerkes bedurft, was auch tatsächlich auf wissenschaftlicher Basis im Rahmen der «Springer Series in Synergetics», die bereits 63 Bände umfaßt, deutlich wird. So mußte ich mich natürlich im Rahmen dieses Taschenbuches oft auf wenige kurze Hinweise beschränken, wie zum Beispiel auf neue Managementtheorien. Manche aktuellen Entwicklungen sind vielversprechend, aber so neu, daß sie vielleicht noch nicht in einem allgemeinverständlichen Buch dargestellt werden sollten. Hierzu gehören Arbeiten von G. Schiepek, W. Tschacher und E. J. Brunner und anderen Autoren zur klinischen Psychologie und Psychiatrie oder die Analyse von Gruppenarbeitsverfahren in einem Automobilwerk im Lichte der Synergetik, wie sie von Ruth Beisel durchgeführt wurde. Entsprechend habe ich auch Entwicklungen auf rein technischem Gebiet, die zwar für den Fachmann aufregend, für den Laien aber zumeist weniger interessant sind, weggelassen. Hierzu gehört zum Beispiel die Entwicklung eines neuen, auf den Konzepten der Synergetik beruhenden Halbleiterelements, des Synistors.
Wie der Leser aus diesen kurzen Andeutungen ersehen kann, ist die Synergetik eine höchst lebendige Wissenschaft, in deren Rahmen auch viele wichtige Querverbindungen zwischen scheinbar ganz verschiedenen Wissenschaftszweigen hergestellt werden konnten. Ich habe der Versuchung widerstanden, aus diesem Taschenbuch eine Enzyklopädie werden zu lassen; vielmehr kam es mir darauf an, anhand ausgewählter Beispiele dem Leser die Grundkonzepte der Synergetik näherzubringen und aufzuzeigen, wie diese Konzepte immer wieder die Basis für die Interpretation von Selbstorganisationsvorgängen, um ein weiteres Schlagwort zu nennen, bilden.
Das vergangene Jahrzehnt hat uns so viele überraschende neue Entwicklungen im Zusammenhang mit der Synergetik beschert, daß ich

nicht daran zweifle, daß die Erforschung sich selbst organisierender komplexer Systeme erst am Anfang steht.

Frau Irmgard Möller danke ich für das rasche und sorgfältige Schreiben der Ergänzungen und den Herren Dr. Marc Neufeld und Dipl. Physiker Andreas Daffertshofer für die Anfertigung der zusätzlichen Abbildungen.

Stuttgart, im Herbst 1994 *Hermann Haken*

Vorwort zur ersten Auflage

Die Natur, insbesondere die Tier- und Pflanzenwelt, überrascht uns immer wieder durch die Fülle ihrer Formen und ihre feingegliederten Strukturen, in denen die einzelnen Teile höchst sinnvoll zusammenwirken. Frühere Generationen sahen diese Strukturen als gottgegeben an. Heute wendet sich das Interesse der Wissenschaft immer mehr der Frage zu, wie diese Strukturen entstehen und welche Kräfte dabei am Werke sind. Während es bis vor kurzem noch schien, als würde die selbständige Entstehung von Strukturen den Prinzipien der Physik widersprechen, stellt dieses Buch einen Wendepunkt des Denkens dar. Ausgangspunkt hierfür ist die Erkenntnis, daß auch in der unbelebten Materie neuartige, wohlgeordnete Strukturen aus dem Chaos herauswachsen und unter ständiger Energiezufuhr aufrechterhalten werden können. Das vorliegende Buch liefert hierfür höchst anschauliche Beispiele aus Physik und Chemie, zum Beispiel die Ordnung im Laser, Bienenwabenmuster bei Flüssigkeiten oder chemische Spiralwellen. Wie wir bereits anhand dieser Beispiele sehen werden, liegen der Bildung von Strukturen allgemeingültige Gesetzmäßigkeiten zugrunde. Diese Einsicht ermöglicht es uns dann, uns mit noch schwierigeren Problemen zu befassen, etwa der Frage, wie die Musterbildung von Zellen in Tieren gesteuert wird, wie kollektive Verhaltensweisen von Firmen das Wirtschaftsgeschehen bestimmen können oder nach welchen Regeln sich eine öffentliche Meinung in der Gesellschaft bildet. Fast immer müssen bei diesen Vorgängen sehr viele Einzelteile in sinnvoller Weise zusammenwirken. Wir haben es, wie man auch sagt, mit komplexen Systemen zu tun. Solche Systeme lassen sich von verschiedenen Gesichtswinkeln aus betrachten: Man kann die Funktionsweise der einzelnen Teile untersuchen oder den Blick mehr auf das Ganze richten. Im ersteren Fall wird man wie bei einem Spiel von Regeln ausgehen, die die Einzelschritte der Teile bestimmen und damit schließlich ein «Muster» ergeben. Dies wird in eindrucksvoller Weise in dem Buch *Das Spiel* von Manfred Eigen und Ruthild Winkler (Piper 1976) dargestellt.

Den zweiten Weg geht die Synergetik, deutsch «Lehre vom Zusammenwirken». Hier fragen wir zumeist nicht nach den einzelnen elementaren Regeln, sondern nach welchen allgemeinen Gesetzen sich Strukturen bilden. Obwohl jeder Vergleich hinkt, sei doch ein solcher gewagt. Es ist wie bei einem Schachspiel. Wir können dieses Spiel immer wieder spielen und dabei die Bewegung der einzelnen Figuren verfolgen. Wir können aber auch fragen: Was läßt sich über den Endzustand bei einem Schachspiel aussagen? Dies ist im vorliegenden Fall natürlich allen geläufig. Entweder der weiße König wird geschlagen, oder der schwarze König wird geschlagen, oder es gibt ein Remis. Obgleich die einzelnen Schritte in ihrer Gesamtheit ungemein kompliziert sind, ist das Endergebnis in wenigen Worten darzustellen. Ähnliches geschieht bei den hier untersuchten Strukturbildungen: Wir fragen nach den sich schließlich ausbildenden globalen Mustern. Wir werden so erkennen, daß es allgemeine, übergeordnete Zwangsläufigkeiten gibt, die zu den neuen Strukturen, den neuen Mustern führen. Die im wissenschaftlichen Bereich gewonnenen Erkenntnisse über kollektives Verhalten weisen auch weit in unseren persönlichen Bereich, sei es im Wirtschafts- oder im Gesellschaftsleben, hinein. Dieses Buch bietet aber in diesem Bereich keine fertigen Lösungen. Es will vielmehr Denkanstöße geben und keine Patentrezepte für unser eigenes Verhalten. Wir werden sogar die These aufstellen und belegen, daß es manchmal gar nicht möglich ist, eindeutige Lösungen zu finden. Dies wirft zugleich ein neues Licht auf das Wesen von Konflikten und wie man mit ihnen fertig werden kann.

Das Gebiet der Synergetik befindet sich in einer stürmischen Entwicklung, was sich in der wachsenden Zahl internationaler Tagungen dokumentiert, wie auch darin, daß die VW-Stiftung die Synergetik im naturwissenschaftlich-technischen Bereich durch ein Schwerpunktprogramm fördert. Der Springer-Verlag widmet ihr die Buchreihe «Springer Series in Synergetics». Ziel dieses Buches soll es sein, dieses die Wissenschaftler faszinierende neue Gebiet auch dem interessierten Laien zugänglich zu machen.

Es wird in unserer Zeit oft von der «Bringschuld» der Wissenschaft gesprochen. Wie mir scheint, leben Gesellschaft und Wissenschaft in einer untrennbaren Symbiose. Die Gesellschaft ist für die Wissenschaft genauso lebensnotwendig wie umgekehrt. Daher erscheint jeder Brükkenschlag zwischen diesen beiden wichtig. Die obengenannte Bringschuld abzutragen fällt dem Wissenschaftler nicht leicht. Es fehlt meist nicht an gutem Willen, aber die Sprache der Wissenschaft – insbesondere wenn sie sich der Mathematik bedient – hat sich so weit von der Umgangssprache entfernt, daß eine Übersetzung sehr schwerfällt. Trotzdem möchte ich behaupten, daß ein Vorgang, ereigne er sich in den Naturwissenschaften oder zum Beispiel in den Wirtschaftswissenschaften, in vielen Fällen erst dann von Wissenschaftlern völlig verstanden worden ist, wenn er sich auch durch Worte der Umgangssprache ohne jede Formel wiedergeben läßt. Gerade aus diesem Zwang, sich dem Nichtfachmann verständlich machen zu müssen, erwachsen dem Wissenschaftler neue Einblicke in größere Zusammenhänge.

Ich hoffe, daß meine Darstellung dieses neuen Gebietes auch dem einzelnen Anregungen und Hinweise gibt, wie er die Erfolgsgeheimnisse der Natur zu seinem Besten und zum Wohle der Menschheit verwenden kann.

Meiner Frau danke ich für die kritische Durchsicht des Manuskripts und wertvolle Verbesserungsvorschläge, Frau Ursula Funke für die rasche und perfekte Erstellung des Manuskripts. Ihr unermüdlicher Elan half mir sehr, das Buch zu einem guten Ende zu bringen.

Den Mitarbeitern der Deutschen Verlags-Anstalt, insbesondere Herrn Dr. Lebe und Frau Locke, danke ich für die gute Zusammenarbeit.

Stuttgart, im Frühjahr 1981 *Hermann Haken*

1

Einleitung und Übersicht

Warum Sie dieses Buch interessieren könnte

Unsere Welt besteht aus den verschiedenartigsten Dingen. Viele davon hat sich der Mensch selbst geschaffen: Häuser, Autos, Werkzeuge, Gemälde. Viele andere aber hat die Natur hervorgebracht. Für den Wissenschaftler wird diese Welt der Dinge zu einer Welt von Strukturen und Ordnungen, die strengen Gesetzmäßigkeiten unterworfen ist. Richten wir unsere Fernrohre in die unermeßlichen Weiten des Weltraums, so erblicken wir dort die Spiralnebel, von denen Abbildung 1.1 ein Beispiel zeigt. Die Spiralarme, die dem Nebel seine Struktur, seine Gliederung verleihen, sind deutlich zu erkennen. In ihnen entstehen aus Gas immer wieder neue, hell leuchtende Sonnen in unvorstellbar großer Zahl. Unsere Erde und Sonne gehören selbst einem Spiralnebel an – der Milchstraße, die wir in klaren Nächten deutlich am Himmel wahrnehmen. In ihr ist unsere Sonne nur eine unter 100 Milliarden anderer – eine fast unvorstellbare Zahl. Der Planet Erde umkreist gemeinsam mit den anderen Planeten die Sonne auf Bahnen, die ehernen Gesetzen unterliegen.
Aber um Strukturen aufzufinden, brauchen wir gar nicht ins Weltall zu blicken. Unsere tägliche Umgebung liefert uns unzählige Beispiele. Eines hiervon sind Schneekristalle in ihrer Ebenmäßigkeit (Abb. 1.2). Die lebende Natur überrascht uns immer wieder durch die Fülle ihrer Formen, die oft ganz skurril sein können. Die Abbildung 1.3 zeigt uns das vergrößerte Bild des Auges einer Tropenfliege, das auf einem Stiel sitzt, der aus dem Kopf herausragt. Die bienenwabenförmige Struktur des Auges besticht durch ihre Ebenmäßigkeit. Zugleich erscheint die ganze «Konstruktion» höchst sinnvoll, ermöglicht sie doch eine perfekte Rundumsicht. Oft auch entzücken uns Tiere und Pflanzen durch die Harmonie ihrer Gestalt, die uns in unglaublicher Vielfalt entgegentritt. In vielen Fällen erscheint uns der Aufbau der Lebewesen höchst zweckbestimmt, dann aber, wenn wir nur an die Blütenpracht denken, wieder verspielt und launenhaft.

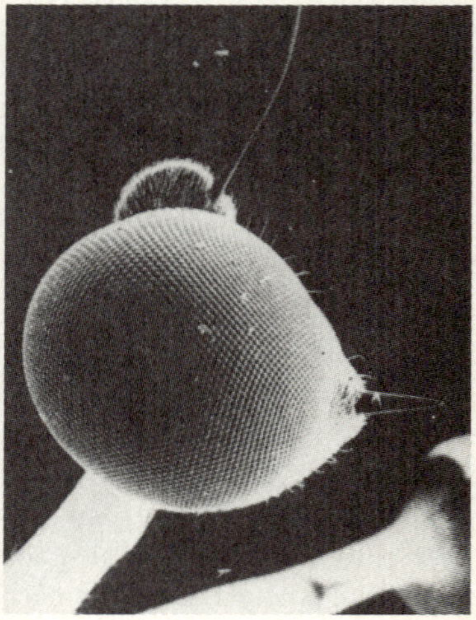

Abb. 1.1: Beispiel eines Spiralnebels
Abb. 1.2: Schneekristall
Abb. 1.3: Augenstiel einer Tropenfliege (Diopsis thoracica). Auffällig ist unter anderem die hexagonale Struktur.

Es sind aber nicht nur unbewegliche Strukturen, die wir voll Staunen bewundern. Auch Bewegungsabläufe in ihrer Ordnung erfreuen uns, wie etwa der Trab eines Pferdes oder die Anmut des Tanzes. Im menschlichen Zusammenleben finden wir auf noch höherer Ebene Strukturen. Die Gesellschaft ordnet sich in bestimmte Staatsformen, die ganz unterschiedlicher Natur sein können. Auch im rein geistigen Bereich treten uns Strukturen entgegen, so in der Sprache, in der Musik oder schließlich in der Welt der Wissenschaft. Wir stehen somit – von der unbelebten Natur über die belebte bis hin zur geistigen Welt – immer wieder Strukturen gegenüber, und wir haben uns oft schon so an sie gewöhnt, daß uns das Wunder ihrer Existenz gar nicht mehr bewußt wird.

In früheren Zeiten betrachteten die Menschen Strukturen als gottgegeben, wie das zum Beispiel in der Schöpfungsgeschichte des Alten Testaments deutlich wird. Auch in der Wissenschaft befaßte man sich lange nur mehr mit der Frage, wie Strukturen aufgebaut sind, und nicht damit, wie sie entstehen. Erst in der neueren Zeit wendet sich das Interesse der Forschung immer mehr dieser letzteren Frage zu. Will man nicht jedesmal eine übernatürliche Macht zur Erklärung dieser Strukturen, das heißt jedesmal einen neuen Schöpfungsakt bemühen, so steht die Wissenschaft vor der Aufgabe zu erklären, wie Strukturen von allein gebildet werden oder, mit anderen Worten, wie diese sich selbst organisieren.

Das Streben nach dem einheitlichen Weltbild

Wenn wir uns angesichts der Fülle all dieser Strukturen fragen, wie sie entstanden sind, so ist dies auf den ersten Blick ein Unternehmen, dessen Ende nicht abzusehen ist. Nahm und nimmt schon die Aufschlüsselung der Strukturen die Zeit vieler Forschergenerationen in Anspruch, muß dann nicht erst recht die Enträtselung ihrer Entstehung noch viel mehr Arbeit und Mühe kosten? In der Tat, wäre die Bildung jeder einzelnen Struktur ganz speziellen Gesetzen unterworfen, die nur für diese Struktur gelten würden, so wäre es nicht damit getan, ein Buch zu schreiben, man müßte das Wissen in einer ganzen unübersehbaren Bibliothek niederlegen.

Hier springt uns nun eine Idee an, die sich wie ein roter Faden durch die

Wissenschaft zieht. Dem Sammeln von Tatsachenmaterial steht nämlich der Wunsch gegenüber, ein einheitliches Weltbild, eine einheitliche Weltschau zu entwickeln. Besonders in den Naturwissenschaften, in der Physik, der Chemie und der Biologie, aber auch in der Philosophie, sind uns diese Bemühungen bekannt. Die Suche nach Fundamentalgesetzen der Physik ist uns allen geläufig. Mit Isaac Newtons (1643–1727) Bewegungsgesetzen und seinem Gesetz von der Schwerkraft verstehen wir die Bewegung der Planeten um die Sonne, eine Bewegung, die im Altertum aus keiner einheitlichen Wurzel heraus verstanden werden konnte. Durch James Clerk Maxwell (1831–1879) wurde es uns möglich zu erkennen, daß Licht nichts anderes als eine elektromagnetische Schwingung ist, genauso wie eine Radiowelle. Albert Einstein (1879–1955) gelang die Verknüpfung der Schwerkraft mit Raum und Zeit. In der Chemie brachte Dmitrij I. Mendelejew (1834–1907) als erster Ordnung in die Fülle chemischer Substanzen, indem er das periodische System der Elemente aufstellte. Die moderne Atomphysik konnte dieses System auf Grundgesetze des Atomaufbaus zurückführen. In der Biologie zeigten die Mendelschen Gesetze, wie die Vererbung von Merkmalen verläuft, zum Beispiel wenn verschiedenfarbige Blumen gekreuzt werden. In unserer Zeit war es die Entdekkung der chemischen Grundlage der Vererbung in Form biochemischer Riesenmoleküle, der sogenannten DNS (Desoxyribonukleinsäure).

Wie diese Beispiele, die noch um viele Dutzende vermehrt werden könnten, zeigen, lassen sich immer wieder einheitliche Grundgesetze für das Naturgeschehen auffinden.

Während auf der einen Seite die verschiedenartigen Erscheinungen auf wenige Grundgesetze zurückgeführt werden können, schafft die Forschung immer neues Tatsachenmaterial von noch komplizierteren Erscheinungen heran, und wir sind oft nahe daran, von der Fülle dieses Materials erdrückt zu werden. In der Wissenschaft findet so ein ständiger Wettlauf zwischen der Flut neuer Tatsachen und ihrem Einordnen, ihrem Verstehen, ihrer Erfassung durch allgemeine Gesetze statt.

Zerlegen oder Aufbauen

Welche Möglichkeiten haben wir überhaupt, Strukturen oder Vorgänge in ihnen zu verstehen? Ein beliebtes und oft auch erfolgreiches Vorgehen ist hierbei, Untersuchungsobjekte in immer kleinere Einzelteile zu zerlegen. So zerlegt der Physiker den Kristall in seine einzelnen Bestandteile, die Atome (wir werden auf Kristalle noch in Kapitel 3 näher zu sprechen kommen), oder er zerlegt die Atome in noch weitere kleinere Teilchen, die Atomkerne und die Elektronen. Ein wichtiger Zweig moderner physikalischer Forschung befaßt sich mit noch «elementareren» Teilchen, den Quarks und den Gluonen, die aber beide vielleicht immer noch nicht die letzten, elementarsten Bausteine der Materie sind. Der Biologe präpariert Zellen aus den Geweben heraus und zerlegt auch diese wieder in die einzelnen Bestandteile, wie etwa Zellmembranen oder den Zellkern, bis hin zu deren Bestandteilen in Form von Biomolekülen selbst. Diese Beispiele ließen sich durch unzählige weitere aus den verschiedensten Wissenschaftsbereichen ergänzen. Ja, auch die Wissenschaft selbst erscheint uns bereits in ihre einzelnen Zweige, Mathematik, Physik, Chemie, bis hin zu Soziologie und Psychologie, zerlegt.

Bei dieser Methode kann es allerdings dem Forscher ganz ähnlich ergehen wie dem kleinen Jungen, der ein Spielzeugauto geschenkt bekommen hat. Sehr bald möchte der Junge verstehen, warum das Spielzeugauto läuft, und er zerlegt es dazu in seine Einzelteile, was ihm im allgemeinen nicht allzu schwerfällt. Häufig sitzt er am Schluß weinend vor den Einzelteilen, weil er nun noch immer nicht verstanden hat, warum das Auto lief, und er auch gar nicht in der Lage ist, die Einzelteile zu einem sinnvollen Ganzen zusammenzufügen. Er erfährt so früh die Bedeutung des Satzes, daß das Ganze mehr als die Summe seiner Teile ist, oder, wie Goethe es ausdrückte: «Dann hat er die Teile in seiner Hand, fehlt leider! nur das geistige Band.» Auf die verschiedensten Wissenschaften übertragen, heißt dies: Selbst wenn wir Strukturen in ihrem Aufbau erkannt haben, so müssen wir erst noch verstehen, wie die Einzelbestandteile zusammenwirken. Wie wir noch sehen werden, ist damit die Frage eng verknüpft, wie Strukturen entstehen. An dieser Problematik setzt nun die Synergetik ein. Das Wort *Synergetik* stammt aus dem Griechischen, wie das oft bei wissenschaftlichen Begriffen der Fall ist, und bedeutet soviel wie «Lehre vom Zusammenwirken». Wir wollen uns mit ihr fragen, ob es nicht trotz der Fülle verschiedenartigster Strukturen, die in der Natur auftreten, möglich ist, einheitliche Grundgesetze aufzufinden, aus denen heraus wir verstehen können, wie Strukturen zustande kommen. Das klingt natürlich sehr unanschaulich, sehr abstrakt. Ich will auch nicht verschweigen, daß die genaue Antwort nur in einer mathematischen Theorie selbst zu finden ist und von mir für weite Bereiche gefunden wurde. Andererseits ermöglicht uns aber gerade die Fülle der verschiedenen Beispiele, die wir zur Verfügung haben, die Grundvorgänge ganz anschaulich darzustellen. Hierbei können wir auf einfache Beispiele, etwa aus der Mechanik, zurückgreifen. Dies bedeutet natürlich nicht, daß ich hier ein mechanistisches Weltbild entwerfen will. Aber auch unsere Sprache entlehnt viele Begriffe der Mechanik. Denken wir etwa an das Wort «Gleichgewicht». Im ursprünglichen Sinne steht hier das Bild einer Waage vor uns, auf der zwei gleich schwere Gewichte liegen. Die Waage bewegt sich nicht, sie ist im Gleichgewicht. Wenn wir hingegen vom seelischen Gleichgewicht sprechen, so würde kein Mensch auf die Idee kommen zu behaupten, daß wir das Seelenleben plötzlich mechanistisch gedeutet hätten. Der Leser wird gut daran tun, sich bei der Lektüre des Buches immer wieder an dieses Beispiel zu erinnern. Wir wollen uns nämlich nicht nur mit dem Zustandekommen von Strukturen in der materiellen Welt befassen, sondern auch mit denen in der ideellen Welt, wie etwa Wirtschaftsvorgängen oder kulturellen Entwicklungen.

Widersprechen biologische Strukturen grundlegenden Naturgesetzen?

Die Physik nimmt für sich in Anspruch, die grundlegende Naturwissenschaft zu sein. Sie befaßt sich mit der Materie, und nachdem alles aus Materie aufgebaut ist, muß auch alles Materielle den Gesetzen der Physik genügen. Diese Überzeugung war – etwa bei den Biologen – keineswegs immer vorhanden. Die Vitalisten vertraten ja gerade die Ansicht, daß den Lebewesen noch eine eigene, ganz spezifische Lebenskraft innewohne. Nachdem es prinzipiell gelungen war, die Vorgänge in der Chemie auf solche der Physik zurückzuführen (man denke nur an die chemische Bindung oder den Atomaufbau), zweifelt heute kaum jemand daran, daß es im Prinzip möglich sein sollte, auch die Vorgänge in der Biologie auf solche der Physik zurückzuführen. Übrigens haben wir uns bei dieser Feststellung ein Hintertürchen offengelassen mit dem Wort «im Prinzip». Wir werden später noch sehen, daß sich dahinter ein ganzer Komplex von Fragen verbirgt.

Bleiben wir bei der – an sich viel zu naiven – Feststellung, daß auch in der Biologie die physikalischen Gesetze gültig sind. Wenn man aber die These, die Biologie sei auf die Physik zurückführbar, ernst nahm, so verwickelte man sich noch vor wenigen Jahren sehr schnell in einen Widerspruch. Hätte man nämlich damals einen Physiker gefragt, ob die Entstehung des Lebens mit den Grundgesetzen der Physik im Einklang sei, so hätte er ehrlicherweise mit einem Nein antworten müssen. Woher kam dies? Nach den Grundgesetzen der Physik, genauer nach denen der Wärmelehre, müßte nämlich die Unordnung in der Welt immer mehr zunehmen. Alle geregelten Funktionsabläufe müßten aufhören, alle Ordnungen zerfallen.

Der einzige Ausweg, den viele, vor allem auch maßgebende Physiker, in dieser Lage sahen, war, die Entstehung von Ordnungszuständen in der Natur als eine riesige Schwankungserscheinung zu betrachten, die nach den Regeln der Wahrscheinlichkeitstheorie überdies beliebig unwahrscheinlich sein sollte. Eine wahrhaft absurde Idee, aber, wie es schien, im Rahmen der sogenannten statistischen Physik die einzig akzeptable.

Warum die Physiker glaubten, daß die Unordnung immer mehr anwachsen müßte, wollen wir in Kapitel 2 erläutern. Wir werden sehen, daß die Physik eine erste Hintertür für die Bildung von Strukturen (zum Beispiel für die Kristalle) offenläßt. Aber dies sind, wie wir feststellen werden, tote Strukturen. Sie haben nichts mit Lebensvorgängen zu tun. War die Physik damit in eine Sackgasse geraten, indem sie behauptete, biologische Vorgänge beruhten auf physikalischen Gesetzen, aber die Entstehung des Lebens selbst würde den Grundgesetzen der Physik widersprechen? Ein glücklicher Zufall half uns, aus diesem Teufelskreis auszubrechen. Wir fanden nämlich heraus, daß uns die Physik selbst ein schönes Modellbeispiel für Vorgänge liefert, in denen eine gewisse Art lebendiger Ordnung entsteht, die aber streng den Gesetzen der Physik gehorcht, ja erst durch diese möglich wird. Es handelt sich hier um den Laser, eine inzwischen sehr bekanntgewordene neuartige Lichtquelle. Wir werden an diesem Beispiel sehen, daß sich auch unbelebte Materie selbst organisieren kann, um sinnvoll erscheinende Vorgänge

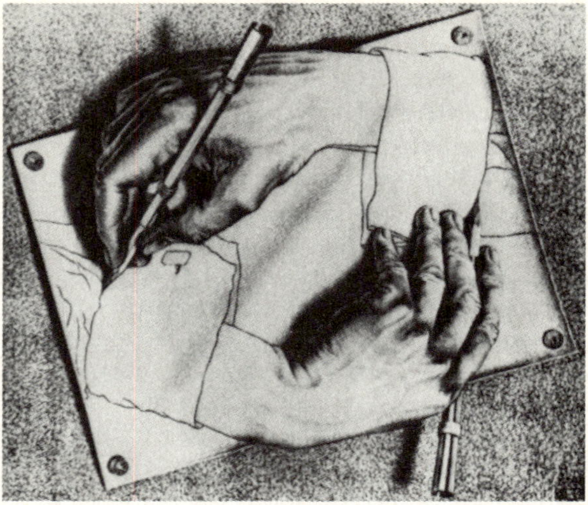

Abb. 1.4: Dieses von Escher stammende Bild zweier Hände, die sich gegenseitig zeichnen, verdeutlicht die Problematik der Selbstorganisation: Der Ordner (die eine Hand) bedingt das Verhalten der Einzelteile (die andere Hand) und wird umgekehrt in seinem Verhalten wieder durch das Verhalten der Einzelteile bestimmt.

hervorzubringen. Hierbei werden wir auf ganz merkwürdige Gesetzmäßigkeiten stoßen, die sich wie ein roter Faden durch alle Erscheinungen der Selbstorganisation hindurchziehen (Abb. 1.4). Wir werden erkennen, daß sich die einzelnen Teile wie von einer unsichtbaren Hand geführt anordnen, daß andererseits aber die Einzelsysteme durch ihr Zusammenwirken diese unsichtbare Hand erst wieder schaffen. Diese unsichtbare Hand, die alles ordnet, wollen wir den «Ordner» nennen. Wieder scheinen wir uns in einem Teufelskreis zu befinden.

Der Ordner wird durch das Zusammenwirken der einzelnen Teile geschaffen, umgekehrt regiert der Ordner das Verhalten der Einzelteile. Es ist wie bei dem alten Problem: Was war zuerst da, Ei oder Henne? (Vom Hahn redet keiner.)

Um mit den Worten der Synergetik zu sprechen, versklavt der Ordner die einzelnen Teile. Der Ordner ist wie ein Puppenspieler, der die Marionetten tanzen läßt, bei dem aber die Marionetten selbst wieder auf den Puppenspieler einwirken, ihn steuern. Wie wir sehen werden, spielt das Versklavungsprinzip eine zentrale Rolle in der Synergetik. Wir wollen aber schon hier darauf hinweisen, daß dies völlig wertfrei zu verstehen ist. Es bringt eine bestimmte Folgebeziehung zum Ausdruck, hat aber nichts mit Versklavung im ethischen Sinne zu tun. So werden zum Beispiel die Angehörigen eines Volkes von dessen Sprache versklavt.

Als ich weitere Erscheinungen zunächst in der Physik, dann aber auch in der Chemie und schließlich in der Biologie unter dem Blickwinkel von Ordner und Versklavung untersuchte, stieß ich immer wieder auf die gleiche Erscheinung. Die Vorgänge der Strukturbildung laufen irgendwie zwangsläufig in bestimmter Richtung, aber keineswegs so, wie es die Wärmelehre voraussagte, keineswegs eben in eine immer größer werdende Unordnung. Ganz im Gegenteil werden auch noch ungeordnete Teilsysteme in den bestehenden Ordnungszustand hineingezogen und in ihrem Verhalten von ihm versklavt.

Diese Zwangsläufigkeit der Entstehung von Ordnung aus dem Chaos ist, wie wir noch sehen werden, weitgehend unabhängig vom materiellen Substrat, auf dem sich die Vorgänge abspielen. Ein Laser kann sich in diesem Sinne ganz genauso wie eine Wolkenformation oder eine Zellansammlung verhalten. Offensichtlich haben wir es mit einem einheitlichen Phänomen zu tun. Das legt uns nahe, daß derartige Gesetzmäßigkeiten auch im nichtmateriellen Bereich anzutreffen sind.

Hierzu gehört zum Beispiel in der Soziologie das Verhalten ganzer Gruppen, die sich plötzlich einer neuartigen Idee zu unterwerfen scheinen, etwa der Mode, geistigen Strömungen der Kultur, einer neuen Richtung in der Malkunst oder einem neuen Stil in der Literatur.

Wie wir zugleich erkennen werden, öffnen uns diese Gesetzmäßigkeiten einen Zugang zu Erfolgsgeheimnissen der Natur. Wie gelingt es ihr zum Beispiel, in der belebten Welt immer kompliziertere Arten hervorzubringen? Wie gelingt es einigen Arten, sich immer mehr durchzusetzen und andere zu verdrängen? Wie ist es andererseits möglich, daß trotz härtesten Wettbewerbs Arten miteinander leben können, ja durch ihre Existenz erst sich gegenseitig stabilisieren? In diesem Sinne erscheinen Phänomene, die früher als vereinzelt angesehen wurden, in der neuen Sicht als Beispiele einer einheitlichen Gesetzmäßigkeit. Früher Rätselhaftes, ja sogar Widersprüchliches wird plötzlich klar. Wir werden erkennen, daß es das kollektive Verhalten vieler einzelner Individuen, seien es Atome, Moleküle, Zellen, Tiere oder Menschen, ist, die durch Konkurrenz einerseits, Kooperation andererseits ihr eigenes Schicksal indirekt bestimmen. Dabei werden sie oft aber mehr getrieben, als daß sie selbst treiben.

In diesem Sinne kann die Synergetik als eine Wissenschaft vom geordneten, selbstorganisierten, kollektiven Verhalten angesehen werden, wobei dieses Verhalten allgemeinen Gesetzen unterliegt. Wenn eine Wissenschaft Aussagen von großer Allgemeingültigkeit macht, so hat dies sogleich auch einige wichtige Konsequenzen. Die Synergetik erstreckt sich auf ganz verschiedene Disziplinen, wie etwa Physik, Chemie, Biologie, aber auch Soziologie und Ökonomie. Aus diesem Grund werden wir erwarten, daß die von der Synergetik beschriebenen und entdeckten Gesetzmäßigkeiten mehr oder minder verborgen in verschiedenen Disziplinen schon vertreten sind. Wir werden so erkennen, wie ganz im Sinne der Synergetik aus vielen Einzeltatsachen ein neues Bild, ähnlich wie beim Puzzle, entsteht.

Eine zweite Konsequenz dürfen wir jedoch auch nicht übersehen. Wir haben in der Wissenschaft immer wieder gelernt, daß es voreilig ist, Gesetze als allgemeingültig zu betrachten. Immer wieder mußten wir erleben, wie Naturgesetze zwar in bestimmten Bereichen als richtig erkannt und nachgewiesen wurden, aber dann in noch weiterem Rahmen nur eine gewisse Näherung sein konnten oder ihre Bedeutung ganz verloren. So ist etwa die Newtonsche Mechanik nur eine Annäherung an die Mechanik der Relativitätstheorie Einsteins. Die klassische Mechanik, die die Bewegung makroskopischer Körper beschreibt, mußte in der mikroskopischen Welt der Atome durch die Quantenmechanik ersetzt werden. In diesem Sinne weist die Synergetik über die Wärmelehre, die Thermodynamik, hinaus, sie hat einen wesentlich breiteren Anwendungsbereich. Andererseits wird die Synergetik selbst wieder Einschränkungen unterworfen sein. Wenn wir diese erläutern wollen, müssen wir unterscheiden zwischen dem, was die Synergetik bezweckt, und dem, was sie bisher erreicht hat. Aufgabe der Synergetik ist es, die Gesetzmäßigkeiten herauszufinden, die der Selbstorganisation von Systemen in den verschiedensten Wissenschaftsbereichen zugrunde liegen. Es gelang ihr, derartige allgemeine Gesetzmäßigkeiten gerade für die interessantesten Fälle aufzufinden, in denen nämlich Strukturen neu entstehen oder sich die makroskopischen Zustände von Systemen drastisch ändern. Aber was sind makroskopische Zustände, und was heißt drastisch? Statt langer Erläuterungen können Beispiele die Begriffe besser erklären. Diese werde ich in großer Zahl vorführen. Ich hoffe, daß der Leser so schrittweise in die Fragestellungen der Synergetik einerseits und deren Ergebnisse andererseits eingeführt wird.

Alle Lebensvorgänge, angefangen von denen einer Zelle bis hin zum Zusammenleben von Menschheit und Natur, sind stets äußerst ineinander verzahnt, alle Teile greifen direkt oder auf Umwegen ineinander. Wir haben es also immer mit sehr verwickelten, das heißt komplexen Systemen zu tun. Die wachsende Bevölkerungsdichte und die fortschreitende Technologie bringen es mit sich, daß die Komplexität unserer Welt immer mehr zunimmt. Zugleich wächst für uns alle die Aufgabe, das Verhalten komplexer Systeme zu verstehen. Hier gibt die Synergetik grundsätzliche neue Einblicke, wie sich im vorliegenden Buch immer wieder zeigen wird. Ein komplexes System ist wie ein umfangreiches Buch. Um es wirklich zu kennen, seinen Inhalt völlig zu erfassen, müßte man es ganz lesen. Was aber tun, wenn einem hierzu die Zeit fehlt? Wir können dann in verschiedener Weise vorgehen, etwa indem wir stichprobenartig lesen. Oder jemand stellt uns eine kurze Inhaltsangabe zur Verfügung. Derartige Inhaltsangaben können nach ganz verschiedenen Gesichtspunkten ausgewählt worden sein. Der eine sieht die Liebesaffäre in dem Buch als das Wichtigste an, ein anderer vielleicht das dort geschilderte soziale Milieu. Schließlich läßt sich ein Buch meist auch durch einen oder mehrere Begriffe kennzeichnen, etwa «historischer Roman», «Sachbuch», «Krimi» usw.

Auch andere Charakterisierungen sind von Interesse, wie «Ladenhüter» oder «Bestseller». Da unser menschliches Gehirn (selbst die Gehirne aller Wissenschaftler zusammen) nur einen beschränkten Informationsgehalt aufnehmen kann, müssen wir bei komplexen Systemen wie bei einem zu langen Buch verfahren; wir müssen nach verkürzten, für unsere Zwecke wichtigen, das heißt nach den relevanten Informationen suchen.

Aber selbst wenn wir alle Daten sammeln könnten, so trübt dies zuweilen unser Urteilsvermögen mehr, als daß es ihm nützt. Wir sehen den Wald vor lauter Bäumen nicht mehr. Kaum ein anderes Sprichwort könnte besser die Problematik komplexer Systeme beleuchten. Wir dürfen nicht an unwichtigen Details hängenbleiben. Wir müssen lernen, den Gesamtzusammenhang zu sehen und zu begreifen. Wir müssen die «Komplexität reduzieren».

Wie nun die Synergetik zeigt, wird uns bei komplexen Systemen die «relevante Information», der Gesamtzusammenhang, durch die Ordner geliefert, die gerade dann besonders deutlich in Erscheinung treten, wenn sich das makroskopische Verhalten der Systeme ändert. Im allgemeinen sind diese Ordner die langlebigen Größen, die die kurzlebigen versklaven. Wir werden hierfür zahlreiche Beispiele kennenlernen.

Wenn dort, wo Ordnung aus dem Chaos entsteht oder eine Ordnung in eine neue übergeht, so allgemeine Gesetzmäßigkeiten gelten, dann muß diesen Vorgängen zugleich ein bestimmter Automatismus anhaften. Wenn wir diese Gesetzmäßigkeiten auch im wirtschaftlichen, soziologischen oder politischen Bereich zu erkennen lernen, wird es uns leichter, mit Schwierigkeiten des Lebens fertig zu werden. Wir erkennen zum Beispiel, daß eine gegen uns gerichtete Haltung anderer nicht auf einer Verschwörung gegen uns beruht, sondern daß die anderen Menschen aufgrund bestimmter kollektiver Verhaltensweisen so handeln, ja sogar handeln müssen. Die Kenntnis dieser Automatismen mag sogar dazu führen, daß diese für uns arbeiten. Ähnlich wie wir mit Hilfe des Hebelgesetzes mit geringer Kraft größte Lasten heben können, lassen sich durch Anwendung synergetischer Gesetze mit kleinem Aufwand große Wirkungen erzielen. In diesem Sinne können wir so die «Erfolgsgeheimnisse der Natur» für uns selbst nutzbar machen.

Immer wieder werden wir sehen, daß die belebte Welt sich erst dadurch so weit entwickeln konnte oder auch so weit entwickeln *mußte*, daß sie nicht aus dem vollen schöpfen konnte. Sie lebt aus begrenzten Ressourcen, begrenzten Quellen. Sie kann ihre Vorgänge nur in begrenzten Zeiten abspielen lassen, ganz ähnlich, wie es uns immer wieder selbst im Leben ergeht. Aber gerade diese äußeren Einschränkungen trieben in der Natur die Entwicklung voran, führten zu immer neuen Arten von Lebewesen. Ich halte es nicht für zufällig, daß die Technik, die Zivilisation sich gerade in den Ländern, in denen kein ewiger Sommer herrscht, sondern auch beißende Kälte, am weitesten entwickelt haben.

Wenn wir in dieses neue Gebiet der Synergetik eindringen wollen, so liegt es nahe, von einfachen Vorgängen zu immer schwierigeren fortzuschreiten. Daher wollen wir mit Beispielen aus Physik und Chemie beginnen, um uns dann Fragen der Wirtschaftswissenschaften, der Soziologie und der Wissenschaftskunde zuzuwenden. Die Methode, Erfahrungen, die an einfachen Beispielen gewonnen wurden, auf schwierigere zu übertragen, ist nicht neu. In der Soziologie und den Wirtschaftswissenschaften wurden zum Beispiel Modelle entwickelt, die an denen der Physik orientiert waren und ausgiebig vom physikalischen Begriff der «Entropie», der ein Maß für die Unordnung darstellt, Gebrauch machen.

Mit den neuen, zunächst in der Physik gewonnenen Erkenntnissen setzt sich aber bereits jetzt ein neues Denken auch in anderen Wissenschaftszweigen durch. Während früher zum Beispiel die Struktur einer Gesellschaft als statisch ruhend, sich im Gleichgewicht befindend angesehen wurde, hat sich unser Blickwinkel heute völlig verschoben. Strukturen entstehen, vergehen, konkurrieren, kooperieren oder fügen sich zu größeren Strukturen zusammen. Wir sind an einer Wende des Denkens angekommen, an der wir von der Statik zur Dynamik übergehen.

Bevor wir an all diese Fragen herangehen, müssen wir uns zunächst mit dem Grundeinwand der Physik gegenüber Strukturbildungen auseinandersetzen: dem Prinzip der immer mehr wachsenden Unordnung.

2

Wächst die Unordnung immer mehr an? Der Wärmetod der Welt

Die Einbahnstraße der Natur

Es ist ein Vorzug der Physik, daß sie die Vorgänge in der Natur unter genau festgelegten Versuchsbedingungen ablaufen läßt. Indem die Physik feststellt, daß die Vorgänge immer wieder gleichartig ablaufen, ist sie in der Lage, allgemeingültige Naturgesetze zu formulieren. Einige solcher Gesetze können wir schon im täglichen Leben erkennen. Erhitzen wir eine Eisenstange an einem Ende, so gleicht sich nach einiger Zeit die Temperatur in der Eisenstange aus, und sie hat schließlich überall die gleiche Temperatur (Abb. 2.1). Der umgekehrte Vorgang – daß eine Eisenstange von sich aus plötzlich an einem Ende heiß und am

Abb. 2.1: Die Temperatur in einer einseitig erwärmten Eisenstange gleicht sich aus. Es entsteht eine mittelwarme Eisenstange.

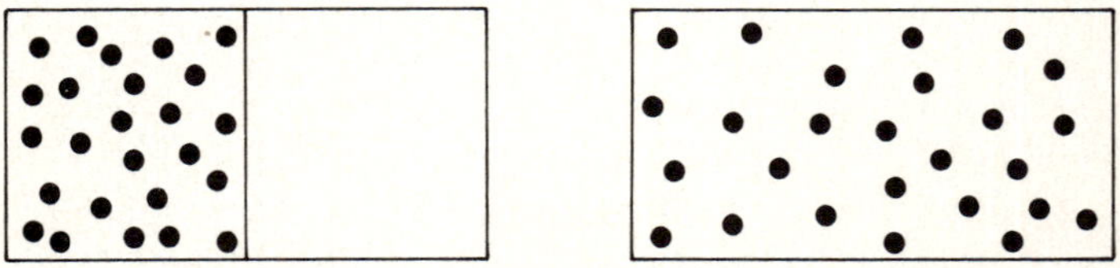

Abb. 2.2: Wird zwischen den beiden Gefäßen der Abbildung links die Trennwand herausgezogen, so füllen die Gasatome gleichmäßig beide Gefäße.

anderen Ende kalt wird – ist noch nie beobachtet worden. Bringen wir zwei Gefäße, von denen das eine mit Gas gefüllt und das andere leer ist, zusammen und ziehen die Trennwand heraus, so strömt das Gas zischend in das zweite Gefäß, bis es schließlich beide Gefäße gleichmäßig erfüllt (Abb. 2.2). Der umgekehrte Vorgang, daß in einem mit Gas gefüllten Gefäß die Gasmoleküle sich plötzlich in einer Hälfte versammeln, wird dagegen ebenfalls nie beobachtet.

Fahren wir mit dem Auto und bremsen, so kommt das Auto schließlich zum Stehen, wobei sich die Bremsen und auch die Reifen erhitzen. Durch das Erwärmen von Bremsen und Reifen ist hingegen ein Auto noch nie zum Fahren gebracht worden.

Offensichtlich laufen alle diese Naturvorgänge nur in einer Richtung ab. Der umgekehrte Verlauf ist verboten. Diese Vorgänge heißen übrigens auch irreversibel, da man sie nicht umkehren kann.

Gegen Ende des 19. Jahrhunderts ist es dem genialen österreichischen Physiker Ludwig Boltzmann (1844–1906) gelungen, eine erste entscheidende Antwort zur Lösung der Frage zu geben, warum die Naturvorgänge in einer bestimmten Richtung ablaufen. Die Antwort lautete, daß sie sich auf eine immer größer werdende Unordnung zubewegen.

Was ist Unordnung?

Aber wie läßt sich Unordnung überhaupt definieren? Hier ist der physikalische Begriff der Unordnung gar nicht so weit von dem Begriff der Unordnung entfernt, wie er uns aus dem täglichen Leben geläufig ist. Warum ist zum Beispiel das Zimmer eines Schulkindes in Unordnung? Nun, weil es nicht aufgeräumt ist oder, mit anderen Worten, weil die einzelnen Dinge (etwa Schulhefte und Schulbücher) nicht dort liegen, wo sie eigentlich hingehören (Abb. 2.3). Das Biologiebuch zum Beispiel steht nicht im Regal an seinem Platz, sondern es liegt auf dem Tisch, auf dem Fensterbrett, auf dem Stuhl, auf dem Bett, auf dem Fußboden oder sonstwo. Es gibt also sehr viele Möglichkeiten, wo es liegen kann. Ähnlich ist es bei einem Schulheft, beim Füllfederhalter oder dem Radiergummi.

Sind hingegen alle Gegenstände an ihrem dafür vorgesehenen Platz, so haben wir den Zustand des aufgeräumten Zimmers, das heißt den

Abb. 2.3: Wie der Künstler Escher Ordnung und Chaos darstellt. Offenbar ist beim Chaos nichts an seinem Platz, wo es hingehört (zum Beispiel im Mülleimer).

der Ordnung, vor uns. Es gibt also genau *einen* Zustand der Ordnung. Zugleich erkennen wir sofort, daß die Unordnung mit der großen Zahl der verschiedenen Möglichkeiten, wo etwas sein kann, verknüpft ist. Deshalb ist es ja gerade so schwierig, in einem ungeordneten Zustand den betreffenden Gegenstand, den wir gerade suchen, zu finden. Es ist also, wie wir nochmals festhalten wollen, die große Zahl der verschiedenen Möglichkeiten, wo etwas sein könnte, die den Zustand der Unordnung ausmacht.

Diese Vielzahl der verschiedenen Möglichkeiten gibt auch in der Physik das Maß für die Unordnung an. Dies können wir uns an dem ganz einfachen Beispiel des Gases vor Augen führen. Betrachten wir ein Modell eines Gases, das aus nur vier Gasmolekülen besteht, die wir mit den Ziffern 1 bis 4 durchnumerieren,und die wir auf zwei Kästen verteilen können.

Es gibt nur eine *einzige* Möglichkeit, alle vier Moleküle in einen be-

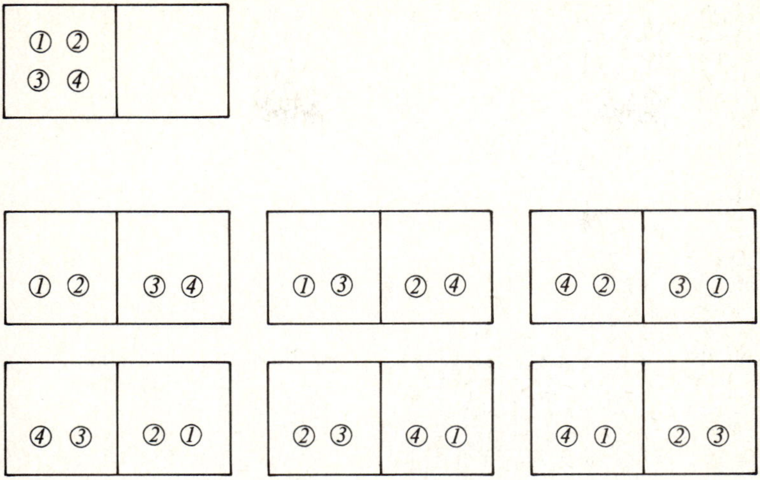

Abb. 2.4: Zur Veranschaulichung der Abzählungsvorschrift von Boltzmann, um die größte Entropie zu ermitteln. Obere Bildhälfte: Es gibt nur eine Möglichkeit, die vier Kugeln in einem Gefäß unterzubringen. Untere Bildhälfte: Es gibt sechs Möglichkeiten, die vier Kugeln gleichmäßig auf die beiden Gefäße zu verteilen.

stimmten Kasten zu tun, zum Beispiel den linken der Abbildung 2.4 oben. Dagegen gibt es, wie man anhand dieser Abbildung nachprüfen kann, sechs Möglichkeiten, die Kugeln auf zwei Kästen in verschiedener Weise, aber gleichmäßig je zwei und zwei, zu verteilen. Makroskopisch gesehen, das heißt grob gesprochen, sind eben einmal alle Moleküle in einem Kasten, das andere Mal je zur Hälfte in einem der beiden Kästen. Das Boltzmannsche Prinzip besagt nun, daß die Natur solche Zustände anstrebt, bei denen es die größte Zahl von Möglichkeiten gibt, die verwirklicht werden können. Der von den Physikern benutzte Begriff der «Entropie» ist nach Boltzmann durch die jeweilige Zahl dieser Möglichkeiten bestimmt (genauer gesagt: durch den Logarithmus dieser Zahl). Damit strebt also die Natur den Zustand an, dessen Entropie am größten ist.

Bei unserem Beispiel von vier Molekülen standen die sechs Möglichkeiten der «Gleichverteilung» der einen – «alle Moleküle in einem Kasten» – gegenüber. In der Natur ist die Zahl der Gasmoleküle zum Beispiel in einem Kubikzentimeter bereits ungeheuer groß und entspre-

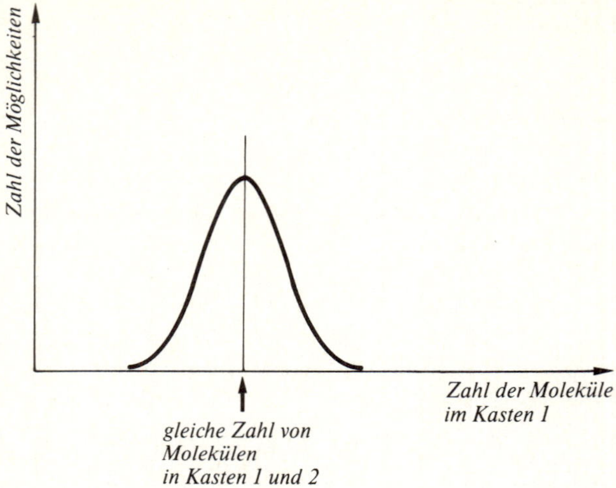

Abb. 2.5: Dieses Bild stellt eine sogenannte Verteilungskurve dar, wenn wir es mit sehr vielen Molekülen zu tun haben. Das Maximum der Kurve zeigt den Zustand an, bei dem die Gasmoleküle gleichmäßig auf zwei Gefäße verteilt sind. Ist die Verteilung ungleichmäßig, so nimmt die Zahl der verschiedenen Möglichkeiten ganz rapide ab.

chend die Zahl der individuellen Möglichkeiten bei einer gleichmäßigen Verteilung über beide Kästen einfach riesig. Als Folge hiervon ist die Chance, daß die Natur den gleichverteilten Zustand verwirklicht, eben auch ungemein groß, und alle Abweichungen hiervon sind bestenfalls eine kleine Schwankung – zum Beispiel eine kleine Dichteschwankung (Abb. 2.5).

Ein volles Verständnis des Boltzmannschen Prinzips gelingt allerdings erst dann, wenn wir uns auch Bewegungsvorgänge ansehen. Das hat nämlich mit der Abzählung der Möglichkeiten, die sich verwirklichen lassen, zu tun. Wenn wir den Schreibtisch eines Professors betrachten, so befindet er sich oft in einer scheinbar großen Unordnung. Wenn die Putzfrau hingegen seinen Schreibtisch aufgeräumt hat, so ist der Professor am nächsten Tag ganz aufgebracht, weil er – wie er sagt – seine Unterlagen jetzt nicht mehr findet, während er vorher dazu in der Lage gewesen wäre. Wie kommt es dazu? Ist dies eine Marotte von ihm, oder hat er zu seiner Beschwerde wirklich Grund?

Die Erklärung dieses Widerspruchs liegt in folgendem. Bei dem für den

Nichteingeweihten unaufgeräumten Schreibtisch wußte der Professor genau, wo ein betreffendes Buch oder eine Manuskriptseite lag. Es ist also trotz der scheinbaren Unordnung auch hier nur *ein* bestimmter Zustand da, in dem er die Unterlagen findet. Räumt hingegen die Putzfrau auf, so hat sie einen neuen Zustand geschaffen, bei dem der Professor eben die Dinge nicht mehr an ihrem «richtigen» Platz findet. Zum Begriff der Unordnung gehört deshalb auch, daß die verschiedenen Möglichkeiten, die wir vorhin bei der Verteilung der Moleküle im Kasten besprachen, ständig immer wieder neu verwirklicht werden, daß also, mit anderen Worten, der Schreibtisch des Professors dann in Unordnung ist, wenn die Dinge auf ihm immer wieder durcheinandergebracht werden.

Genauso macht es die Natur mit den Gasmolekülen. Da diese (zum Beispiel Sauerstoff bei Zimmertemperatur) mit 460 Metern pro Sekunde dahinfliegen, werden sie ständig vor uns durcheinandergewirbelt – immer neue Verteilungen der Moleküle auf die beiden Kästen werden verwirklicht. Die Natur ist wie ein Kartenspieler, der mit großer Geschwindigkeit die Spielkarten vor uns mischt, ohne daß wir im einzelnen zu folgen vermögen. Die Bewegung, mit der die Moleküle ständig neue Plätze einnehmen, ist selbst wieder ungeordnet – es ist die Wärmebewegung.

Energie wird immer weniger wert

Diese Erkenntnisse können auch noch anders formuliert werden, etwa am Beispiel des Autos. Wenn das Auto fährt, so steckt seine ganze Energie in der Fortbewegung oder, mit anderen Worten, in seiner kinetischen Energie. Da die Fortbewegung in einer bestimmten Richtung erfolgt, hat das Auto, wie der Physiker sagt, einen *Freiheitsgrad*. Wird das Auto abgebremst, so wird seine Bewegungsenergie in Wärme verwandelt, seine Bremsen und Reifen werden erhitzt (Abb. 2.6). Wärme bedeutet aber mikroskopische Bewegung sehr vieler Atome oder Moleküle. Ein Körper ist bekanntlich deshalb wärmer als ein anderer, weil seine einzelnen Moleküle sich heftiger bewegen als die des kalten Körpers. Da sich aber die Moleküle, wenigstens im mikroskopischen Bereich, in verschiedene Richtungen bewegen können und die Moleküle selbst sehr zahlreich sind, ist die Wärmeenergie nun auf sehr viele Frei-

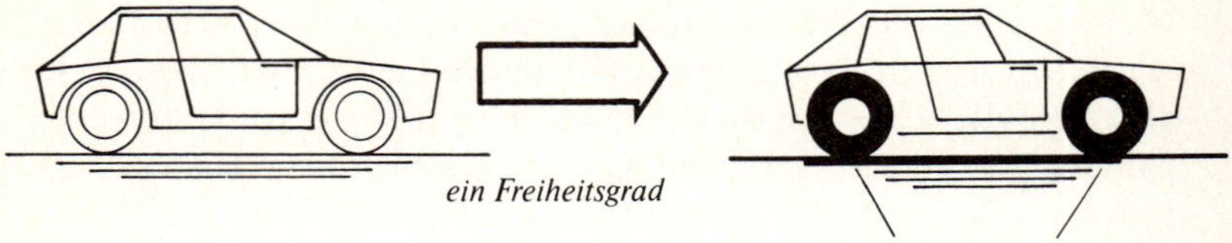

Abb. 2.6: Das sich in Fahrt befindende Auto (links) hat nur einen Freiheitsgrad. Beim Abbremsen wird dieser eine Freiheitsgrad in die außergewöhnlich vielen Freiheitsgrade der Wärmebewegung, zum Beispiel der Räder und Bremsen, verwandelt.

heitsgrade verteilt. Mit anderen Worten, beim Abbremsen des Autos wird die Energie eines Freiheitsgrades auf die Energie sehr vieler Freiheitsgrade verteilt, und dabei gibt es eben wieder sehr, sehr viele Möglichkeiten, diese Verteilungen vorzunehmen. Der umgekehrte Vorgang würde bedeuten, daß plötzlich von sich aus alle Moleküle, wie auf ein Kommando hin, in die gleiche Richtung fliegen und aus den vielen Freiheitsgraden wieder ein einziger wird. Das ist aber nach dem Grundgesetz der Thermodynamik nicht möglich. Wir können zwar die in dem einen Freiheitsgrad steckende Energie, die Fortbewegungsenergie des Autos, in Wärme umwandeln, umkehren können wir jedoch diesen Vorgang nicht oder zumindest nicht völlig. Wie wir gleich sehen werden, ist die in einem Freiheitsgrad geballte Energie höherwertig als die auf viele Freiheitsgrade verteilte Energie.
Dem Streben der Natur nach einer immer größer werdenden Unordnung können gewisse Grenzen gesetzt werden. Indem wir zum Beispiel eine Trennwand in ein Gefäß einbringen, können wir verhindern, daß die Moleküle sich noch weiter verteilen. In diesem Sinne müssen wir stets daran denken, daß die Natur die größte Unordnung nicht zwangsläufig erreichen muß, sondern daß ihr Schranken von außen auferlegt werden können. Durch Tricks gelingt es so dem Menschen in der Technik, einen Teil der Wärmeenergie in nutzbringende Energie zu verwandeln. Dies gelingt ihm zum Beispiel beim Verbrennungsmotor dadurch, daß er den Kolben beweglich macht. Die bei der explosionsartigen Verbrennung des Benzins entstehende Wärmeenergie wird zum Teil in den einen Freiheitsgrad der Kolbenbewegung verwandelt, der größere Teil der Wärmeenergie ist aber hierfür verloren und wird im Kühlwasser

abgeleitet. Wie die Physik zeigt, sind dieser «Rückgewinnung» hochwertiger Energie prinzipielle Grenzen gesetzt – und wir brauchen überdies dazu Maschinen, von Menschenhirnen erdacht und von Menschenhand geschaffen. Im Weltall scheinen keine derartigen Schranken zu bestehen, die das Anwachsen der Unordnung verhindern. Daraus haben die Physiker geschlossen, daß die Welt einem Zustand maximaler Unordnung zustrebt, bei dem schließlich die Ordnungszustände zerfallen und kein Leben mehr möglich ist – die Welt stirbt den «Wärmetod». Um mit dem berühmten Hermann L.F. von Helmholtz (1821–1894) zu sprechen: «Von da an ist das Universum zu einem Zustand ewiger Ruhe verdammt.» Und der nicht minder berühmte Rudolf J.E. Clausius (1822–1888) sagte: «Je mehr das Universum den Grenzzustand erreicht, in dem die Entropie maximal ist, desto mehr verringern sich die Gelegenheiten für weitere Veränderungen.» Wenn dieser Zustand erreicht sei, befinde sich «das Universum in einem Zustand des unveränderlichen Todes».

Ebensowenig wie dieser Blick in die Zukunft scheint uns der Blick in die Vergangenheit des Universums einen Hinweis auf die Möglichkeit des Lebens zu geben. Nach Auffassung wohl fast aller Physiker ist die Welt vor rund 10 bis 15 Milliarden Jahren in einem «Urknall» als ungeheuer heißer Feuerball, in dem keine Ordnung herrschte, entstanden. Chaos, keine Ordnung also auch am Anfang der Welt. Und danach soll die Unordnung noch mehr, bis hin zum Maximum ansteigen. Wo ist da noch Platz für geordnete, sinnvolle Strukturen, also für das Lebendige?

3

Kristalle – geordnete, aber tote Strukturen

Im letzten Abschnitt haben wir gesehen, daß höhere Temperatur eine heftigere Wärmebewegung der Moleküle und damit eine größere Unordnung mit sich bringt. Dies legt den Gedanken nahe, ob man nicht dadurch einen geordneten Zustand schaffen könnte, daß man einem System Wärmeenergie entzieht. Dies geschieht tatsächlich beim Abkühlen. Betrachten wir hierzu einige Erfahrungstatsachen. Wenn wir Wasser abkühlen, so gefriert es zu Eis, genauer gesagt, es bildet sich ein Eiskristall (Abb. 3.1).
Da die einzelnen Wassermoleküle winzig klein sind, etwa nur ein millionstel Millimeter dick, können wir sie selbst mit dem besten Mikroskop nicht erkennen. Aber mit Röntgenstrahlen oder Elektronenwellen lassen sich Kristalle so genau «abtasten», daß die Physiker ein sehr präzises Bild vom Aufbau der Kristalle zeichnen können.

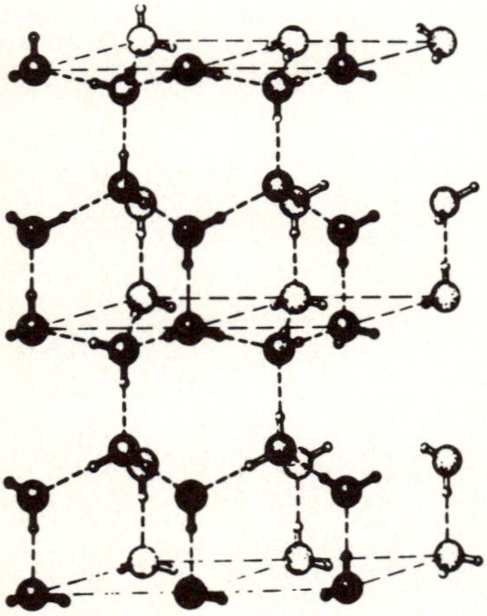

Abb. 3.1: Im Eiskristall sind die Wassermoleküle in einem festen Gitter periodisch angeordnet. Die großen Kugeln stellen die Sauerstoffatome dar, die herausragenden Arme die Wasserstoffatome.

Danach sind in einem Kristall die einzelnen Moleküle in Reih und Glied zusammengefügt – wir haben also einen hochgeordneten und zugleich starren Zustand der Materie vor uns. Im Wasser selbst können sich die Wassermoleküle aneinander vorbeischieben, wodurch das Fließen des Wassers möglich wird. Erhitzen wir Wasser, so verdampft es bei der Siedetemperatur und geht über in Wasserdampf. In ihm fliegen die Wassermoleküle wie viele winzige Tennisbälle wild durcheinander, die immer wieder aufeinanderprallen und dabei ihre Flugbahn ändern – also einen Zustand völliger Unordnung darstellen (Abb. 3.2).

In der Physik nennt man diese verschiedenen Aggregatzustände – fest, flüssig, gasförmig – auch Phasen, und die Übergänge zwischen verschiedenen Phasen heißen dementsprechend Phasenübergänge. Da bei diesen Phasenübergängen offensichtlich Zustände ganz verschiedener Ordnung beziehungsweise Unordnung entstehen, haben derartige Übergänge die Physiker schon seit langem fasziniert. Die Untersuchung dieser Übergänge dauert bis heute an. Was ist nun das Besondere an diesen Phasenübergängen?

Wie bereits am Beispiel des Wassers deutlich wird, liegen den verschiedenen Phasen Wasserdampf, Wasser und Eiskristall genau dieselben Moleküle zugrunde. Die verschiedenen Phasen unterscheiden sich mikroskopisch lediglich durch die gegenseitige Anordnung der Moleküle. Im Wasserdampf fliegen diese wild durcheinander, und zwar mit hoher Geschwindigkeit (rund 620 Meter pro Sekunde). Dabei wirken zwischen den Molekülen praktisch keine Kräfte, mit Ausnahme der Fälle, in denen sie aufeinanderstoßen. In der Flüssigkeit kommen sich die Atome sehr nahe und unterliegen Anziehungskräften. Dabei sind aber die Moleküle noch gegeneinander beweglich. Im Kristall hingegen sind die einzelnen Moleküle in einem streng periodischen «Gitter» angeordnet (Abb. 3.3).

Mit diesen verschiedenartigen mikroskopischen Ordnungszuständen sind makroskopisch ganz verschiedene Eigenschaften verknüpft. Besonders auffallend sind die Unterschiede bei den mechanischen Eigenschaften. Zum Beispiel läßt sich ein Gas (oder Wasserdampf) sehr gut zusammendrücken, Wasser fast nicht, und Eis ist ein fester Körper. Auch andere physikalische Eigenschaften makroskopischer Natur ändern sich, wie zum Beispiel die Lichtdurchlässigkeit. Wir sehen an diesen Beispielen, wie aufgrund mikroskopischer Änderungen völlig

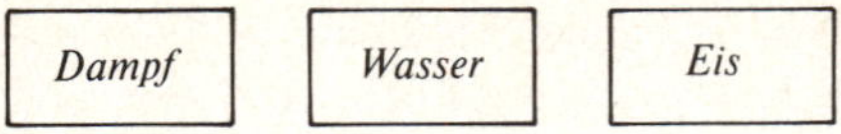

Abb. 3.2: Die verschiedenen Aggregatzustände des Wassers

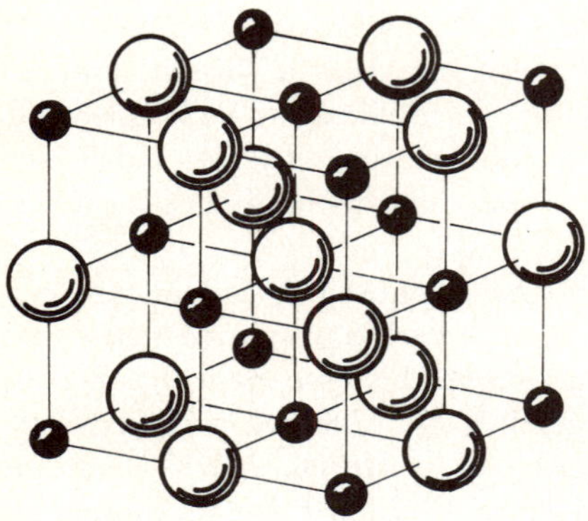

Abb. 3.3: Anordnung der Atome in einem Kochsalzkristall (NaCl). Große Kugeln: Chlor-Ionen, kleine Kugeln: Natrium-Ionen.

neuartige makroskopische Eigenschaften der Stoffe – nicht nur des Wassers – hervorgerufen werden können.
Eine weitere Eigenschaft dieser Phasenübergänge ist hervorzuheben. Die Übergänge erfolgen (bei sonst gleichbleibenden Bedingungen, wie etwa Druck) bei einer ganz bestimmten Temperatur, die man als kritische Temperatur bezeichnet. Zum Beispiel das Kochen von Wasser bei 100 °C und das Gefrieren bei 0 °C (übrigens ist die Temperaturskala nach Celsius gerade so festgelegt worden, daß die Temperaturangaben als die Zahlen 0 beziehungsweise 100 erscheinen). Andere Stoffe schmelzen bei ganz anderen Temperaturen, zum Beispiel Eisen bei 2081 °C oder Gold bei 1611 °C, und sie verdampfen erst bei entsprechend höheren Temperaturen.

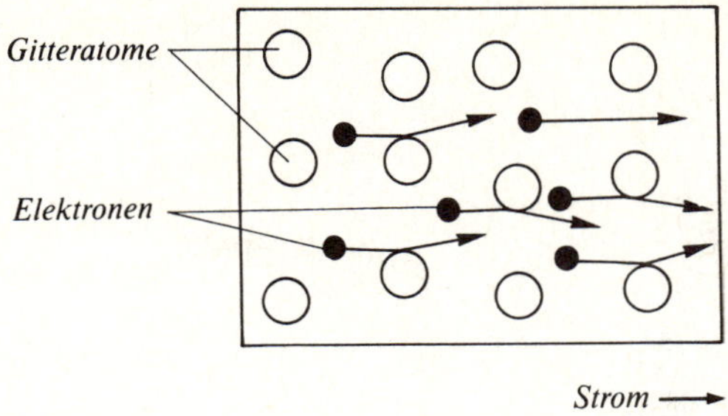

Abb. 3.4: Dieses Bild zeigt einen mikroskopischen Ausschnitt aus einem Metallgitter. Die einzelnen Atome des Kristalls sind durch große Kreise dargestellt. Infolge der Wärmebewegung zittern diese ständig hin und her. Die durch kleine schwarze Kreise dargestellten Elektronen stoßen mit diesen schwingenden Atomen zusammen und werden dadurch aus ihrer Bahn geworfen und abgebremst. Sie geben ihre Energie dabei zum Teil an die Metallatome ab, wodurch das Metall erwärmt wird. Gleichzeitig wird der Strom der Elektronen verkleinert.

Supraleitung und Magnetismus: Ordnung im Mikroskopischen macht stark im Makroskopischen

Derartige Phasenübergänge brauchen nicht nur zwischen verschiedenen Aggregatzuständen zu erfolgen. Auch ein Kristall selbst kann noch weitere Eigenschaften aufweisen, die sich schlagartig ändern können. Eine auch für technische Anwendungen besonders interessante Erscheinung ist die Supraleitung. Um das Außergewöhnliche an ihr zu verstehen, erinnern wir uns an die Fortleitung des Stroms in elektrischen Leitungen, sei es in Überlandleitungen oder im Radio. Leiten wir den elektrischen Strom durch Metalle, so wird dieser von den kleinsten geladenen Teilchen, den Elektronen, transportiert. Die Metalle bilden zumeist ein Kristallgitter. In ihm bewegen sich die Elektronen wie ein Gas, stoßen dabei aber mit den einzelnen Gitteratomen zusammen und verlieren dabei Energie (Abb. 3.4). Mit anderen Worten, sie reiben sich an dem Kristallgitter und geben einen Teil ihrer Energie ab, die nun in die ungeordnete Wärmeenergie der Gitteratome verwandelt wird. Auf diese Weise geht ständig Energie des Stroms als Wärmeenergie verloren. Im elektrischen Bügeleisen ist dies gerade ein erwünschter Effekt,

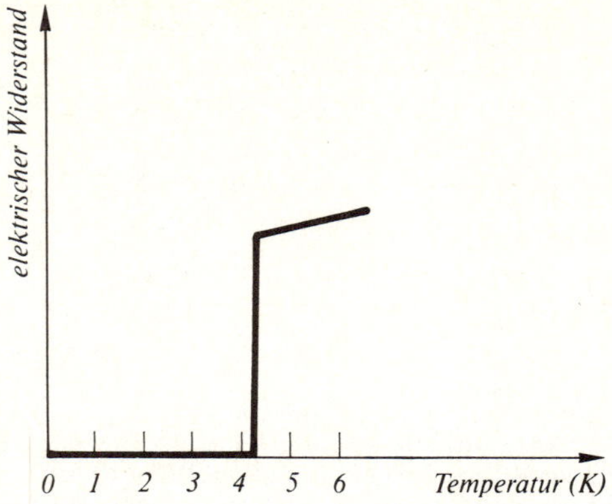

Abb. 3.5: In dieser Abbildung ist nach rechts die Temperatur aufgetragen, nach oben der elektrische Widerstand. Unterhalb einer «kritischen» Temperatur (hier 4,2 Kelvin [absolute Temperatur]) verschwindet der elektrische Widerstand völlig, darüber nimmt er einen endlichen Wert an.

nicht aber zum Beispiel bei Überlandleitungen. Hier möchte man ja den Strom auf der Verbraucherseite am liebsten in seiner vollen Stärke entnehmen, so wie er im Kraftwerk erzeugt wurde, und nicht damit die Leitungen erwärmen. Leider treten aber durch den eben beschriebenen Reibungsvorgang, den man als elektrischen Widerstand bezeichnet, erhebliche Energieverluste auf. Bereits 1911 hatte der holländische Physiker Kammerlingh Onnes gefunden, daß bestimmte Metalle, zum Beispiel Quecksilber, beim Abkühlen unter eine bestimmte, sehr tiefe Temperatur ihren Widerstand völlig verlieren (Abb. 3.5). Er nannte dieses Phänomen *Supraleitung*. Das wirklich verblüffende an dieser Erscheinung ist, daß etwas völlig Neues geschieht. Es ist keineswegs so, daß der Widerstand nur sehr klein wird, er verschwindet offensichtlich völlig. Dies beweisen Experimente, bei denen man einen Draht zusammengebogen hat, der also in sich geschlossen war. In einem solchen Draht lief der Strom mehr als ein Jahr lang ohne jegliche Ermüdungserscheinung. Lediglich den Physikern wurde es zu langweilig, und sie beendeten den Versuch, indem sie den Draht wieder aufwärmten. Die theoretische Erklärung dieses Phänomens hat mehr als vierzig Jahre auf sich warten lassen. Wie wir heute wissen, liegt dem Vorgang der Supraleitung auch wieder ein ganz spezieller mikroskopischer Ordnungszu-

stand zugrunde: Die Elektronen in einem Metall laufen jeweils paarweise durch den Kristall. Diese Paare finden sich selbst wieder zu einer streng geordneten Bewegung zusammen, die nun den Widerstandsversuchen der Kristallatome trotzen kann. Es ist gewissermaßen so, als würde eine Marschkolonne mit gegenseitig verhakten Armen durch ein Gestrüpp laufen. Das Gestrüpp kann die einzelnen Marschierer nicht mehr von ihrem Weg ablenken. Auch hier wieder ist, wie bei den anderen Phasenübergängen, eine neue mikroskopische Ordnung (das «Paarlaufen») mit einem ganz neuartigen makroskopischen Zustand (dem ungebremsten Strom) verbunden.
Warum verwendet man daher heute nicht in Überlandleitungen Supraleiter? Die Schwierigkeit besteht darin, daß Supraleitung erst bei sehr tiefen Temperaturen eintritt (zum Beispiel bei − 260 °C) und die entsprechende Kühlung der Drähte sehr teuer wäre.* Es gibt aber andere, sehr wichtige Anwendungen, wo sich die Kühlung durchaus lohnt. Wie wir wissen, können elektrische Ströme Magnetfelder erzeugen. Die Supraleitung hat es möglich gemacht, ungeheuer starke Magnetfelder zu erzeugen. Diese werden bereits heute unter anderem in den Maschinen verwendet, in denen Sonnenenergie durch Kernfusion auf der Erde erzeugt werden soll. Aus winzigsten Supraleitern lassen sich Schaltelemente für Computer bauen – die nächste Computergeneration besteht aus Elektronengehirnen, die nur in Tiefkühltruhen arbeiten können, nahe am absoluten Nullpunkt.** Ein anderes Beispiel für die drastische, schlagartige Änderung einer physikalischen Eigenschaft ist der Eisenmagnet. Es handelt sich hier um Eisenkristalle, die bei Zimmertemperatur magnetisch sind, beim Erwärmen aber bei einer bestimmten Temperatur, nämlich 774 °C, ihren Magnetismus schlagartig verlieren

* In der Zwischenzeit machten J. G. Bednorz und Alex Müller die überraschende Entdeckung, daß es Stoffe mit wesentlich höherer Temperatur gibt, unterhalb deren Supraleitung möglich ist. Inzwischen wurden Materialien entwickelt, deren «Sprungtemperatur» bei mehr als − 140 °C liegt. Leider sind diese Stoffe sehr spröde, und es ist noch viel Entwicklungsarbeit bis zu Anwendungen hin zu leisten. Außerdem ist die Sprungtemperatur im Hinblick auf Überlandleitungen immer noch zu niedrig.

** So schien es wenigstens, als die erste Auflage dieses Buches geschrieben wurde. Inzwischen hat die betreffende Computerfirma die entsprechende Entwicklung eingestellt. Die immer weiter verfeinerte Halbleitertechnik hat es möglich gemacht, immer kleinere und schnellere Bauelemente zu entwickeln, so daß die Konstruktion äußerst leistungsfähiger Computer ohne Supraleitungselemente möglich wurde.

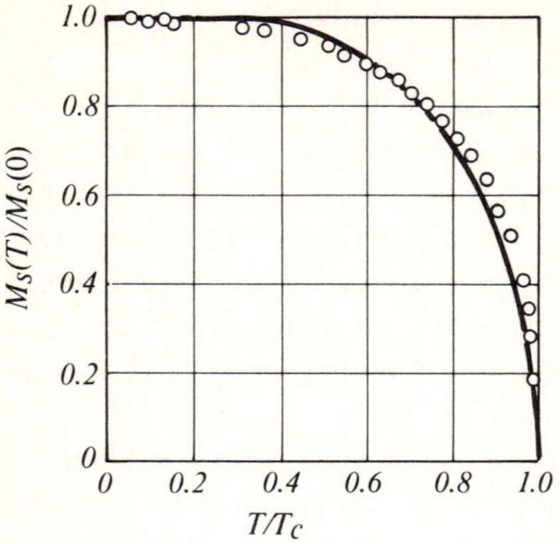

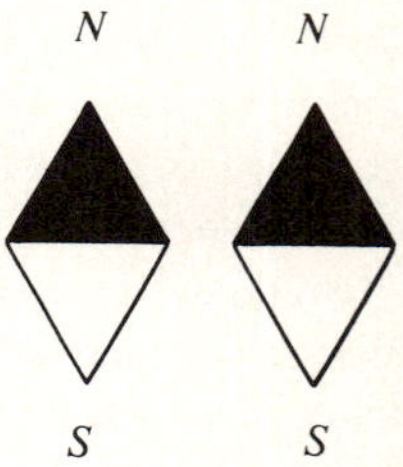

Abb. 3.6: Nach rechts ist wieder die Temperatur aufgetragen, nach oben die Größe der Magnetisierung eines Ferromagneten. Oberhalb einer bestimmten Temperatur $T = T_c$ verschwindet die Magnetisierung, das heißt, der Ferromagnet wird plötzlich unmagnetisch.
Abb. 3.7: Die mikroskopischen Elementarmagnetchen des Ferromagneten versuchen, sich parallel zu stellen, und zwar jeweils Nordpol zu Nordpol, Südpol zu Südpol.

(Abb. 3.6). Es ist interessant, auch hier der mikroskopischen Deutung nachzugehen. Als die Physiker den Magneten immer mehr zerlegten, stellten sie fest, daß er selbst aus immer kleineren Magnetchen besteht, deren kleinste die Eisenatome selbst (genauer deren Elektronen) sind. Die «Elementarmagneten» üben untereinander Kräfte aus. Während aber normalerweise sich gleiche Magnetpole abstoßen, haben die Elementarmagneten gerade die umgekehrte Eigenschaft, daß nämlich gleiche Pole sich anziehen. Mit anderen Worten und physikalisch genauer ausgedrückt, die Elementarmagneten wollen sich alle in dieselbe Richtung einstellen (Abb. 3.7). Die Erklärung für dieses merkwürdige Verhalten ist übrigens erst durch die Quantentheorie, durch die Arbeiten von Heisenberg, möglich geworden, doch würde uns die genauere Erläuterung zu weit vom eigentlichen Thema wegführen. Alle mikroskopischen Magnetfelder addieren sich und erzeugen so ein makroskopisches Magnetfeld, das wir vom Eisenmagneten her kennen.

Phasenübergänge: Von Unordnung zu Ordnung – oder umgekehrt

Im ungeordneten Zustand des Eisenmagneten können die Elementarmagneten in alle möglichen Richtungen zeigen. Wir haben, wie man sagt, einen symmetrischen Zustand vor uns. Keine Richtung ist hier gegenüber einer anderen bevorzugt. Ist der Gesamtzustand hingegen magnetisch, so zeigen plötzlich alle Elementarmagneten in eine ganz bestimmte Richtung. Obwohl alle Richtungen vor dem Übergang gleichberechtigt waren, wird nunmehr eine ganz bestimmte Richtung ausgewählt. Die ursprünglich vorhandene Symmetrie der Richtungen wird «gebrochen» (Abb. 3.8).

Am Eisenmagneten läßt sich besonders schön studieren, wie eine Phasenumwandlung mikroskopisch abläuft. Dabei sind in der geordneten, magnetischen Phase alle Elementarmagneten ausgerichtet, während diese in der ungeordneten Phase in alle möglichen Richtungen zeigen. Die Ursache für diese zwei ganz verschiedenen Phasen liegt im Wettstreit zweier verschiedenartiger physikalischer Kräfte. Die eine Art von Kräften zwischen den Elementarmagneten wirkt auf eine parallele Ausrichtung der Magnetchen hin. Die andere Art von Kräften beruht auf der Wärmebewegung. Wärme heißt ja gerade ungeordnete Bewegung. Die Wärmebewegung versucht also, die Elementarmagnetchen immer wieder in die verschiedensten Richtungen zu stoßen. Es ist nun wie bei einer Balkenwaage. Das eine Gewicht symbolisiert die Wärmebewegung, das andere die Kräfte der Parallelstellung. Hat die Temperaturbewegung das größere «Gewicht», so überwiegt die Temperaturbewegung, die Waage schlägt nach der einen Seite aus, das heißt, es überwiegt beim Eisenmagneten die ungeordnete Bewegung (Abb. 3.9). Die Wirkung der einzelnen Magnetchen nach außen hin hebt sich gegenseitig auf, und wir beobachten keine makroskopische Magnetisierung. Entziehen wir dem Eisenstab jedoch Wärmeenergie, machen wir also diese Seite der Waage nunmehr leichter, so überwiegen die Kräfte zwischen den Elementarmagneten. Die Waage wird sich also nun schlagartig nach der anderen Seite neigen, das heißt, alle Elementarmagneten richten sich aus (Abb. 3.10).

Für die Vorgänge, die wir später im Rahmen der Synergetik nicht nur in der Physik, sondern zum Beispiel auch in der Soziologie und Psycholo-

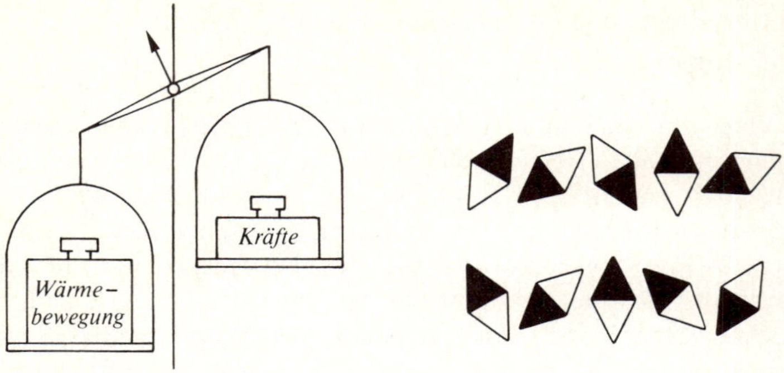

Abb. 3.8: Die Waage symbolisiert den Wettkampf zwischen der Wärmebewegung und den Kräften, die die Elementarmagneten parallel stellen wollen. Überwiegt die Wärmebewegung, so zeigen die Elementarmagnetchen in die verschiedensten Richtungen.

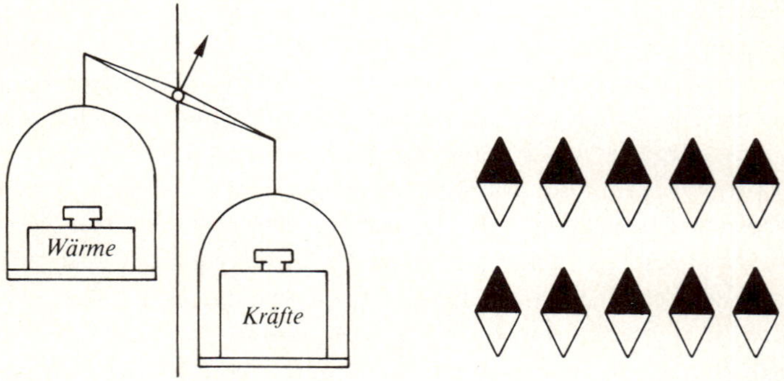

Abb. 3.9: Das Entsprechende wie bei Abbildung 3.8, nur ist die Wärmebewegung schwächer geworden. Die Kräfte überwiegen und stellen alle Elementarmagnetchen parallel.

gie betrachten wollen, werden sich einige Begriffe als wichtig erweisen, die wir schon an Phasenübergängen kennenlernen können.
Eine solche wichtige Eigenschaft vieler Phasenübergänge können wir mit bloßem Auge beim Sieden einer Flüssigkeit beobachten. Unterhalb des Siedepunkts ist zum Beispiel Wasser durchsichtig und auch oberhalb in der Dampfphase. Erhitzen wir das Wasser vorsichtig, so daß es an den Siedepunkt herankommt, so wird das Wasser undurchsichtig, es

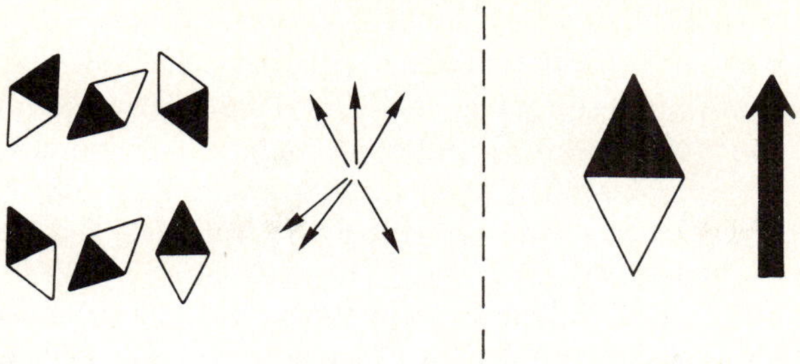

Abb. 3.10: Diese Abbildung faßt die beiden Fälle der vorhergehenden Abbildungen 3.8 und 3.9 zusammen. Links: Zeigen die Elementarmagneten in verschiedene Richtungen, so heben sie sich in ihrer magnetischen Wirkung nach außen hin auf, das heißt, die Magnetisierung ist gleich Null. Rechts: Zeigen alle Elementarmagneten in eine Richtung, so verstärken sie sich in ihrer magnetischen Wirkung nach außen. Es entsteht eine große Magnetisierung, das heißt, der Ferromagnet ist jetzt magnetisch.

wird milchig-trüb. Dies beruht darauf, daß das durchgehende Licht sehr stark gestreut wird. Diese Lichtstreuung rührt wiederum daher, daß die Bewegung der Moleküle in der Nähe des Übergangspunktes besonders heftig wird. Es kommt zu kritischen Schwankungen oder, wie der Physiker sagt, zu «kritischen Fluktuationen». Um ein anschauliches Bild zu bringen: Es ist wie beim Ende einer Versammlung auf einem öffentlichen Platz. Die Menschen strömen plötzlich auseinander, es entsteht eine heftige Bewegung, mal kommt es zu Verdichtungen, mal zu Verdünnungen in der Menschenmenge, bis schließlich jeder wieder seiner eigenen Wege geht (Abb. 3.11). Wie wir schon

Abb. 3.11: Löst sich eine Versammlung auf, so treten starke Schwankungen in der Dichteverteilung der Teilnehmer auf.

anfangs feststellten, sind die Phasenübergänge auch heute noch Objekt intensiver pysikalischer Forschung. Hierbei hat sich in den letzten Jahren überraschenderweise gezeigt, daß diese Phasenübergänge trotz des verschiedenen Charakters der Substanzen und der Phänomene selbst gleichen Gesetzmäßigkeiten gehorchen und immer wieder die gleichen Grunderscheinungen aufweisen, wie etwa die kritischen Fluktuationen oder den Symmetriebruch. In den letzten Jahren ist es in der Physik gelungen, die einheitlichen Gesetzmäßigkeiten zu begründen. Das plötzliche Auftreten geordneter Strukturen bei den Phasenübergängen könnte natürlich dazu verleiten, diese Erscheinungen nun direkt auf Lebensvorgänge zu übertragen, weil wir es ja auch hier in gewissem Sinne mit geordneten Systemen zu tun haben. Es gibt aber hierzu schwerwiegende Einwände. Bei den Beispielen, die wir betrachtet haben, handelt es sich um Stoffe, die ihren Ordnungszustand erst durch Absenken der Temperatur annehmen. Lebensvorgänge hingegen erlahmen beim Absenken der Temperatur, ja, sie kommen sogar vollständig zum Stillstand, wodurch bei vielen Lebewesen der Tod eintritt.
Lebewesen werden durch einen ständigen Strom von Energie und Stoff, den sie aufnehmen und verarbeiten, am Leben erhalten. Gerade die höher entwickelten Lebewesen, nämlich die Warmblüter, sind überdies gar nicht im thermischen Gleichgewicht mit ihrer Umgebung, sondern weit von ihm entfernt. Unsere Körpertemperatur beträgt 37 °C, die eines Zimmers etwa 20 °C. Offensichtlich müssen Lebensvorgänge auf ganz anderen Prinzipien beruhen, die nichts mit den Vorgängen bei der Kristallbildung der Supraleiter oder des Ferromagnetismus zu tun haben. Wie es hier scheint, kann die Physik gar nichts zur Erklärung des Lebens beitragen. Aber urteilen wir nicht voreilig, sondern verfolgen die Frage in den nächsten Kapiteln weiter.

4

Flüssigkeitsmuster, Wolkenbilder und geologische Formationen

Wie wir alle wissen, gibt es verschiedene Arten von Gleichgewicht in der Mechanik (Abb. 4.1–4.3). Denken wir uns eine Kugel in einer nach oben geöffneten Schale, so bleibt die Kugel am tiefsten Punkt in Ruhe, sie ist im Gleichgewicht. Lenken wir die Kugel ein klein wenig aus, so fällt sie wieder in die Gleichgewichtslage zurück. Es handelt sich hier um ein stabiles Gleichgewicht. Liegt die Kugel hingegen auf einer ebenen Tischplatte und verschieben wir die Kugel, so bleibt sie in ihrer neuen Lage in Ruhe. Wir haben das sogenannte indifferente Gleichgewicht. Gelingt es uns schließlich, die Kugel auf einer umgekehrten Schale auf der Spitze zu balancieren, so ist die Kugel hier wieder im Gleichgewicht. Schieben wir sie aber ein klein wenig von der Spitze weg, so entfernt sie sich immer mehr von der Spitze. Es handelt

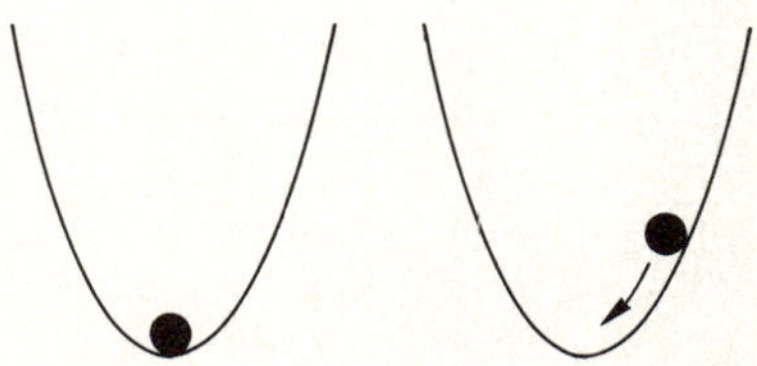

Abb. 4.1: Die Kugel in einer nach oben geöffneten Schale ist im stabilen Gleichgewicht.

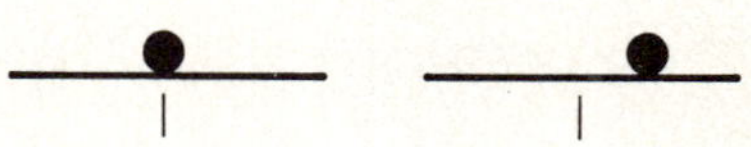

Abb. 4.2: Die Kugel auf einer ebenen Unterlage ist im indifferenten Gleichgewicht.

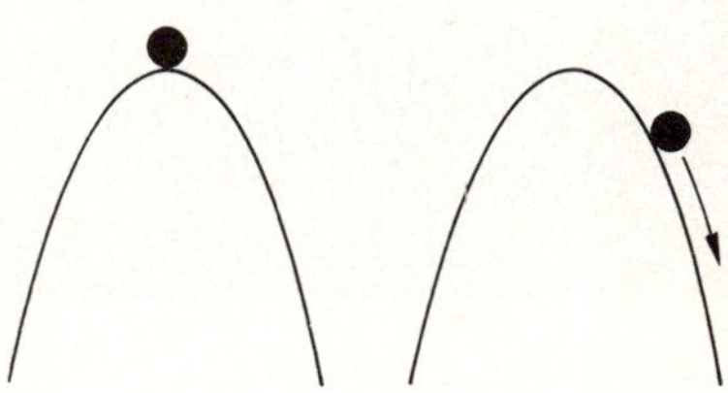

Abb. 4.3: Die Kugel auf einer nach unten geöffneten Schale ist im instabilen Gleichgewicht.

sich hier um das instabile Gleichgewicht. Diese simplen Begriffe werden wir gleich brauchen, um interessante Phänomene aus der Flüssigkeitsbewegung besser zu verstehen, Erscheinungen, die uns allen geläufig sind, die wir uns aber selten bewußtmachen. So erblicken wir zuweilen am Himmel Wolkenstraßen, streng geordnete Züge von Wolken (Abb. 4.4). Wie Segelflugpiloten wissen, handelt es sich nicht um statische Formationen, sondern um bewegte Luftmassen, wobei jeweils längs einer Straße die Luft nach oben, längs der anderen die Luft nach unten geht. Die Luft bewegt sich also in Form von Rollen.

Derartige Bewegungen lassen sich in viel kleinerem Maßstab im Labor erzeugen, wenn man nicht Luft, sondern eine Flüssigkeit nimmt. Erwärmt man eine Flüssigkeitsschicht in einer Schale von unten, so geschieht folgendes (Abb. 4.5): Ist der Temperaturunterschied zwischen unten und oben nur gering, so bewegt sich die Flüssigkeit makroskopisch nicht. Natürlich versucht die Flüssigkeit, die Temperaturunterschiede durch den Transport von Wärme auszugleichen, aber wie wir wissen, ist Wärme eine mikroskopische Bewegung, die wir nicht sehen können.

Abb. 4.4: Wolkenstraßen

Bei weiterer Erhöhung der Temperaturdifferenz passiert dann etwas Überraschendes. Die Flüssigkeit setzt sich makroskopisch in Bewegung, und zwar keineswegs wild durcheinander, sondern ganz wohlgeordnet in Form von Rollen (Abb. 4.6). Die Flüssigkeit steigt in Längsstreifen auf, kühlt sich an der Oberfläche ab und sinkt wieder nach unten. Das Überraschende an dieser Rollenbildung ist, daß sich die Flüssigkeitsmoleküle über für sie riesige Entfernungen gewissermaßen verständigen müssen, um zu einer kollektiven Bewegung zu kommen. Die Flüssigkeitsrollen sind ja viele Milliarden mal größer als die Flüssigkeitsmoleküle selbst. Betrachten wir zunächst eine ruhende Flüssigkeitsschicht. Wird diese von unten her erhitzt, so dehnen sich natürlich die unteren Flüssigkeitsteile aus und möchten somit nach oben steigen. Von oben her drückt die kältere und damit schwerere Flüssigkeit nach unten. Die aufwärtsstrebende und die abwärtsstrebende Flüssigkeit halten sich aber im Gleichgewicht (Abb. 4.7). Ist dieses nun stabil oder labil? Auf den ersten Blick könnte es scheinen, als wäre die Lage instabil, weil ja die obere Flüssigkeit nach unten strebt, die untere nach oben und wir der Flüssigkeit nur einen kleinen Schubs zu geben brauchen, um sie in Bewegung zu setzen. Die Situation ist aber ein klein wenig komplizierter, wie wir gleich sehen werden.
Lassen wir eine kleine erwärmte Flüssigkeitskugel einmal in Gedanken nach oben steigen (Abb. 4.8). Gerät sie mit den kälteren Schichten zu-

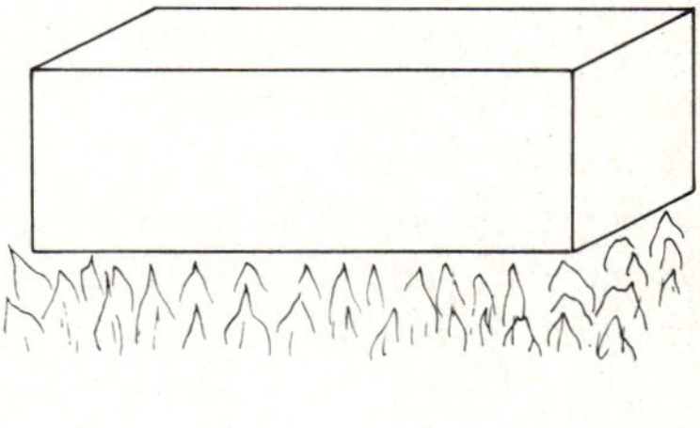

Abb. 4.5: Eine von unten erhitzte Flüssigkeitsschicht

Abb. 4.6: Rollenförmige Bewegung der Flüssigkeit

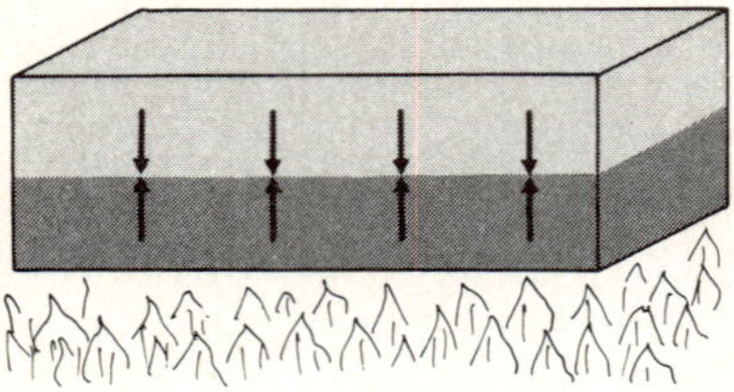

Abb. 4.7: Die sich noch in Ruhe befindende Flüssigkeit

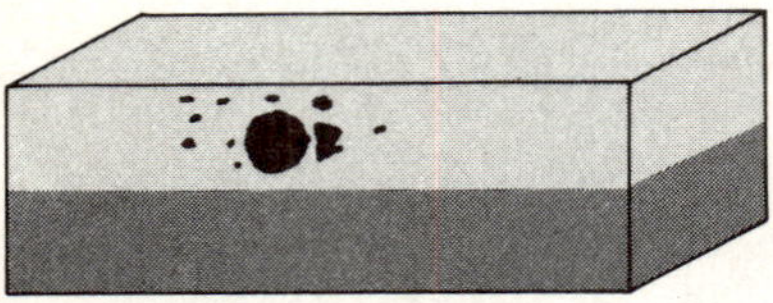

Abb. 4.8: Nach oben aufsteigende Flüssigkeitskugel

sammen, so wird von ihr Wärme abgeleitet. Sie wird damit abkühlen, sich zusammenziehen und die Tendenz verlieren, nach oben steigen zu wollen. Außerdem wird sie bei der Bewegung nach oben von der Umgebung durch Reibung abgebremst. Durch Abkühlung einerseits, Abbremsung andererseits steigt also die Flüssigkeitskugel nicht weiter, die Flüssigkeitsschicht muß also doch in Ruhe bleiben. Diese Situation läßt sich aber nur bei nicht zu großen Temperaturdifferenzen aufrechterhalten. Wird nämlich die Flüssigkeit genügend stark erhitzt, so kann eben doch das heiße Flüssigkeitströpfchen nach oben streben und zu makroskopischer Bewegung Anlaß geben. Das Erstaunliche ist aber nun, daß derartig heiße Flüssigkeitströpfchen nicht unregelmäßig nach oben streben, sondern gleichmäßig geordnet. Es scheint, als sei eine außenstehende Macht am Werke, wie wir leicht an einer Analogie erkennen können.

Denken wir uns dazu ein Schwimmbecken, bei dem die Schwimmer in einer Richtung zum anderen Rand und zurückschwimmen sollen. Ist das Schwimmbecken sehr voll, wie das an heißen Sommertagen der Fall ist, so sind sehr viele Schwimmer unterwegs und behindern sich beim Hin- und Herschwimmen (Abb. 4.9). Deshalb kommen manche Bademeister auf die Idee, die Schwimmer im Kreis herum ziehen zu lassen (Abb. 4.10). Die gegenseitige Behinderung ist dabei viel kleiner. Hier ist den Schwimmern vom Bademeister eine kollektive Bewegung vorgeschrieben worden. Aber auch ohne Bademeister können die Schwim-

Abb. 4.9: Schwimmer in einem Becken. Ungeordnete Bewegung.

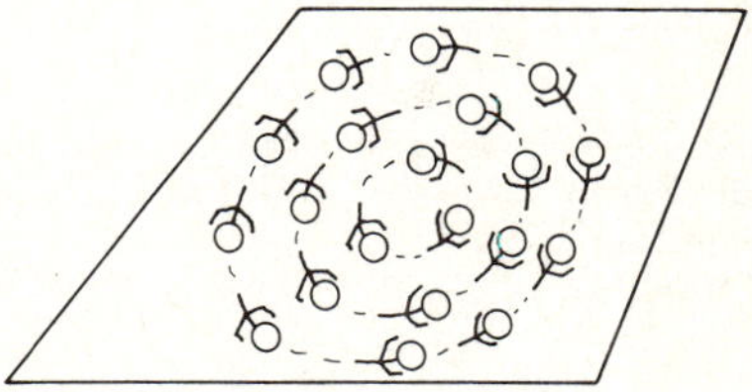

Abb. 4.10: Schwimmer in einem Becken. Kreisförmige, geordnete Bewegung.

mer auf die Idee kommen, im Kreise zu schwimmen. Erst sind es vielleicht nur einige, aber immer mehr schließen sich ihnen an, da die Kreisbahn auch für diese bequemer ist. So entsteht schließlich eine kollektive Bewegung, und zwar ohne äußere Anordnung, das heißt *selbstorganisiert*. Die Natur, sprich die Flüssigkeit, macht es nicht anders. Sie findet heraus, daß sie die erwärmten Teile viel besser nach oben transportieren kann, wenn sich diese zu einer regelmäßigen Bewegung zusammenfinden. Wie macht es aber nun die Flüssigkeit im einzelnen? Dies geschieht durch Schwankungen. Die Flüssigkeit testet also ständig verschiedene Bewegungsmöglichkeiten, indem sie immer wieder kleine, heiße Flüssigkeitsteile gewissermaßen probeweise losschickt und dafür kühlere absinken läßt. In Gedanken können wir uns diese verschiedensten Bewegungsmöglichkeiten in besonders einfache Bewegungen zerlegt denken, und zwar kann eine beliebig wilde Flüssigkeitsbewegung in gleichmäßig erscheinende Bewegungsformen zerlegt werden. In den Abbildungen 4.11 und 4.12 sind zwei Bewegungsformen dargestellt. Bei der einen findet die Flüssigkeit heraus, daß hier die Verhältnisse besonders günstig sind für das Aufsteigen der warmen Teile. Diese Bewegungsform wächst immer mehr an. Immer mehr Teile der Flüssigkeit werden in diese Bewegung hineingezogen, werden von ihr «versklavt». Die andere Bewegungsform klingt nach einiger Zeit wieder ab. Sie war nur eine Art Schwankung. Hier begegnet uns das Konkurrenzverhalten verschiedener kollektiver Bewe-

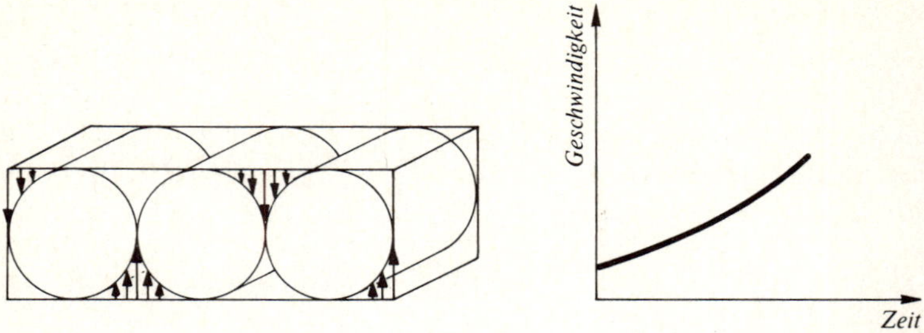

Abb. 4.11: Links: Eine mögliche Anordnung der Bewegungsrollen. Rechts: Im Lauf der Zeit (waagerechte Achse) steigt die Rollengeschwindigkeit (senkrechte Achse) immer mehr an.

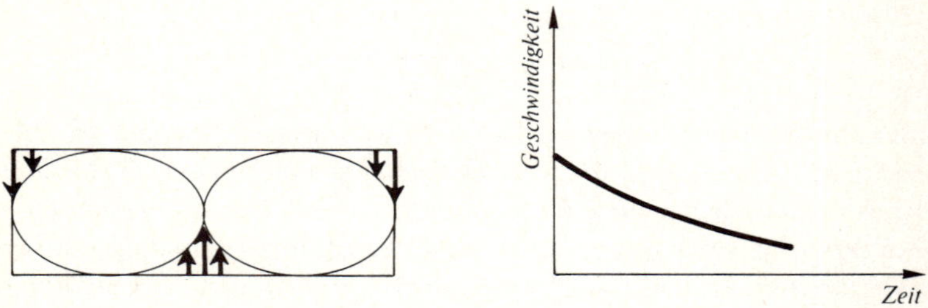

Abb. 4.12: Eine andere Rollenkonfiguration, deren Umlaufgeschwindigkeit im Lauf der Zeit wieder abklingt

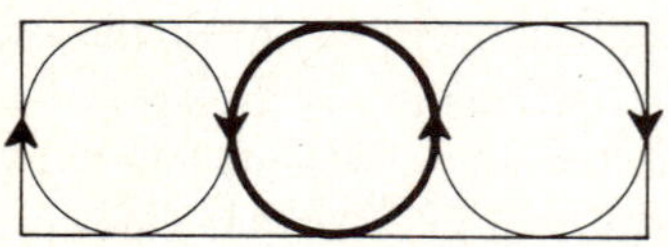

Abb. 4.13: Zur Veranschaulichung der Symmetriebrechung. Die mittlere Rolle läuft in diesem Falle links herum.

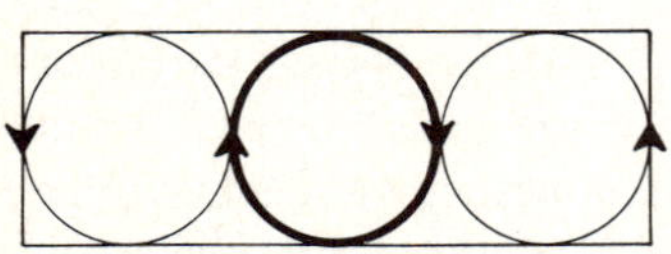

Abb. 4.14: Wie Abbildung 4.13, aber die mittlere Rolle läuft nun rechts herum. Entsprechend ist die Drehrichtung der anderen Rollen umgekehrt.

gungsformen: Eine Bewegungsform setzt sich immer mehr durch und unterdrückt dabei alle anderen. Es entsteht eine ganz bestimmte Rollenbewegung der Flüssigkeit. Diese Rollenbewegung übt die Funktion eines Ordners aus. Er gibt an, wie sich die einzelnen Flüssigkeitsteile bewegen müssen. Ist auch nur in Teilbereichen der Flüssigkeit eine solche Bewegungsform einmal etabliert, so werden auch andere Flüssigkeitsbereiche in diese Bewegungsform hineingezogen; mit anderen Worten, sie werden vom Ordner versklavt. Interessanterweise läßt sich genau berechnen, welche kollektive Bewegung am Schluß gewinnen wird und welche anderen Bewegungen von dieser versklavt werden. Allerdings gilt das nur *cum grano salis*. Sehen wir uns nämlich eine einzelne Rolle, zum Beispiel die mittlere, an, so ist es ganz klar, daß die Bewegung im Prinzip genausogut links wie rechts herum erfolgen kann (Abb. 4.13/14). Welche der beiden Bewegungsrichtungen ausgesondert wird, hängt von Zufällen ab. Die Symmetrie der Bewegungen links herum oder rechts herum wird durch eine zufällige Anfangsschwankung gebrochen. Wenn der ursprüngliche Zustand der Ruhe der Flüssigkeit erst einmal instabil geworden ist, genügt eine ganz kleine Schwankungserscheinung, um die Rollenbewegung anzuwerfen. Bereits diese kleine Schwankungserscheinung genügt auch, um die makroskopischen Bewegungen festzulegen. Wir werden später in der Soziologie sehen, daß bei politischen oder wirtschaftlichen Erscheinungen oft kleine Schwankungen, gewissermaßen Zufälligkeiten, darüber entscheiden, welche folgenschwere Richtung dann schließlich eingeschlagen wird. Wenn man die Auswahl getroffen hat, ist die andere Wahl ausgeschlossen, und die erste Wahl kann nicht mehr rückgängig gemacht werden. Kleine Schwankungen entscheiden dabei oft, welche Wahl getroffen wird. Ist die Wahl entschieden, müssen alle Teilchen diese Bewegung mitmachen, ob sie nun wollen oder nicht.

Zu Anfang dieses Abschnitts haben wir die verschiedenen Gleichgewichtsarten an einem einfachen mechanischen Modell, nämlich einer Kugel und einer Schale, erläutert. Mit Hilfe einer derartigen Vorstellung läßt sich auch die Stabilisierung der Rollen verstehen. Dazu tragen wir die größte Senkrechtgeschwindigkeit nach rechts auf. Wir veranschaulichen uns also die Größe der Geschwindigkeit durch die Auslenkung einer Kugel. Ist der Ruhezustand der Flüssigkeit stabil, so bedeutet dies, daß alle Schwankungen dieser Geschwindigkeit auf Null abklingen müssen. Wir haben dann die in Abbildung 4.15 dargestellte

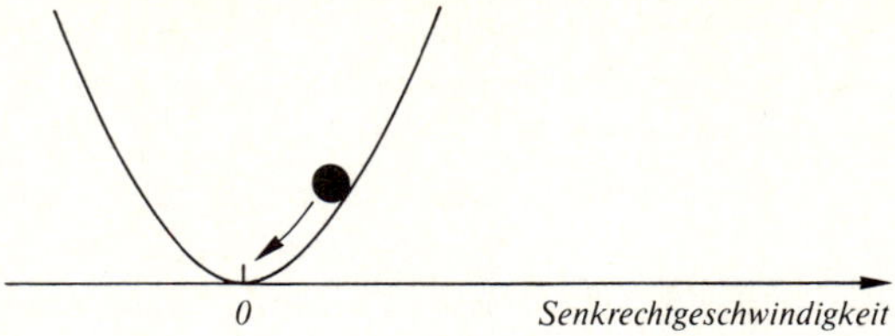

Abb. 4.15: Diese Abbildung veranschaulicht die Gleichgewichtslage der Flüssigkeit, wenn die Erhitzung von unten nur schwach ist. Nach rechts ist die Senkrechtgeschwindigkeit der Flüssigkeit aufgetragen. Die Kugel, deren Lage die Senkrechtgeschwindigkeit symbolisiert, fällt bei einer Störung in die Ruhelage zurück.

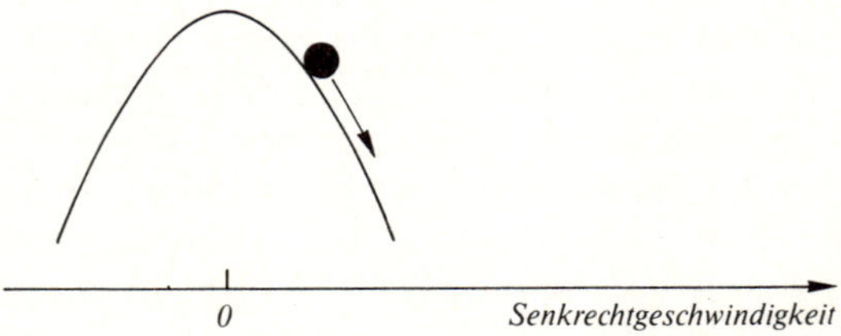

Abb. 4.16: Ist die Temperaturdifferenz zwischen unterer und oberer Begrenzung der Flüssigkeit hinreichend groß, so wächst die Senkrechtgeschwindigkeit der Rollen an. In unserem mechanischen Analogon bedeutet dies, daß die Kugel eine instabile Lage hat.

Situation vor uns. Erhitzen wir die Flüssigkeit von unten immer mehr, so wird der Ruhezustand instabil. Bei einer kleinen Schwankung wächst die Senkrechtgeschwindigkeit. Die neue, instabile Situation können wir uns wieder wie schon zu Anfang dieses Abschnitts durch die Abbildung 4.16 veranschaulichen. Da aber die Rollen sich schließlich stabilisieren, darf die Geschwindigkeit nicht mehr weiter anwachsen, sondern hat einen stabilen endlichen Wert erreicht. Die Kugel befindet sich nun wieder in einer nach oben gekrümmten Schale. Setzen wir die Bilder zusammen, so ergibt sich das Bild der Abbildung 4.17. Da aber die Umlaufrichtungen links herum oder rechts herum gleichwertig sind, bedeutet dies in unserer Figur, daß das Bild symmetrisch sein muß, das heißt, daß für die Geschwindigkeit, symbolisiert durch die Lage des Teilchens, die Abbildung 4.18 gilt. In dieser Weise können wir den schon oben besprochenen Bruch der Symmetrie nochmals

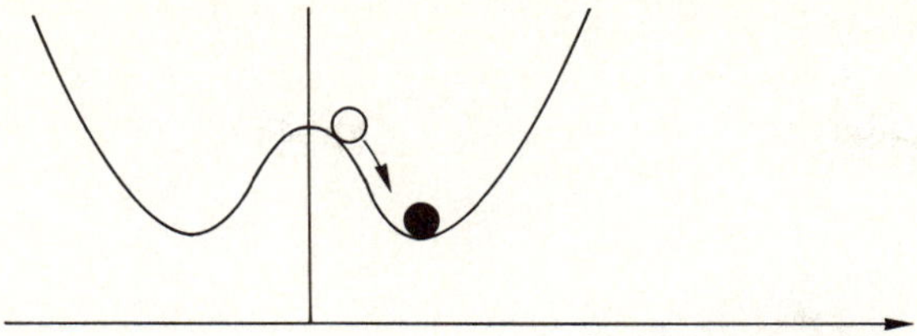

Abb. 4.17: Da die Senkrechtgeschwindigkeit nicht beliebig stark anwächst, sondern schließlich zur Ruhe kommt, muß die instabile Lage der Kugel von Abbildung 4.16 schließlich in eine stabile Lage einmünden. Dies ist in unserer Abbildung dargestellt.

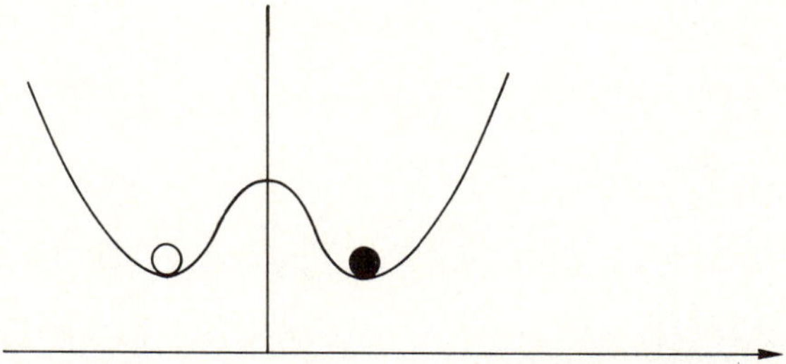

Abb. 4.18: Eine Veranschaulichung der Symmetriebrechung. Die Kugel kann eine von zwei völlig gleichberechtigten Lagen einnehmen. Für die Rollen bedeutet dies, daß diese sowohl rechts als auch links herum laufen können.

deutlich, jedoch in anderer Weise sehen. Die Kugel, deren Lage die Geschwindigkeit der Rollen symbolisiert, kann im Prinzip zwei gleichberechtigte Lagen einnehmen, muß sich dann aber natürlich für eine der beiden Lagen entscheiden und auf diese Weise die Symmetrie brechen. Zur Symmetriebrechung kann es aber auch kommen, wenn die Flüssigkeit eine Auswahl zwischen praktisch unendlich vielen Möglichkeiten hat. Dies ist zum Beispiel der Fall, wenn sich die Flüssigkeit in einem kreisrunden Gefäß befindet. Hier ist die horizontale *Richtung* der Rollenachse noch völlig beliebig. Welche Richtung die Rollen einnehmen, darüber entscheidet eine mikroskopisch kleine Schwankung. Wir können aber auch eine Rollenrichtung künstlich vorgeben, etwa durch eine entsprechende lokale Erhitzung der Flüssigkeit von unten. Abbildung

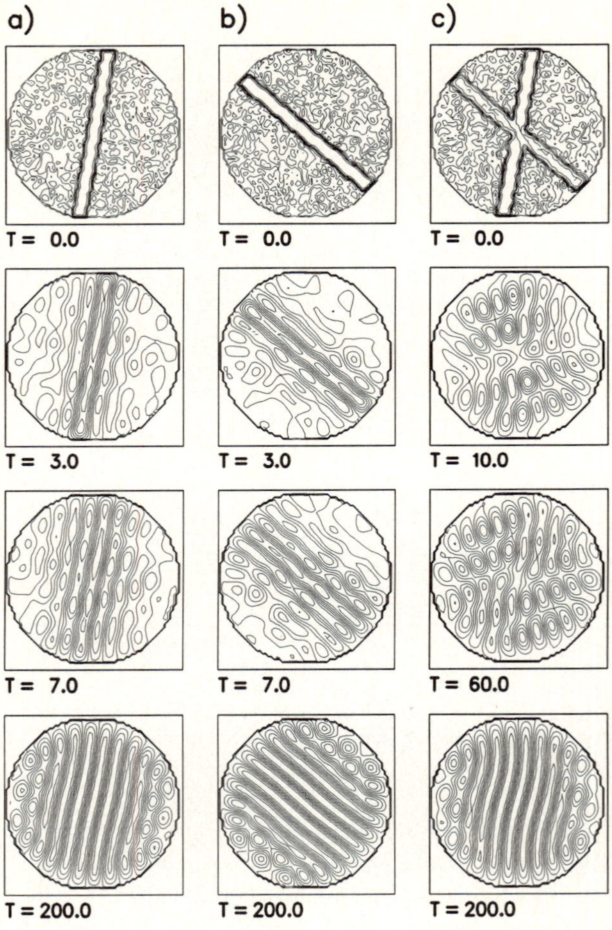

Abb. 4.19: Modellrechnung zur Ausbildung von Rollensystemen in einer von unten erhitzten Flüssigkeit in einem kreisrunden Gefäß. Die Temperaturdifferenz zwischen unterer und oberer Oberfläche ist so gewählt, daß sich Rollen ausbilden können. Wird anfänglich eine bestimmte Rollenrichtung vorgegeben, so ergänzt die Flüssigkeit im Laufe der Zeit die anderen Rollen, so daß ein ganzes Rollensystem erscheint. Mittlere Kolumne: Wird hier eine andere Rollenrichtung vorgegeben, so entsteht das hierzu gehörige gesamte Rollenmuster. Rechte Kolumne: Werden zwei Rollenrichtungen, von denen die eine etwas stärker ist, vorgegeben, so findet eine Art Wettkampf statt, und diejenige Rollenrichtung, die anfänglich stärker war, prägt der Flüssigkeit die gesamte Rollenrichtung auf.

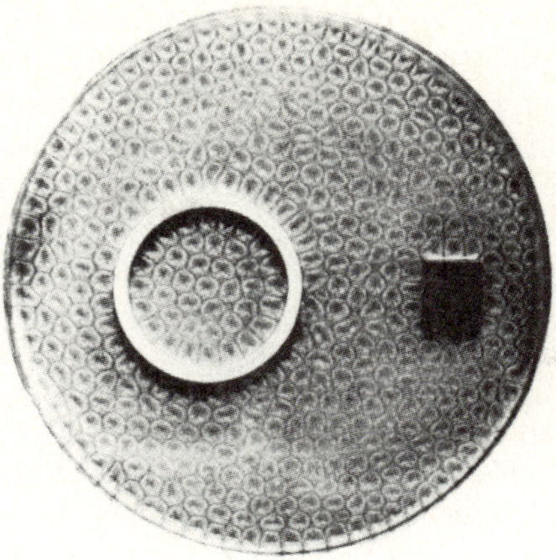

Abb. 4.20: Bienenwabenmuster der Flüssigkeitsbewegung. In der Mitte jeder Wabe steigt die Flüssigkeit auf, um an den Begrenzungen wieder nach unten zu sinken.

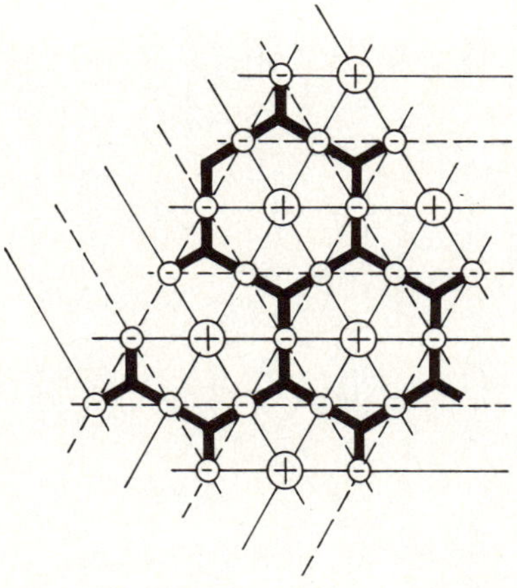

Abb. 4.21: Diese Abbildung veranschaulicht, wie durch Überlagerung verschieden orientierter Rollen das hexagonale Bienenwabenmuster von Abbildung 4.20 zustande kommt. An den mit einem Plus-Zeichen versehenen Kreisen steigt die Flüssigkeit nach oben, an den mit einem Minus-Zeichen versehenen Kreisen nach unten. Die ausgezogenen und die gestrichelten Linien geben die jeweilige Berandung der Rollen an. An den ausgezogenen Linien steigt die Flüssigkeit nach oben, an den gestrichelten fällt sie nach unten. Die dicken Linien geben die entstehenden Hexagone an, wo die Flüssigkeit sich nach unten bewegt.

4.19 zeigt die Resultate einer entsprechenden Computer-Rechnung. Unter anderen physikalischen Bedingungen kann es nicht nur zur Konkurrenz zwischen verschiedenen Rollen kommen, bei der schließlich eine einzige Rollenrichtung gewinnt, sondern es können sich auch Rollenbewegungen verschiedener Richtungen gegenseitig stabilisieren. Das bekannteste Beispiel hierfür ist in Abbildung 4.20 dargestellt. Hier stützen sich die Rollenbewegungen gegenseitig und stabilisieren sich ähnlich wie etwa drei sich gegenseitig stützende Stangen, die auf diese Weise nicht mehr umfallen können (Abb. 4.21). Addiert man die einzelnen Bewegungen der Rollen jeweils, was etwas mühsam ist, so ergibt sich schließlich das Muster von Bienenwaben, also von Hexagonen. In der Mitte solcher Waben steigt die Flüssigkeit nach oben und sinkt an deren Rändern wieder ab. Erwärmt man zum Beispiel Skiwachs in einer runden Dose von unten, so kommt es zu diesen Mustern.
Dieses Beispiel zeigt schon, daß der Begriff Flüssigkeit einen sehr breiten Bereich umfaßt. In der Tat kann es sich hierbei um Lava handeln,

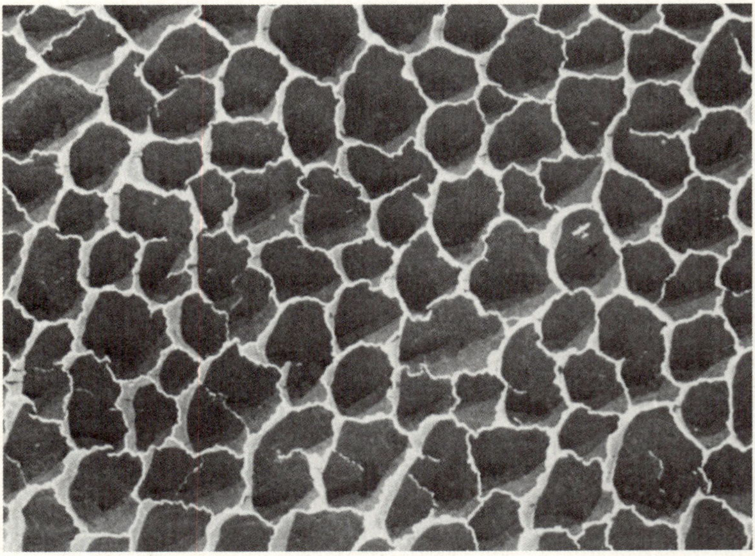

Abb. 4.22: Sechseckförmige (hexagonale) Salzablagerungen. Purpurbakterien färben den ausgetrockneten Boden des Natronsees in Ostafrika.

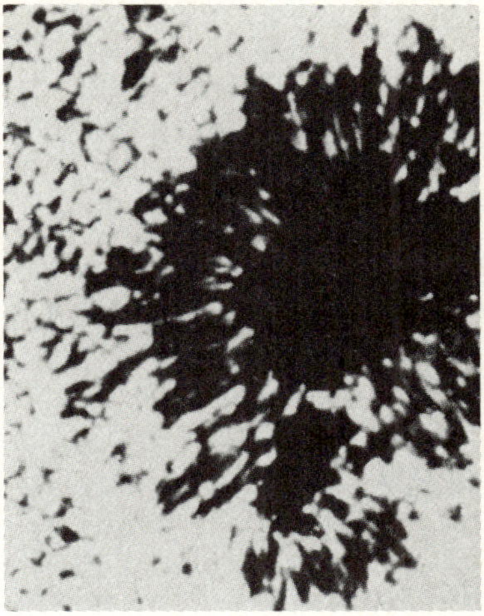

Abb. 4.23: Granulen auf der Sonne

die dann erstarrt und zu sechskantigen Blöcken wird. In Salzseen, die durch die Wärme aus dem Erdinneren von unten erhitzt werden, kann es zur Auskristallisation von Salzplatten kommen, die wieder hexagonal in mehr oder minder deutlicher Form gestaltet sind. Bilden sich auf diesen dann Bakterienkulturen roter Farbe, so ergeben sich die in Abbildung 4.22 dargestellten Formationen.

Auf der Sonnenoberfläche beobachten Astronomen Strukturen, die Granulen genannt werden. Es wird angenommen, daß diese Granulen durch das hier besprochene Phänomen entstehen (Abb. 4.23).

Erhitzt man eine Flüssigkeit, bei der sich ein Bienenwabenmuster ausgebildet hat, von unten her stärker, so kann dieses Muster wieder durch einfache Rollen verdrängt werden, das heißt, statt Abbildung 4.20 entsteht Abbildung 4.6. Die mathematische Analyse, die wir hier natürlich nicht wiedergeben können, läßt eine teils amüsante, teils nachdenklich stimmende Deutung zu. Unter den neuen Bedingungen setzt nämlich zwischen den ursprünglichen drei Rollenrichtungen, die sich gegenseitig stabilisierten, um die Wabenstruktur zu bilden, ein Konkurrenzkampf ein. Diesen Konkurrenzkampf gewinnt wieder durch eine zufällige Schwankung eine der Rollen, die dann die Herrschaft übernimmt und die anderen Rollen versklavt, also deren Bewegung ihrer eigenen Bewegung unterwirft.

Abb. 4.24: Draufsicht auf eine Flüssigkeitsschicht, die von unten erwärmt wird und in der sich zwei zueinander senkrechte Rollenbewegungen ausbilden.

Wie wir an dieser Art der Beschreibung sehen, verschmilzt hier die Darstellung von Naturphänomenen mit Darstellungen, die etwa in der Psychologie oder Soziologie eine Rolle spielen. Der Vorteil der hier betrachteten Naturvorgänge ist jedoch, daß wir diese mathematisch im einzelnen berechnen und verfolgen können.
Verblüffenderweise sind ganz verschiedenartige Naturvorgänge genau den gleichen Gesetzmäßigkeiten unterworfen, wofür wir in diesem Buch noch viele weitere Beispiele bringen werden.
Unsere Kenntnisse erlauben es aber bereits jetzt, das Grundprinzip festzuhalten. Ändern wir äußere Bedingungen, etwa die Temperaturdifferenz zwischen Unter- und Oberseite einer Flüssigkeit, so wird der alte Zustand, zum Beispiel der Ruhezustand, instabil und durch einen neuen makroskopischen Zustand ersetzt. In der Nähe des Übergangspunktes testet das System durch ständige Schwankungen neue Möglichkeiten eines makroskopischen Ordnungszustandes. Am Instabilitätspunkt selbst und etwas darüber verstärkt sich die neue kollektive Bewegungsform immer mehr und setzt sich hierbei schließlich gegenüber allen anderen Kollektivbewegungen durch. Bei einigen solcher Kollektivbewegungen braucht es nicht bei einer Konkurrenz zu bleiben. Es kann unter Gleichberechtigten auch zu einer Kooperation kommen, die dann zu neuen Mustern Anlaß gibt. Im Gegensatz zu den Pha-

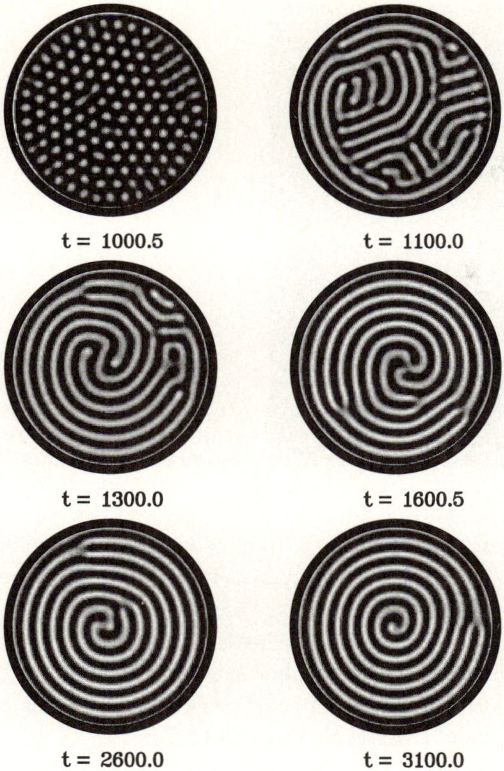

Abb. 4.25: Wird die Flüssigkeit in einem kreisrunden Gefäß nicht nur von unten, sondern auch von den Rändern her erhitzt, so können sich Spiralen ausbilden. Die Abbildung zeigt den Übergang von einem hexagonalen Muster.

senübergängen im thermischen Gleichgewicht entstehen hier aber immer wieder Bewegungsmuster, das heißt, wir haben es hier ständig mit einer Dynamik zu tun. Bei der Bildung der Strukturen leistet die Form der Berandung manchmal Hilfe. Ist zum Beispiel die Form der Berandung rechteckig, so können zwei zueinander senkrechte Rollenformen koexistieren und geben so Anlaß zu dem Muster der Abbildung 4.24. Ein anderes Beispiel für den wichtigen Einfluß der Berandung liefert Abbildung 4.25. Wird nämlich der Rand erhitzt, so kann das Bienen-

Abb. 4.26: Draufsicht auf eine von unten erwärmte Flüssigkeitsschicht, bei der ein kompliziertes Bewegungsmuster, das fast wie ein Teppichmuster aussieht, entstanden ist.

wabenmuster von Abbildung 4.20 ganz von allein in ein Spiralmuster umschlagen, wie das sowohl Experiment als auch Theorie zeigen.
Auch noch kompliziertere Muster werden beobachtet, zum Beispiel das der Abbildung 4.26. Diese Muster sind nicht mehr statisch, sondern auch für das Auge erkennbar in ständiger Bewegung. Sie zeigen ständig Pulsationen der Flüssigkeitsbewegung, was sich manchmal fast wie ein Atmen der Flüssigkeit ausnimmt.

Stufenleiter von Bewegungsmustern

Bewegungsmuster in Flüssigkeiten entstehen aber nicht nur durch Erwärmung.
Im Labor läßt sich der folgende Versuch relativ einfach durchführen. Wir füllen eine Flüssigkeit zwischen zwei Zylinder, die eine gemeinsame Mittelachse haben, und lassen den inneren Zylinder rotieren. Rotiert der innere Zylinder, so wird natürlich die Flüssigkeit von ihm mitgenommen, während sie am äußeren Zylinderrand gewissermaßen noch anklebt. Bei kleinen Umlaufgeschwindigkeiten des inneren Zylinders ergeben sich konzentrische Stromlinien. Erhöht man aber die Geschwindigkeit des inneren Zylinders über eine kritische Geschwindig-

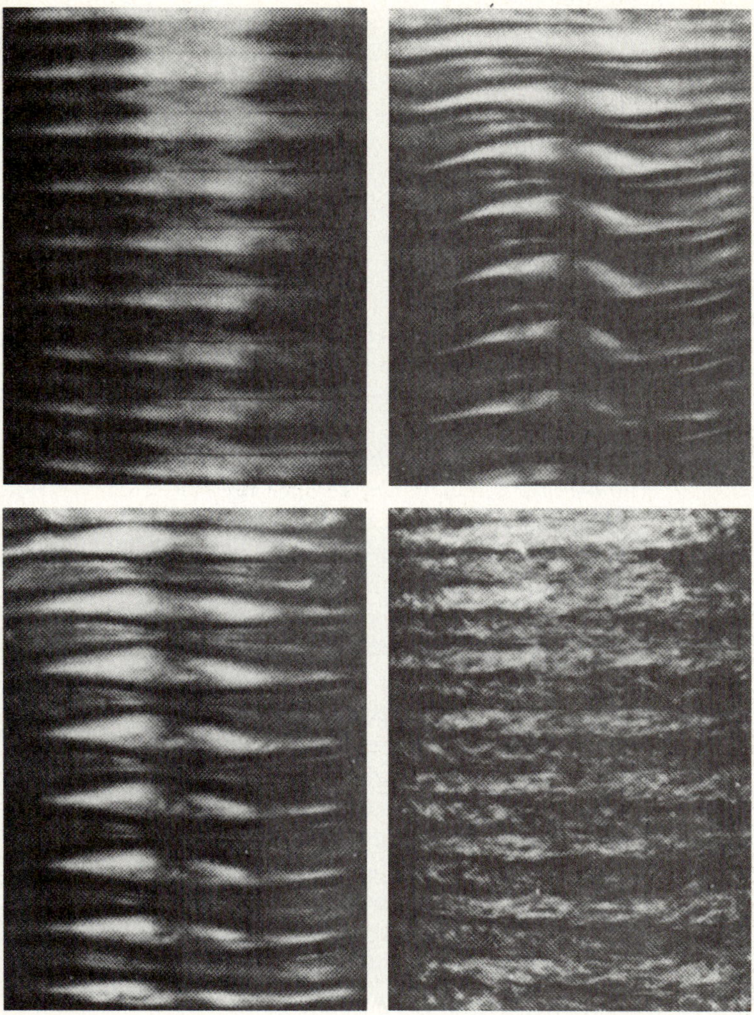

Abb. 4.27: Flüssigkeitsbewegung zwischen zwei senkrechten Zylindern mit gleicher Achse. Der äußere, ruhende Zylinder ist durchsichtig, der innere Zylinder rotiert. Je nach verschiedener Drehgeschwindigkeit des inneren Zylinders bilden sich verschiedene Flüssigkeitsmuster aus: (a) Rollen, die würstchenförmig um den inneren Zylinder liegen; (b) die Rollen schwingen hin und her; (c) die Rollenbewegung wird noch komplizierter; (d) unregelmäßige, chaotische Bewegung.

keit hinaus, so setzt eine völlig andere Bewegung ein, nämlich Rollen, wie sie in Abbildung 4.27a dargestellt sind. Diese Rollen liegen nun gewissermaßen wie zusammengekrümmte Frankfurter Würstchen in einer Dose. Erhöht man die Umlaufgeschwindigkeit noch weiter, so fangen die Rollen an zu schwingen. Es laufen Wellen um (Abb. 4.27b). Bei noch höherer Geschwindigkeit werden diese Schwingungen komplizierter (Abb. 4.27c), um dann bei einer letzten Geschwindigkeitsstufe in eine völlig unregelmäßige Bewegung überzugehen. Diese Bewegung wird als Turbulenz bezeichnet, neuerdings auch als (deterministisches) Chaos (Abb. 4.27d).

Wie dieses Beispiel einer Flüssigkeitsbewegung deutlich macht, können durch Selbstorganisation immer kompliziertere Bewegungsmuster entstehen. In der Sprache der Synergetik ausgedrückt, treten der Reihe nach immer neue Ordner auf.

Das Entstehen einer völlig unregelmäßigen, chaotischen Bewegung könnte vermuten lassen, daß die Ordner hier ihre Herrschaft verloren haben. Die Antwort werden wir in Kapitel 12 geben.

Dieses Beispiel ist auch deshalb so wichtig, weil es zeigt, daß unter ganz bestimmten Versuchsbedingungen bei sich selbst organisierenden Vorgängen auch eine chaotische Bewegung einsetzen kann. In den letzten Jahren hat die Erforschung solcher chaotischer Bewegungen einen großen Aufschwung genommen. Wie mathematische Modelle nachweisen, können derartige Erscheinungen nicht nur in der Physik, sondern auch in ganz anderen Gebieten, beispielsweise der Wirtschaft, zwangsläufig sein. Wir werden so erkennen, daß wir gezwungen sind, mit bestimmten Dogmen der Wirtschaftstheorie zu brechen. Den Lesern, die an dieser Stelle den Schluß ziehen möchten, daß Selbstorganisation zum Chaos führen kann, Organisation, das heißt Steuerung von außen, hingegen Chaos vermeidet, sei hier schon folgendes gesagt: Wir werden sehen, daß oft gerade auch Kontrollvorgänge bei sich selbst organisierenden Systemen zum Chaos führen können.

Kehren wir aber nochmals kurz zur Physik zurück. Das Auftreten immer komplizierterer Muster ist in der Flüssigkeitsdynamik ein weit verbreitetes Phänomen, das wir schließlich noch an Abbildung 4.28 erläutern wollen. Hier wird ein Zylinder von einer Flüssigkeit umströmt, wobei wir von Teilfigur zu Teilfigur die Geschwindigkeit der Flüssigkeit größer werden lassen. So entstehen in ganz bestimmter Folge verschiedenartige Muster, die alle mit Wirbelbildung verknüpft sind.

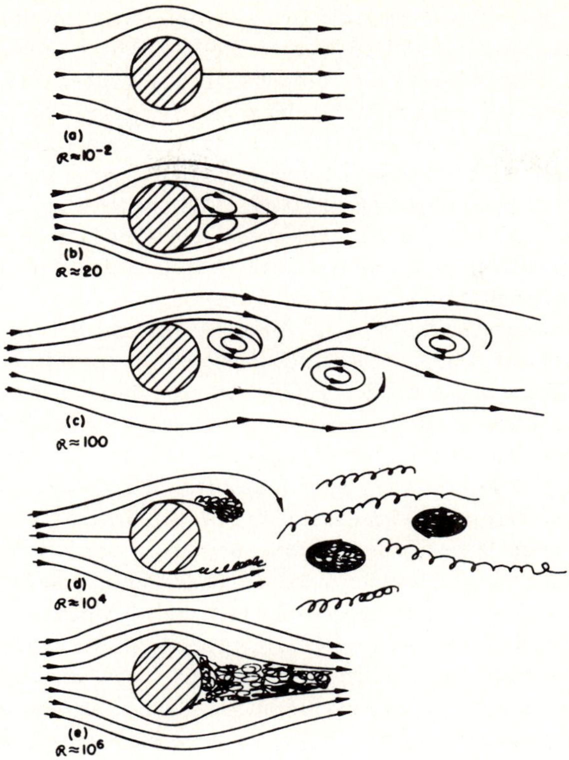

Abb. 4.28: Stromlinienbilder einer Flüssigkeit, die einen Zylinder umströmt. Mit wachsender Umströmungsgeschwindigkeit wird das Strömungsmuster immer komplizierter.

Alle diese Phänomene mögen vielleicht als Kuriosum und deren Studium als Spielerei erscheinen. Wir haben aber zu Beginn dieses Kapitels schon am Beispiel der Wolkenbildung gesehen, daß diese Erscheinungen auch in viel größerem Maßstab auftreten. Von diesen Phänomenen aus ergibt sich zum Beispiel eine Erklärung zur Kontinentalverschiebung der Erdkruste. Wenn wir den Globus ansehen, so erkennen wir, daß zum Beispiel Südamerika direkt in die Westküste von Afrika hineinpaßt. Nicht nur diese oberflächliche Beobachtung, sondern auch weitgehende wissenschaftliche Vergleiche von geologischen Formationen sowie Vergleiche der jeweiligen Tier- und Pflanzenwelt haben den deutschen Geologen Alfred Wegener (1880–1930) zu seiner Theorie der Kontinentalverschiebung gebracht. Hiernach haben sich die Kontinente im Laufe von Jahrmillionen auf der Erdoberfläche verschoben und sind dabei viele tausend Kilometer auseinandergedriftet. Diese Hypothese erscheint natürlich ungeheuer kühn, weil wir ja die Erdkruste als etwas Festes, Starres ansehen. Wir dürfen aber nicht vergessen, daß das Erdinnere sehr heiß ist und sich wie eine zähe Flüssigkeit verhält. Damit ist aber bereits das Stichwort gegeben. Wir können den Erdmantel zwischen dem Kern der Erde und ihrer Oberfläche als eine Flüssigkeitsschicht ansehen, die von unten her erhitzt wird und oben eine bestimmte Temperatur hat. Dann setzen aber gerade die Konvektionsströme ein, die sich wie Rollen bewegen und damit in der Lage sind, selbst Kontinente zu verschieben. Es handelt sich hierbei um Vorgänge, die sehr, sehr langsam ablaufen.

In ähnlicher Weise lassen sich Modellversuche an einer rotierenden Glaskugel, die mit Flüssigkeit gefüllt ist, durchführen. Auch hier entstehen wieder ganz spezifische Muster, etwa in Form von Bewegungsstreifen auf der Flüssigkeitsoberfläche, die Modelle für verschiedenartige Gasgürtel auf dem Jupiter abgeben. Durch andere Modellversuche läßt sich sogar der Große Rote Fleck, ein gigantischer Wirbelsturm in der Jupiter-Atmosphäre, simulieren.

Die theoretische Physik oder Astrophysik ist in der Lage, derartige Musterbildungen zu berechnen und vorherzusagen, wobei es sich immer wieder um das gleiche Grundphänomen handelt, nämlich das Anwachsen bestimmter Moden, das heißt bestimmter Bewegungsformen, die sich dann über das Versklavungsprinzip selbst stabilisieren.

5

Es werde Licht – Laserlicht

Licht ist nicht gleich Licht

Im Jahr 1960 war ich in den USA bei den Bell Telephone Laboratories in Murray Hill als wissenschaftlicher Berater tätig. In weit größerem Umfang, als es in Europa üblich ist, unterhalten amerikanische Konzerne große Forschungslaboratorien, in denen eine enge Verzahnung zwischen tiefschürfender Grundlagenforschung und wirkungsvoller Anwendung Selbstverständlichkeit ist.* Sehr bald wurde ich in eines der zentralen Geheimnisse der damaligen Forschungstätigkeit, an der mehrere Gruppen beteiligt waren, eingeweiht. Man versuchte, eine Lichtquelle herzustellen, die Licht mit ganz neuartigen Eigenschaften erzeugen sollte. Den Anstoß dazu hatte eine Veröffentlichung im Jahre 1958 von Arthur Schawlow und Charles Townes gegeben. Townes hatte bereits früher (1954) gemeinsam mit seinen Mitarbeitern ein Gerät konstruiert, das in ganz neuartiger Weise die sogenannten Mikrowellen erzeugte. Diese sind genauso wie Radio- oder Radarwellen elektromagnetische Wellen. Alle diese Wellen können wir mit unseren Sinnesorganen nicht wahrnehmen; trotzdem existieren sie. Es ist so, als ob wir in stockdunkler Nacht an einem Meeresufer stünden. Die Wellen des Meeres sind dann für uns unsichtbar. Trotzdem können wir sie

* Inzwischen hat sich dieses Bild grundlegend gewandelt. Das amerikanische Kartellamt hat ATT, zu denen auch die Bell Telephone Laboratories gehören, in mehrere Gesellschaften aufgelöst. Dabei wurde auch die Forschungspolitik grundlegend geändert: Statt Grundlagenforschung wird angewandte Forschung betrieben. Dies ist bei anderen Firmen nicht viel anders. Auf wichtige Konsequenzen wies unter anderem Benardo Huberman hin, der sich um die Modellierung sozialer Konflikte verdient gemacht hat: Wenn jede Firma sagt: «Wozu brauche ich Grundlagenforschung, ich kann die Resultate ja woanders nachlesen und brauche kein Geld aufzuwenden», so betreibt schließlich keine Firma mehr Grundlagenforschung, und die Quelle neuer Entwicklungen versiegt. Auf derartige synergetische Effekte (diesmal mit negativem Vorzeichen) werden wir in Kapitel 14 zurückkommen.

wahrnehmen, wenn auf ihnen ein Boot mit einer Laterne auf und ab schaukelt. Ähnlich ist es mit den elektromagnetischen Wellen. Hier dient zum Beispiel das Radio als Nachweis für ihre Existenz. Es macht diese Wellen (nach bestimmten Umformungen der elektromagnetischen Schwingungen) schließlich für uns hörbar.

Die Aufgabe bei den Bell Telephone Laboratories (wie auch an Konkurrenzlabors, die in den USA auch nicht schliefen) bestand darin, auch Lichtwellen nach dem Townesschen Prinzip der Mikrowellenerzeugung herzustellen. Dieses Prinzip hatte den Namen «Maser» erhalten. Maser ist, wie viele andere Bezeichnungen der modernen Wissenschaft und Technik, ein Kunstwort, fast schon eine sprachliche Spielerei. Es besteht aus den Anfangsbuchstaben englischer Wörter, die für die meisten Leser böhmische Dörfer sein dürften – ich führe sie nur der Kuriosität halber an: *M*icrowave *a*mplification (by) *s*timulated *e*mission (of) *r*adiation. Auf deutsch also: Mikrowellenverstärkung durch stimulierte Emission von Strahlung – immer noch böhmische Dörfer. Das Wort «Laser» war aber nun schnell bei der Hand. Statt Mikrowellen wollte man Lichtwellen – also Laser = *L*ight *a*mplification (by) *s*timulated *e*mission (of) *r*adiation.

Halten wir uns aber hier nicht mit Wortspielereien auf, sondern sehen wir uns an, welch ungeheuren Fortschritt der Laser gegenüber der Lampe gebracht hat. Um diesen richtig einschätzen zu können, müssen wir uns erst ein klein wenig mit Lampen und dem von ihnen ausgestrahlten Licht befassen. Wir werden aber sehen, daß wir auf diese Weise einen sehr direkten Zugang zu grundlegenden Ideen der Synergetik bekommen werden.

Als Beispiel für eine Lampe nehmen wir eine sogenannte Gasentladungsröhre. Es handelt sich hier um eine Glasröhre, die mit einem Edelgas, zum Beispiel Neon, gefüllt ist. Ein einzelnes Gasatom besteht aus dem positiv geladenen Kern und einer Reihe von negativ geladenen Elektronen, die um diesen Kern wie Planeten um die Sonne kreisen. Im folgenden wollen wir uns der Einfachheit halber nur mit dem Verhalten eines Elektrons, dem sogenannten «Leuchtelektron», befassen (Abb. 5.1). Wie der dänische Physiker Niels Bohr 1913 erkannte, kann ein Elektron nur ganz bestimmte Umlaufbahnen einnehmen, andere sind ihm verwehrt. Dieses Verhalten hat erst in der Quantentheorie eine Begründung gefunden. Hiernach verhält sich das Elektron nicht nur wie ein Teilchen, sondern auch wie eine Welle, die sich beim Umlauf um das Atom sozusagen in den Schwanz beißen muß. Aus diesem Grunde sind nur ganz bestimmte Umlaufbahnen möglich. Normalerweise läuft das Elektron gewissermaßen wie in einer Talmulde auf einer tiefsten Bahn (Abb. 5.2). Schicken wir einen elektrischen Strom, der von vielen frei umherschwirrenden Elektronen getragen wird, durch die Röhre, so stoßen diese mit den einzelnen Gasatomen zusammen. Dabei kann das «Leuchtelektron» eines Atoms auf eine energiereichere Bahn hinaufgestoßen werden (Abb. 5.3). Von dieser kann es spontan, das heißt ganz plötzlich, ohne vorhersehbaren Zeitpunkt, auf seine ursprüngliche Bahn zurückspringen. Die dabei frei werdende Energie gibt es an das Lichtfeld ab (Abb. 5.4) und läuft nun auf der untersten Bahn weiter (Abb. 5.5). Es entsteht eine Lichtwelle, genauso wie sich eine Wasserwelle bildet, wenn wir einen Stein ins Wasser werfen.

In einer Gasentladungsröhre widerfährt dieses Schicksal natürlich vielen «Leuchtelektronen». Es werden dabei Lichtwellen erzeugt, genauso wie wenn wir unregelmäßig eine ganze Reihe von Steinen ins Wasser werfen. Genau wie bei der Wasseroberfläche entsteht eine wilde Bewegung des Lichtfelds, das sich aus einzelnen Wellenzügen, Spaghetti ähnlich, zusammensetzt. Erhöhen wir die Stromstärke durch das Gas, so werden immer mehr Atome angeregt, und man sollte erwarten, daß das Knäuel der Wellenzüge immer dichter würde. Dies war auch tatsächlich die Ansicht vieler Physiker.

Wie ich als erster (und darüber freue ich mich heute noch) in meiner Lasertheorie zeigen konnte, passiert beim Laser aber etwas völlig anderes. Anstelle des wirren Knäuels tritt ein völlig gleichmäßiger, praktisch unendlich langer Wellenzug auf. Experimente, die in verschiedenen Laboratorien auf der ganzen Welt anschließend durchgeführt wurden, bestätigen voll und ganz diese Vorhersage. Es besteht also ein drastischer Unterschied zwischen dem Licht einer gewöhnlichen Lampe und

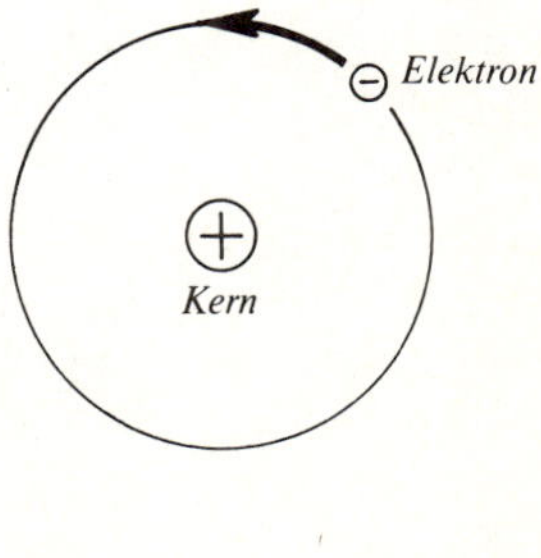

Abb. 5.1: Schema eines Atoms am Beispiel des Wasserstoffatoms. Ein negativ geladenes Elektron umkreist den positiv geladenen Kern.

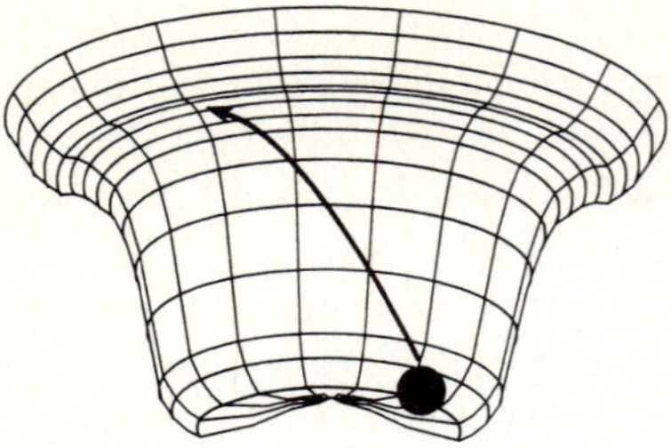

Abb. 5.2: Veranschaulichung der Bewegung des Elektrons (schwarze Kugel) um den Atomkern. Das Elektron läuft in rillenförmigen Tälern. Durch Energiezufuhr von außen, zum Beispiel Lichteinstrahlung, kann es von der niedrigsten Rille in eine höhere Rille angehoben werden.

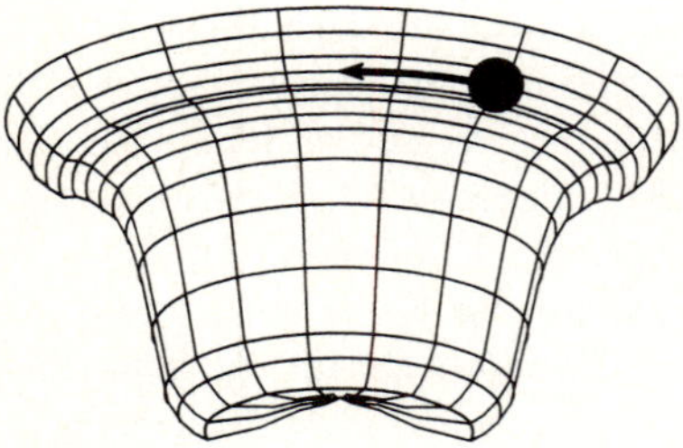

Abb. 5.3: Das Elektron läuft auf der höher gelegenen Rille um. Dies entspricht dem angeregten Atomzustand.

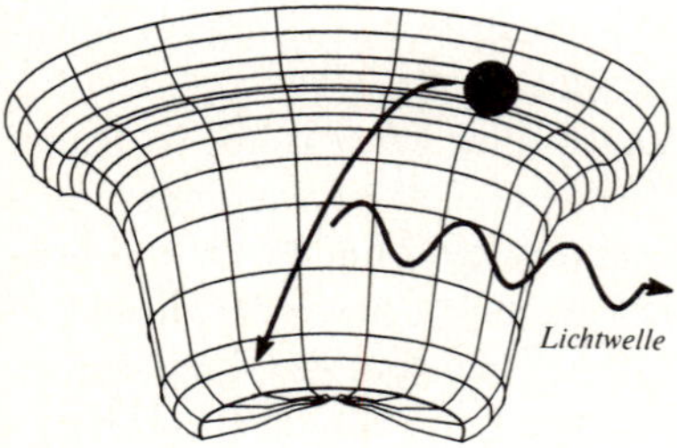

Abb. 5.4: Das Elektron fällt von der oberen Rille in die untere Rille zurück und gibt dabei seine Energie in Form einer Lichtwelle ab.

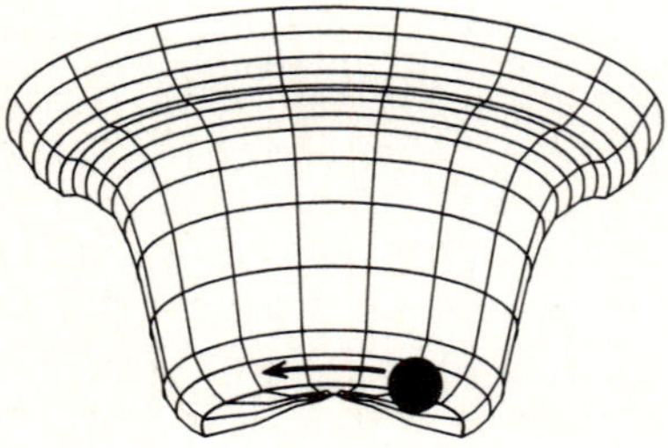

Abb. 5.5: Das Elektron läuft wieder in der tiefsten Rille um.

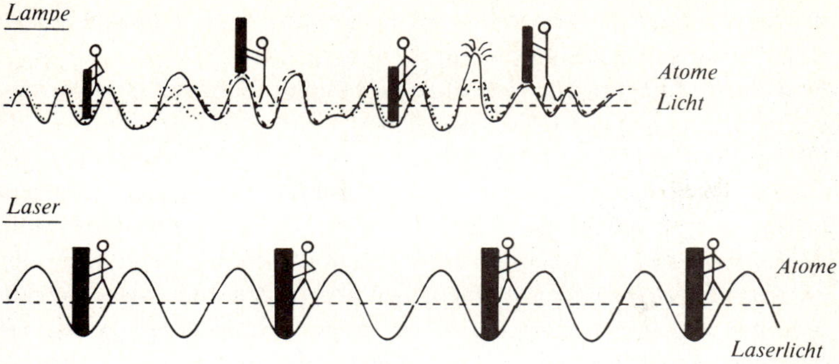

Abb. 5.6: Veranschaulichung der Wirkungsweise einer Lampe und eines Lasers. Die Männchen stehen mit Stöcken an einem Kanal, der mit Wasser gefüllt ist. Im oberen Teil stoßen sie ihre Stöcke unabhängig voneinander in das Wasser. Die wildbewegte Wasseroberfläche entspricht dem Lichtfeld einer Lampe. Im unteren Teil stoßen die Männchen ihre Stöcke gleichförmig in das Wasser. Es entsteht eine gleichförmige Wasserwelle, die dem Laserlicht entspricht.

dem Laserlicht. Warum dies so verwunderlich ist, sehen wir an folgender Analogie.

Wir stellen die Atome durch Männchen dar, die an einem mit Wasser gefüllten Kanal stehen (Abb. 5.6). Das Wasser soll dabei das Lichtfeld symbolisieren. Ist die Wasseroberfläche in Ruhe, so entspricht dies dem Fall, daß kein Lichtfeld vorhanden ist, also der Dunkelheit. Stoßen nun die Männchen mit Stöcken in das Wasser, so wird die Wasseroberfläche zu Wellenbewegungen angeregt. Dies entspricht der Erzeugung des Lichtfelds durch die Atome. Wie bei einer Lampe entsteht eine ganz und gar unregelmäßige Bewegung. Den Verhältnissen im Laser hingegen würde es entsprechen, daß die Männchen ihre Stöcke völlig gleichmäßig, wie auf ein Kommando hin, in das Wasser stoßen, so daß eine gleichmäßig bewegte Wasseroberfläche entsteht. Im menschlichen Bereich ist es klar, wie es zu dieser gleichmäßigen Tätigkeit der Männchen kommt. Hinter ihnen steht ein Boß oder ein Kapo, der immer ruft «jetzt, jetzt, jetzt», so daß das Hineinstoßen der Stöcke genau geregelt wird. Bei den Laseratomen ist aber niemand da, der den Atomen den entsprechenden Befehl erteilt. Die Atome organisieren also ihr Verhalten selbst. Der Laser ist somit ein Beispiel für das Zustandekommen eines geordneten Zustands durch Selbstorganisation, bei dem ungeord-

nete Bewegung in geordnete Bewegung überführt wird. Dies macht den Laser zu einem Paradebeispiel für die Synergetik.
Er kann als Allegorie für viele Prozesse in ganz anderen Gebieten, insbesondere auch in der Soziologie, dienen.
Bevor wir jedoch darauf eingehen, müssen wir die Grundidee der Synergetik noch weiter vertiefen, nicht zuletzt, weil es sonst scheinen könnte, als ob wir in oberflächlicher Weise Erkenntnisse der Physik direkt ohne weitere Reflexion auf so komplizierte Erscheinungen wie etwa das menschliche Zusammenleben übertragen. Immerhin können wir aber im Laser in einfacher Weise einige Grundzüge erkennen, die uns einen Schritt näher zum Verständnis von Vorgängen in der lebenden Natur bringen.

Die Selbstorganisation im Laser

Sehen wir uns einen Laser näher an, um das Geheimnis seiner Selbstorganisation zu ergründen. Ein Laser unterscheidet sich von einer üblichen Gasentladungsröhre lediglich durch die beiden Spiegel an den Endflächen der Glasröhre (Abb. 5.7). Diese sorgen dafür, daß das Licht, das längs der Röhrenachse läuft, möglichst lange in der Röhre verbleibt (Abb. 5.8). Indem man einen der Spiegel etwas durchlässig macht, kann dann aber doch etwas von diesem Licht ausgestrahlt werden. Warum möchte man aber, daß Licht länger in der Laseranordnung bleibt?
Dann kann nämlich ein Prozeß einsetzen, der Anfang des Jahrhunderts von Einstein vorausgesagt worden war. Sind bereits Lichtwellen vorhanden, so können diese ein angeregtes Leuchtelektron zwingen, im gleichen Takt mitzuschwingen, mitzutanzen. Genauso wie ein leidenschaftlicher Steptänzer den Rhythmus einer Band verstärkt und am Schluß ermattet, ausgepumpt niedersinkt, so ergeht es auch dem Elektron. Es verstärkt die Lichtwelle, das heißt, es erhöht deren Wellenberge, bis es seine Energie ganz an die Welle abgegeben hat und sich wieder im Grundzustand, im «Ruhezustand» befindet.
Da infolge der Spiegel die Lichtwellen relativ lange im Laser bleiben, können diese mehr und mehr angeregte Leuchtelektronen in ihren Bann ziehen und sie zwingen, die Wellenberge immer höher werden zu lassen.

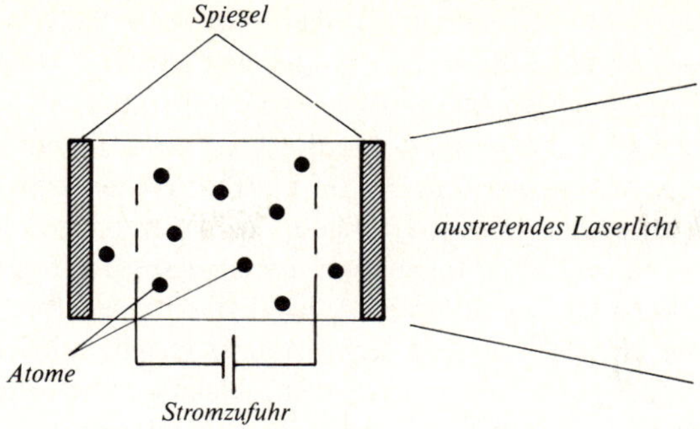

Abb. 5.7: Beispiel für eine typische Laseranordnung

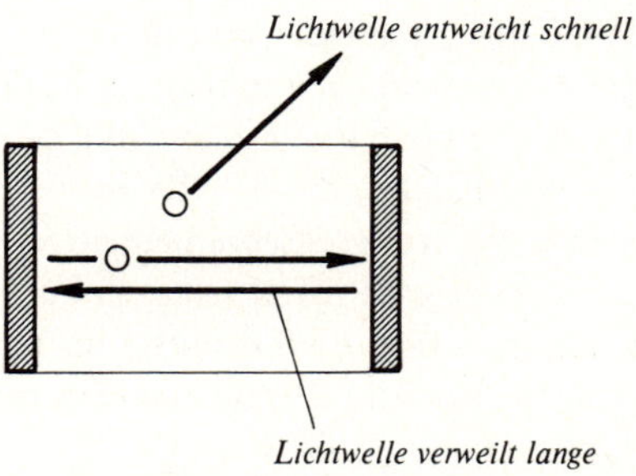

Abb. 5.8: Verschiedenes Verhalten von Lichtwellen zwischen zwei Spiegeln. Die schräg zur Achse laufende Welle entweicht schnell, die längs der Achse verlaufende verweilt lange im Laser.

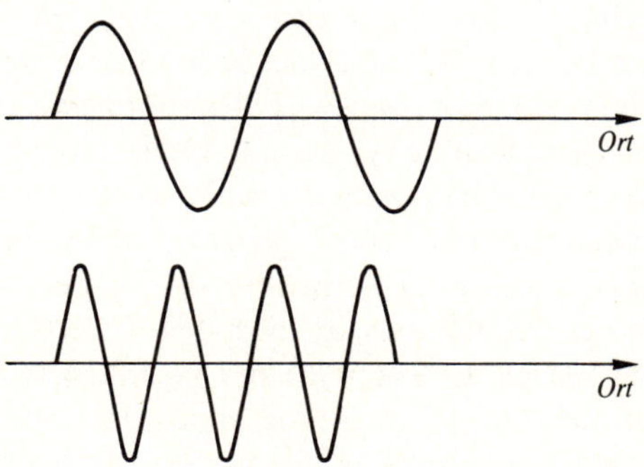

Abb. 5.9: «Welle ist nicht gleich Welle.» Zwei Beispiele von Wellen mit verschiedenen Abständen von Wellenberg zu Wellenberg.

Auch bei gleicher Höhe der Wellenberge ist aber Welle nicht gleich Welle. Bei der einen Welle folgt Berg auf Berg kurz hintereinander, bei einer anderen ist der Abstand größer (Abb. 5.9). Tatsächlich gibt es zu Anfang einer jeden Laserausstrahlung im Laser in diesem Sinne ganz verschiedene Wellen, die bereits von einigen «vorwitzigen» Leuchtelektronen ausgestrahlt wurden. Diese Wellen treten miteinander in Konkurrenz in ihrem Verlangen, von den übrigen angeregten Leuchtelektronen Verstärkung zu erhalten. Die Elektronen selbst verstärken verschiedene Lichtwellen aber nicht in ganz gleicher Weise, sondern geben ihre Energie mit einem meist nur kleinen Vorzug an eine bestimmte Welle ab. Es ist diejenige Welle, die in ihrem Rhythmus dem «inneren Tanztakt» der Leuchtelektronen am nächsten kommt. Obwohl also diese spezielle Welle oft nur ein ganz klein wenig bevorzugt wird, wird sie lawinenartig verstärkt und gewinnt schließlich gegenüber allen anderen. Diese werden unterdrückt, und alle Energie der Leuchtelektronen geht nur noch in die eine völlig gleichmäßig schwingende Welle. Umgekehrt, hat sich diese Welle erst einmal durchgesetzt, so zwingt sie ständig jedes neu angeregte Leuchtelektron eines Atoms in ihren Bann und bringt es zum Mitschwingen im Takt. Die neu entstandene Welle bestimmt somit die Ordnung im Laser, sie spielt die Rolle des Ordners, ein Begriff, den wir schon mehrfach erwähnt haben.

Da dieser Ordner die einzelnen Elektronen genau im Takt mitschwingen läßt und somit den einzelnen Elektronen deren Handeln aufprägt, sagen wir wieder, daß der Ordner die einzelnen Elektronen «versklavt». Umgekehrt bringen aber die Elektronen durch ihr gleichmäßiges Schwingen erst die Lichtwelle, das heißt den Ordner, hervor. Das Auftreten des Ordners einerseits und das kohärente Verhalten der Elektronen andererseits bedingen sich gegenseitig. Man spricht von zyklischer Kausalität. Wir haben hier wieder ein typisches synergetisches Verhalten vor uns. Damit die Elektronen gleichmäßig im Takt schwingen, muß ein Ordner, nämlich die Lichtwelle, vorhanden sein. Die Lichtwelle entsteht aber erst durch das gleichmäßige Schwingen der Elektronen. Es sieht so aus, als müßten wir hier eine höhere Macht bemühen, die erst einmal den Ordnungszustand anfänglich schafft, damit sich dieser dann von allein aufrechterhalten kann. Dem ist aber, wie wir eben sahen, nicht so. Es hat ja zuvor ein Wettkampf, ein Ausleseprozeß stattgefunden; alle Elektronen sind dabei Sklaven einer bestimmten

Welle geworden. Interessant dabei ist, daß anfänglich die verschiedenen Wellen rein zufällig, spontan von den Elektronen erzeugt, dann aber aufgrund der Gesetze des Wettbewerbs ausgesondert, selektiert werden. Wir haben hier das für die Synergetik typische Wechselspiel zwischen Zufall und Notwendigkeit vor uns, wobei der «Zufall» durch die spontane Ausstrahlung und die «Notwendigkeit» durch das unerbittliche Gesetz des Wettbewerbs verkörpert wird.

Der Laser – ein offenes System mit einem Phasenübergang

Wird nun jede Lampe einfach dadurch zum Laser, daß man an ihr zwei Spiegel anbringt? Fast ist es so, aber wir müssen noch einen weiteren entscheidenden Punkt beachten. In der Lampe entweichen die Lichtwellen, die von den angeregten Leuchtelektronen ausgestrahlt werden, so rasch, daß ihnen gar keine Zeit mehr bleibt, um von anderen Leuchtelektronen unterstützt zu werden. Das heißt, die stimulierte Emission kann gar nicht stattfinden, und die einzelnen Wellenzüge können nicht ihr «Leben» verlängern lassen. Die verschiedensten Wellen werden völlig unzusammenhängend ausgestrahlt. Die Spiegel am Laser sollen die Lichtwellen längs der Laserachse am Entweichen hindern, so daß für die Verstärkung der Wellen durch stimulierte Emission genügend Zeit bleibt. Aber kein Spiegel ist so perfekt, daß er das Licht ewig im Laser halten könnte, und es gibt auch noch andere Ursachen dafür, daß Licht verlorengeht, zum Beispiel durch Streuung. Außerdem müssen bei allen Anwendungen des Lasers die Spiegel auch etwas Licht herauslassen; schließlich wollen wir ja alles mögliche mit dem Laserlicht bestrahlen.

Damit wird aber die Frage, wann Laserlicht erzeugt werden kann, eine quantitative. Wir müssen eben die Leuchtelektronen der Gasatome in so schneller Folge anregen, daß diese die Lichtwellen dabei genügend rasch und effektiv verstärken können, um die Verluste infolge der Spiegel zu kompensieren. Mit anderen Worten, wir müssen dafür sorgen, daß der Energieverlust der Wellen durch einen Energiegewinn durch stimulierte Emission ausgeglichen werden kann. Wie wir daraus ersehen können, erfolgt der Übergang vom Lampenlicht zum Laserlicht schlagartig, wenn wir den elektrischen Strom, den wir durch die Röhre schicken, erhöhen. Es gibt also eine kritische Stromstärke, bei der sich der Ordnungszustand des Lasers dramatisch ändert, auch wenn wir die Stromstärke selbst nur ein ganz klein wenig ändern. Die Lasertätigkeit können wir nur dadurch aufrechterhalten, daß wir dem Laser ständig Energie, zum Beispiel in Form des elektrischen Stroms, zuführen. Gleichzeitig wird ständig Energie in Form von Laserlicht (und anderer Verluste) abgestrahlt. Der Laser tauscht also ständig Energie mit der Umgebung aus, er ist ein *offenes* System. Zugleich wird er damit zu einem System, das weit entfernt vom thermischen Gleichgewicht ist – ganz ähnlich wie ein Benzinmotor.

Das schlagartige Auftreten eines makroskopischen Ordnungszustandes erinnert uns stark an das Verhalten eines Eisenmagneten oder eines Supraleiters, wo ja auch Ordnungszustände mit völlig neuartigen physikalischen Eigenschaften entstehen. Allerdings sind diese Systeme im thermischen Gleichgewicht mit ihrer Umgebung, was beim Laser gerade nicht der Fall ist. Es kam daher als eine Überraschung für viele Physiker, als wir in Stuttgart und gleichzeitig eine amerikanische Gruppe zeigen konnten, daß der Laserübergang alle Eigenschaften eines üblichen Phasenübergangs aufweist, wozu auch «kritische Fluktuationen» und «Symmetriebrechung» gehören. Der Laser erweist sich so als eine Brücke zwischen der unbelebten und der belebten Natur. Seinen Ordnungszustand erhält er durch Selbstorganisation, und zwar gerade dann, wenn wir die Energiezufuhr erhöhen. Er ist, wie alle biologischen Systeme, ein offenes System.

Eine interessante Brücke zu Lebensvorgängen bieten vor allen Dingen chemische Laser, da hier eine Art Stoffwechsel stattfindet. Dem chemischen Laser werden Stoffe wie Wasserstoff und Fluor zugeführt. Beide Stoffe reagieren heftig miteinander. Dabei finden sich neue Partnerschaften zwischen den Atomen des Wasserstoffs und Fluors, wobei die chemische Bindung zwischen zwei Partnern so energisch vor sich geht, daß Leuchtelektronen angeregt werden. Diese strahlen dann Laserlicht ab in einer Weise, wie wir sie oben kennengelernt haben.

Hier wird also aufgrund chemischer Reaktionen Energie geschaffen. Die chemische Energie, die sonst in Form von Wärme frei wird, verwandelt sich hier schließlich in die geordnete Energie der streng periodischen Wellenbewegung des Laserlichts. Wir haben also gewissermaßen einen Stoffwechsel vor uns, bei dem minderwertige Verbrennungsenergie in hochwertige Lichtenergie hochtransformiert wird. Es ist wie bei einem Motor, in dessen Zylinder ein Gasgemisch explodiert.

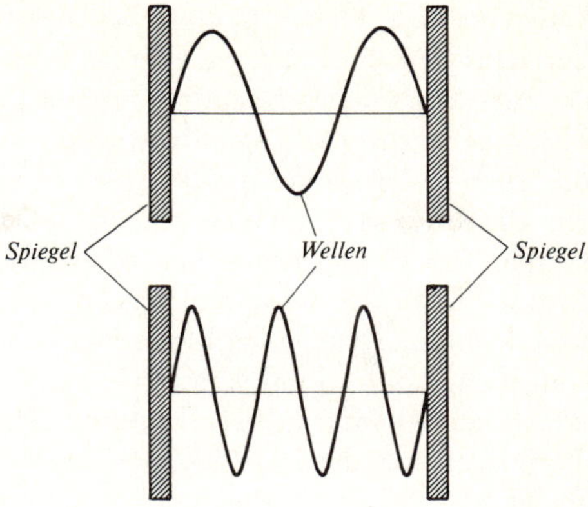

Abb. 5.10: Zwischen zwei Spiegel passen nur ganz bestimmte Wellen.

Die Wärmeenergie, die auf viele Freiheitsgrade verteilt ist, wird hier umgewandelt in die Bewegungsenergie des Kolbens, die dann schließlich das Auto antreibt. Wir werden später immer wieder sehen, daß die Hochtransformation mikroskopischer Energien in die makroskopische Energie weniger Freiheitsgrade eines der Grundprinzipien biologischer Vorgänge zu sein scheint.

Lasertätigkeit können wir nicht nur dadurch hervorrufen, daß wir die Stromstärke erhöhen, wodurch die einzelnen Leuchtelektronen häufiger angeregt werden. Wir können auch einen anderen Prozeß ins Auge fassen, bei dem wir die Pumpstärke pro Atom gleich lassen, aber einfach die Zahl der Laseratome immer mehr erhöhen. Es zeigt sich dann, daß unterhalb einer bestimmten Zahl von Laseratomen keine Lasertätigkeit stattfindet, die dann aber ganz plötzlich einsetzt, wenn die Zahl der Laseratome über diese kritische Zahl erhöht wird. Wir haben es hier in der Tat mit einem Umschlag von Quantität in Qualität zu tun.

Wie wir an diesen Beispielen sehen, können Selbstorganisationsprozesse auf verschiedene Weise hervorgerufen werden. Wir werden darauf später bei Anwendungen in der Biologie noch häufig zu sprechen kommen.

Auch in anderer Hinsicht erlaubt es der Laser, Brücken zur Biologie zu schlagen. Durch das Anbringen der Spiegel schaffen wir für die Laseratome und die von ihnen erzeugten Lichtwellen eine spezifische «Umwelt». Wie die Physik zeigt, passen zwischen zwei parallele Spiegel nur ganz bestimmte Lichtwellen (Abb. 5.10). Dies bedeutet, daß von vornherein nur diese Wellen als Laserwellen in Frage kommen. Es kann nun durchaus geschehen, daß die Vorzugswelle, in die die Leuchtelektronen der Atome am liebsten ausstrahlen möchten, gar nicht als Welle zwischen die Spiegel paßt. Die Elektronen verzichten dann aber nicht auf die Ausstrahlung von Laserlicht; sie wählen vielmehr nun die Welle aus, die dem Takt ihrer eigentlichen Lieblingswelle noch am nächsten kommt. (Dies ist allerdings nur in bestimmten Grenzen möglich.) Ändern wir den Spiegelabstand langsam, so ändert sich entsprechend die Laserlichtausstrahlung der Elektronen – sie passen sich also der neuen Umgebung an. Und nun kann sich etwas sehr Beachtenswertes ereignen. Es kann nämlich der Fall eintreten, daß eine neue Welle zwischen die Spiegel paßt, die der «Lieblingswelle» der Elektronen näherkommt als die Welle, der sie bisher gefolgt sind und die sie unterstützt haben. Dann beginnen erst einige Elektronen spontan, in einer Art Fluktuation, in diese neue Welle ihre Energie zu entsenden, bis dann sehr rasch alle übrigen Elektronen diese neue Welle unterstützen und die alte gänzlich fallenlassen – Anpassung an eine neue «Spiegel-Umwelt», ausgelöst durch eine Fluktuation.

Beim Laser wie auch bei Flüssigkeiten kann ein Zustand makroskopischer Ordnung durch erhöhte Energiezufuhr erreicht werden. Erhöhen wir bei Flüssigkeiten die Energiezufuhr immer mehr, so bilden sich immer kompliziertere Muster, bis schließlich Turbulenz auftritt. Beim Laser ist es genauso. Erhöhen wir die Stromstärke weiter, so fängt der Laser plötzlich an, regelmäßig unglaublich kurze und intensive Lichtblitze auszusenden. Jeder Lichtblitz kann so viel Leistung ausstrahlen wie alle Kraftwerke der USA zusammen. Ein Blitz dauert dabei den billionstel Teil einer Sekunde. Diese Lichtblitze – auch ultrakurze Laserpulse genannt – entstehen durch die Kooperation vieler verschiedener Wellen. Der Konkurrenzkampf zwischen ihnen hat also aufgehört und einer gemeinsamen gewaltigen Anstrengung Platz gemacht. Schließlich sagt unsere Theorie voraus, daß Laser noch eine neue Art von Licht produzieren können: turbulentes Licht, ein neues Forschungsgebiet für den Experimentalphysiker.

Einige Jahre nach der Erstveröffentlichung dieses Buches ist das turbulente oder, wie man auch sagt, deterministisch-chaotische Licht experimentell gefunden worden. Hierbei wurden die Voraussagen unserer Theorie glänzend bestätigt (vgl. auch Kapitel 12).

6

Chemische Muster

Eheanbahnung chemisch

Besonders schöne Beispiele großflächiger Muster liefert uns die moderne Chemie. Wie wir alle wissen, können bestimmte chemische Substanzen miteinander reagieren und dabei neue Stoffe bilden. Die geläufigsten Beispiele sind natürlich Verbrennungsvorgänge, bei denen sich chemische Elemente, zum Beispiel Kohlenstoff und Sauerstoff, verbinden. Oft setzt sich, wie schon dieses Beispiel zeigt, eine chemische Reaktion nicht von allein in Gang. Wir brauchen beispielsweise zur Zündung eine bestimmte Mindesttemperatur. Wie die Chemiker herausgefunden haben, gibt es aber recht oft noch eine andere Möglichkeit, chemische Reaktionen in Gang zu setzen oder zumindest zu erleichtern. Durch Zugabe bestimmter Stoffe kann nämlich eine chemische Reaktion ablaufen, die sonst gar nicht oder nur sehr langsam vonstatten ginge. Bei solchen Stoffen kann es sich auch um Bleche bestimmter Metalle, etwa Platin, handeln. Diese speziellen Stoffe selbst bleiben bei der chemischen Reaktion unverändert. Sie treten nur wie Eheanbahnungsinstitute auf, die die Partner vermitteln, also die chemischen Substanzen neue Verbindungen eingehen lassen. Diese Eheanbahnungsinstitute heißen in der Chemie «Katalysatoren» (Abb. 6.1). Dabei sind die Chemiker auf eine Erscheinung gestoßen, die früher als

Abb. 6.1: Der Katalysator als chemisches Eheanbahnungsinstitut

eine vereinzelt auftretende Kuriosität galt, jetzt aber mehr und mehr an Bedeutung gewinnt. Es gibt nämlich Stoffe, die in der Lage sind, sich selbst zu katalysieren. Das klingt höchst kompliziert, es bedeutet aber nichts anderes, als daß die Moleküle einer solchen Substanz sich gewissermaßen selbst vermehren können. Es gelingt ihnen, andere Moleküle so umzuwandeln und zusammenzusetzen, daß wieder Moleküle ihrer eigenen Art entstehen (Abb. 6.2). Man kann hierin schon direkt eine Eigenschaft des Lebens erblicken, und es wird uns nicht wundern, wenn wir auf diese Art von Vorgängen wieder bei der Evolutionstheorie stoßen werden. Die Vorgänge, bei denen sich Stoffe selbst katalysieren, nennt man Autokatalyse (auto = selbst). Was passiert nun einerseits mikroskopisch und andererseits makroskopisch bei den chemischen Vorgängen? Mikroskopisch bestehen die Stoffe aus einzelnen Molekülen, die bekanntlich selbst wieder aus Atomen aufgebaut sind. Diese Moleküle, sagen wir von einer Sorte 1 und einer Sorte 2, finden sich bei einer chemischen Reaktion zusammen und bilden ein neues Molekül der Sorte 3. Dabei ändern sich im allgemeinen die physikalischen und chemischen Eigenschaften der Moleküle, zum Beispiel deren Farbe. Dies

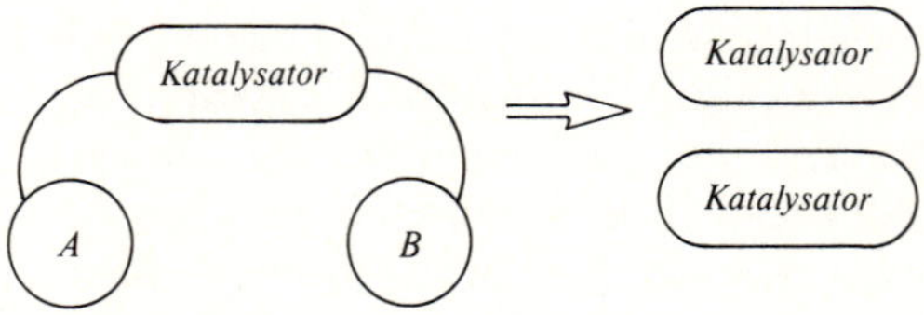

Abb. 6.2: Ein Katalysator setzt zwei Moleküle so zusammen, daß wieder ein Katalysator seiner eigenen Art entsteht. Dies ist Autokatalyse.

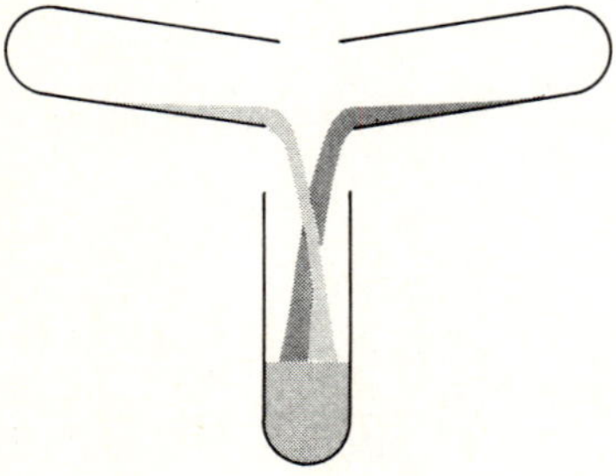

Abb. 6.3: Zusammenschütten und Mischen chemischer Substanzen führt üblicherweise zu einem homogenen Endprodukt.

können wir auch deutlich bei Reaktionen sehen. So kann beispielsweise aus einer blauen und einer farblosen Flüssigkeit eine rote Flüssigkeit werden (Abb. 6.3). Üblicherweise ist die neu entstehende Substanz völlig gleichmäßig gefärbt und verbleibt dann auch ständig in diesem Zustand. Das muß nicht immer so sein, und das bringt uns zum eigentlichen Thema des Kapitels. Es wurden im Laufe des 20. Jahrhunderts nämlich einige, allerdings recht komplizierte Reaktionen gefunden, bei denen makroskopische Muster entstehen, die in ihrer Dimension milliardenmal größer sind als die Dimensionen der Moleküle selbst.

Chemische Uhren

Das berühmteste Beispiel ist ein Reaktionsschema, das von dem Russen Boris P. Belusow gefunden und später von Anatoli M. Shabotinski systematisch untersucht wurde. Die Reaktion ist so kompliziert, daß wir sie hier nicht näher besprechen wollen. Interessant an ihr sind aber die sich bildenden chemischen Muster. Die Flüssigkeit ändert im Laufe der Zeit periodisch ihre Farbe von Rot nach Blau nach Rot usw. (Abb. 6.4). Man könnte damit aus dieser Reaktion eine Uhr bauen, denn Uhren sind ja nichts anderes als Instrumente, die uns ständig eine bestimmte Periodendauer angeben. Wir müssen hier hinzufügen, daß man in dem ursprünglichen Experiment die Stoffe ein für allemal zusammentat und gründlich mischte und daß dann die sich selbst überlassene Reaktion den periodischen Farbumschlag zeigte. Allerdings hält dieser Farbumschlag nicht ewig an, sondern nach einiger Zeit, etwa Minuten, setzt dann doch ein endgültiger Ruhezustand ein.

Man kann aber den Versuch so abändern, daß man dem Gefäß, in dem die Reaktion abläuft, ständig frische Substanzen zu- und die Folgeprodukte abführt. Dann läßt sich in der Tat eine Reaktion mit periodischem Farbumschlag ständig aufrechterhalten.

Die Entdeckung derartiger Schwingungen ist für die Biologie von gro-

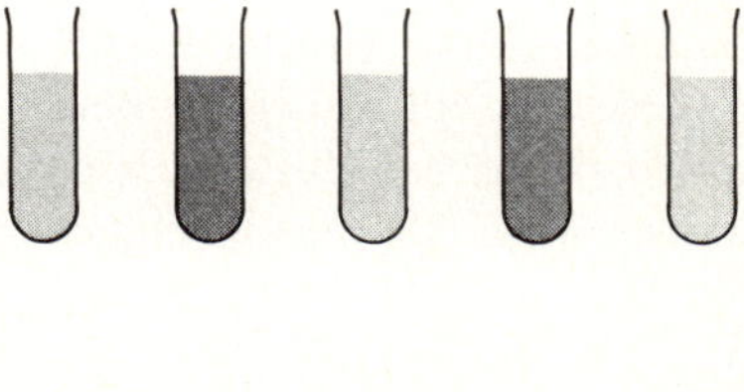

Abb. 6.4: Der periodische Farbumschlag von Rot nach Blau bei der Belusow-Shabotinski-Reaktion

ßer Wichtigkeit. Die Vorgänge im Organismus beruhen ja auf chemischen oder elektrochemischen Prozessen. Hierbei laufen viele Vorgänge rhythmisch ab. Hat man aber erst einmal überhaupt verstanden, warum chemische Uhren funktionieren, so sind wir einen großen Schritt weitergekommen im Verständnis rhythmischer Vorgänge im Organismus, zum Beispiel des Herzschlags. Auch bei diesen Schwingungsvorgängen kommt genauso wie beim Laser wieder das Konzept des Ordners und das Versklavungsprinzip zum Tragen. Bei bestimmten Konzentrationen der zugeführten Substanz wird der sonst gleichförmige Reaktionsablauf instabil und durch die periodische Änderung, das heißt eine Schwingung, ersetzt. Diese Schwingung spielt die Rolle des Ordners und versklavt die einzelnen Moleküle. Sie zwingt die Moleküle nämlich, im Takt wiederkehrend neue Verbindungen einzugehen, diese zu lösen etc., so daß makroskopisch die gesamte Flüssigkeit periodisch als rot beziehungsweise blau erscheint. Es ist möglich, derartige Schwingungsvorgänge mathematisch zu behandeln und die präzise Bedeutung des Ordners zu bestimmen.
Neuere Forschungen haben gezeigt, daß der mit Energieumsatz verbundene Stoffwechsel einer einzelnen Zelle rhythmisch, periodisch abläuft.

Chemische Wellen und Spiralen

Es gibt noch viel schönere und kompliziertere Erscheinungen. Eine Reihe solcher Muster ist in Abbildung 6.5 dargestellt. Hier handelt es sich wieder um die Belusow-Shabotinski-Reaktion, wo sich an zunächst zufälligen Zentren blaue Punkte auf einem roten Untergrund bilden. Die blauen Punkte wachsen zu blauen Scheiben, in denen dann ein roter Punkt entsteht, der rasch zu einer roten Scheibe anwächst. In diesem entsteht dann wieder ein blauer Punkt, worauf sich das Spiel wiederholt. Auf diese Weise laufen konzentrische blaue Ringe nach außen. Unter anderen Versuchsbedingungen, wenn man etwa die Flüssigkeit mit einem Nagel durchfährt, entstehen Spiralen, von denen Abbildung 6.6 eine zeitliche Folge zeigt.
Es erscheint auf den ersten Blick schwierig, das Entstehen derartiger makroskopischer Muster zu verstehen, aber ein Beispiel, das sich leicht konstruieren läßt, ist schnell bei der Hand. Das Entstehen konzentri-

scher Ringe kann man mit einem Steppenbrand vergleichen. Der rote Untergrund stellt eine Fläche ausgetrockneten Grases dar. Legen wir an einer Stelle Feuer, und es ist windstill, so wird sich das Feuer gleichmäßig nach allen Seiten, das heißt kreisförmig ausdehnen. Sehen wir den verbrannten Untergrund als blau an, so entsteht also ein blauer Fleck, der nach außen immer mehr anwächst. Im Innern kann das Gras nachwachsen und wieder trocknen, so daß ein roter Fleck entsteht. Da das Gras hinter der sich ausbreitenden Front nachwächst, aber noch nicht brennbar ist, wird sich der rote Fleck weiter nach außen ausbreiten, bis schließlich das Gras im Innern so getrocknet ist, daß es wieder brennbar geworden ist. Sodann beginnt der gesamte Vorgang von neuem. Bei den chemischen Reaktionen, wie wir sie besprochen haben, ist kein Eingriff von außen in Form einer Zündung nötig. Das System selbst ist gewissermaßen überkritisch und kann die Reaktion, die zu den blauen Punkten führt, von sich aus beginnen. Ansonsten haben wir aber ganz ähnliche Erscheinungen. Das Abbrennen bedeutet im Fall des Grases, wie auch bei der Belusow-Shabotinski-Reaktion, daß bestimmte chemische Umwandlungen vor sich gehen. Es kommt dann aber zu einer Rückreaktion, die zu einer Wiederherstellung des alten Zustands führt.

Bei den Wellen oder Spiralen der Belusow-Shabotinski-Reaktion müssen die miteinander reagierenden Moleküle zusammenkommen, das heißt, sie müssen sich bewegen können. Sie tun dies durch die Diffusion. Die Diffusion ist uns aus dem täglichen Leben gut bekannt. Wenn wir zum Beispiel einen Tintenfleck von einem Löschblatt aufsaugen lassen, so diffundiert die Tinte in das Löschblatt hinein und in ihm noch weiter, wodurch sich ein Tintenfleck im Löschblatt selbst bildet. Die hier besprochenen makroskopischen Vorgänge beruhen also auf dem Wechselspiel zwischen chemischen Reaktionen einerseits und Diffusionen andererseits. Diese Vorgänge werden daher durch Gleichungen beschrieben, die in der Fachsprache Reaktions-Diffusionsgleichungen heißen, die uns aber hier natürlich nicht beschäftigen sollen. Wichtig für uns ist nur, daß die mathematische Behandlung auch hier wieder die Existenz von Ordnern nachweist, die die Entwicklung der raum-zeitlichen Muster steuern. Je nach Art der Ordner kann es sich hierbei insbesondere um kreisförmige Wellen oder um Spiralen handeln. Inzwischen wurden experimentell auch Streifenmuster und Hexagone in Analogie zu den Flüssigkeitsmustern und in Übereinstimmung mit Vorhersagen der Theorie gefunden.

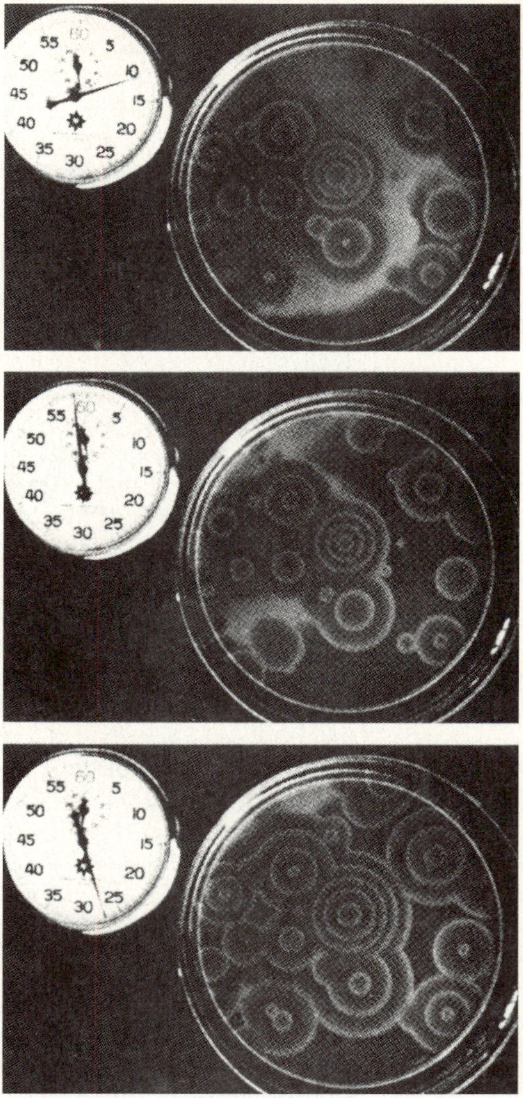

Abb. 6.5 und 6.6: Beispiele für chemische Muster in Form von konzentrischen Kreisen (oben) oder Spiralen (S. 87). Die Kreise wandern nach außen, während sich die Spiralen drehen.

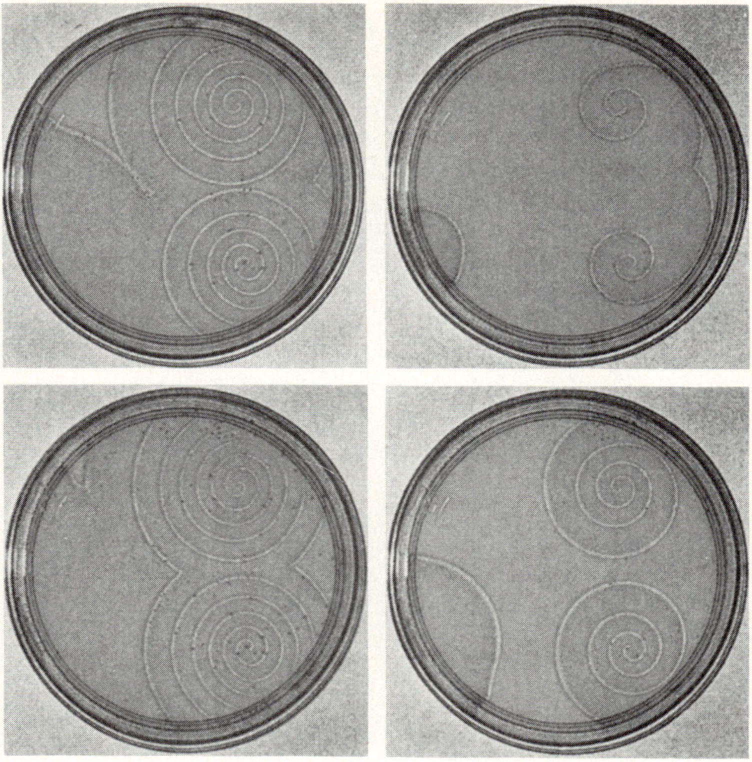

Ein neues gemeinsames Prinzip

Wie wir an den konkreten Beispielen aus der Laserphysik, aus der Physik der Flüssigkeiten und nun aus der Chemie gesehen haben, tritt uns immer wieder das Konzept des Ordners einerseits und das der Versklavung andererseits entgegen. Diese Konzepte werden sich wie ein roter Faden auch weiterhin durch das Buch hindurchziehen. Bei den chemischen Reaktionen wird uns zum ersten Mal eine neue Gemeinsamkeit bewußt. Den chemischen Schwingungen und Wellen, die wir soeben kennengelernt haben, liegen immer autokatalytische Prozesse zugrunde. Eine vorhandene Molekülsorte ermöglicht durch ihre Anwesenheit und ihre Mitwirkung die Produktion weiterer Moleküle derselben Sorte. Aus dieser Perspektive erscheint das Geschehen im Laser in einem neuen Licht. Auch hier war es eine schon vorhandene Lichtwelle, die durch ihr Vorhandensein die Elektronen der Atome zwang, ihre Energie zur Verstärkung dieser Lichtwelle selbst wieder herzugeben. Nichts anderes also als ein autokatalytischer Prozeß (Abb. 6.7). Der Begriff der Autokatalyse hat, ähnlich wie der des Ordners oder der Versklavung, eine weit über die Chemie hinausgehende Bedeutung erlangt. In diesem Sinne hat auch die Rollenbewegung bei den Flüssigkeiten den Charakter einer Autokatalyse. Die sich entwickelnde Rollenbewegung wird dadurch verstärkt, daß schon eine Rollenbewegung sich anfänglich, wenn auch vielleicht nur minimal, rein zufällig ausgebildet hat. Autokatalyse und das Instabilwerden kollektiver Bewegungsformen sind ein und dasselbe. Wir erkennen hier, daß die Natur offenbar immer wieder dieselben Prinzipien verwendet, um geordnete makroskopische Bewegungen oder Muster hervorzubringen.

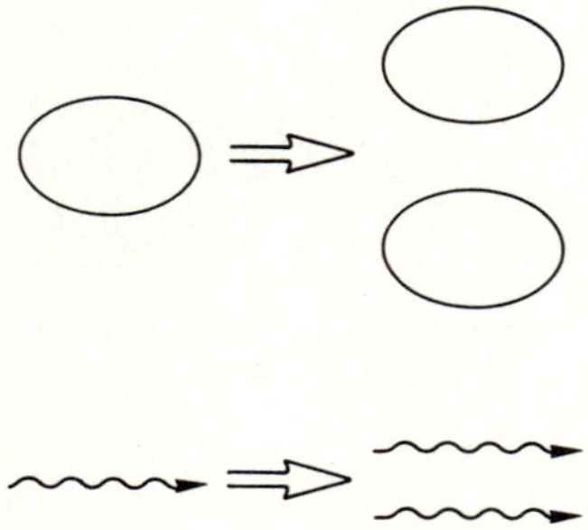

Abb. 6.7: Die Analogie zwischen der Autokatalyse von Molekülen (oben) und der Verstärkung (= Multiplikation) von Lichtwellen beim Laser (unten)

7

Biologische Evolution: Der Beste überlebt

Noch zu Beginn des 19. Jahrhunderts war die Herkunft der verschiedenen Tier- und Pflanzenarten dem menschlichen Geist ein streng gehütetes Geheimnis der Natur. Ein entscheidender Durchbruch gelang schließlich dem Engländer Charles Darwin (1809–1882). Auf seinen ausgedehnten Forschungsreisen in ferne Länder, wie Südamerika, erregte die ungeheure Vielfalt der Tier- und Pflanzenwelt und ihre raffinierten Organe, die diese zum Überleben besaßen, seine Aufmerksamkeit. Dies brachte ihn nach langjährigen Überlegungen dazu, ganz neuartige Thesen über die Entstehung der Arten in der Tier- und Pflanzenwelt zu formulieren, die in ihren Grundzügen auch heute noch voll anerkannt sind. Wir bezeichnen diese Theorie heute als Darwinismus. Allerdings vergessen wir darüber, daß unabhängig von Darwin und zur selben Zeit ein anderer junger Engländer, Alfred Russel Wallace (1823–1913), genau die gleichen Ideen wie Darwin hatte.
1856, zwei Jahre vor der für Darwin schockierenden Nachricht von Wallace, in der ihm dieser seine Formulierung der Theorie der Evolution mitteilt, schreibt Darwin seinen inzwischen berühmten Brief an Charles Lyell (1797–1875). Er sei, erklärt er, noch nicht ganz bereit, seine Ansichten zu veröffentlichen, wie es Lyell angeregt hatte, damit ihm niemand zuvorkomme. Darwin schreibt: «Ich liebe den Gedanken nicht, der Priorität wegen zu schreiben, doch würde es mich ärgern, wenn jemand meine Thesen vor mir veröffentlichte.» (Das Goethewort «Zwei Seelen wohnen, ach, in meiner Brust» scheint ja für viele Wissenschaftler typisch zu sein, wie der Wissenschaftssoziologe Robert K. Merton an diesem Beispiel, unter vielen anderen, illustriert.)
Und dann, 1858, fällt der Schlag auf Darwin hernieder. Wovor Lyell gewarnt hatte und woran Darwin nicht hatte glauben wollen, geschah tatsächlich. Darwin schrieb an Lyell über dieses für ihn niederschmetternde Ereignis: «[Wallace] übersandte mir heute das Beiliegende und

bat mich, es an Sie weiterzuleiten. Es scheint mir sehr lesenswert. Ihre Worte haben sich in furchtbarer Weise bewahrheitet – daß man mir zuvorkäme. Wenn Wallace meinen handschriftlichen Entwurf von 1842 besäße, hätte er kein besseres Resümee anfertigen können! Selbst seine Ausdrücke stehen jetzt als Überschriften über meinen Kapiteln. Meine ganze Originalität, was auch immer sie wert sein mag, wird dadurch zunichte.»

Bescheidenheit und Desinteresse drängen Darwin, seinen Prioritätsanspruch aufzugeben, sein Wunsch nach Anerkennung und Urheberschaft drängt ihn, nicht alles als verloren zu betrachten. Zuerst trifft er mit typischem Großmut, doch ohne Gleichmut vorzugeben, die verzweifelte Entscheidung, ganz zur Seite zu treten. Eine Woche später schreibt er wieder an Lyell: «Ich würde *liebend* gern *jetzt* eine Skizze meiner allgemeinen Auffassungen auf etwa einem Dutzend Seiten veröffentlichen. Aber ich kann mir nicht einreden, daß ich das ehrenvollerweise tun könnte.» Schwankend zwischen den widerstreitenden Gefühlen, schließt er seinen Brief: «Mein guter, lieber Freund, verzeihen Sie mir. Dies ist ein nichtiger Brief, beeinflußt von nichtigen Gefühlen.» Und im Bemühen, sich endgültig von diesen Gefühlen zu reinigen, fügt er einen Nachsatz an: «Ich werde weder Sie noch Hooker in dieser Angelegenheit je wieder belästigen.»

Am nächsten Tag schreibt er wieder an Lyell, diesmal um den Nachsatz zu widerrufen, aber wieder zwischen seinen Gefühlen hin- und hergerissen. Wie es das Schicksal will, wird Darwin gerade in diesem Augenblick vom Tode seines jungen Sohnes Charles getroffen. Auf die Bitte seines Freundes Joseph Dalton Hooker (1817–1911) hin, übersendet er diesem das Manuskript von Wallace und seine eigene ursprüngliche Fassung von 1844. Er schreibt: «Allein damit Sie an Ihrer eigenen Handschrift erkennen können, daß Sie es gelesen haben. Vergeuden Sie nicht viel Zeit. Ich fühle mich unglücklich, weil ich mir über Priorität so viele Sorgen mache.» Andere Mitglieder der Wissenschaftsgemeinde tun, was der gequälte Darwin für sich nicht tun will.

Lyell und Hooker nehmen die Sache in die Hand und arrangieren jene folgenschwere Sitzung, auf der beide Arbeiten vor der Linné-Gesellschaft vorgetragen werden.

Dies war die offizielle Geburtsstunde der Theorie der Evolution. Um ein Haar würde man also heute nicht vom Darwinismus, sondern vom Wallacismus sprechen. Auf die Frage, warum der eine so berühmt und der andere inzwischen fast ganz vergessen ist, werden wir später in Kapitel 18 zu sprechen kommen. Hier sind aber nun die grundlegenden Darwinschen Thesen. Nach Darwin findet eine Entwicklung in der Natur statt, wobei komplizierte Lebewesen aus weniger komplizierten entstehen. Von grundlegender Bedeutung ist dabei das Wechselspiel zwischen den Erbanlagen einerseits, also dem Genotyp, und den Tieren oder Pflanzen selbst, die uns als solche in ihrer ausgebildeten Gestalt erscheinen, das heißt als Phänotyp. Darwin nahm an, daß sich die Erbanlagen spontan ändern können. Es handelt sich hier um die Mutationen. Wie wir heute wissen, können derartige Mutationen an den Genen, die die Erbanlagen weitertragen, nachgewiesen werden. Diese Änderungen sind also mikroskopischer Natur.

Aufgrund der geänderten Erbanlagen wandeln sich die Eigenschaften der Tiere oder Pflanzen. Zum Beispiel können die Nachkommen von weißen Schmetterlingen schwarze Flügel bekommen, Gliedmaßen können verstümmelt oder in modifizierter Form auftreten. Durch diese Änderungen können sich die Tiere ihre Umwelt weniger gut oder besser zunutze machen. So können Vögel durch einen geänderten Schnabel Insekten picken, die sie vorher nicht bekommen konnten. Die Natur überrascht uns ständig durch die Fülle verschiedenartigster Formen, an denen man oft sehr schnell erkennt, daß sie höchst zweckmäßig sind. Diese Zweckmäßigkeit wurde in früheren Jahrhunderten als zielgerichtet empfunden; es hieß, Gott habe die Tiere so geschaffen, daß sie besonders gut ihre Nahrung finden können. Nach Darwin sind diese Formen jedoch ein Produkt aus dem Zufall der Mutation einerseits und der Auslese, auch Selektion genannt, andererseits. Die verschiedenartigen Tiere, die ihrer Umwelt ja verschieden gut angepaßt sind, treten in Wettbewerb bei ihrer Nahrungssuche. Auch andere Formen des Wettbewerbs sind möglich, zum Beispiel bei Vögeln auf der Suche nach Nistplätzen oder auf der Suche nach Schutz vor Unbill. Damit setzt ein Konkurrenzkampf unter den verschiedenen Arten ein, und nur die bessere Art überlebt. Dies sind also die Grundthesen des Darwinismus.

Hier tritt uns allerdings eine Reihe von Schwierigkeiten entgegen, die vor allen Dingen von Biologen und Naturphilosophen erkannt wurden. Einmal gleicht der Satz «Der Beste überlebt» einer Katze, die sich in den Schwanz beißt. Damit wird als Bester derjenige definiert, der überlebt. Dieser gordische Knoten läßt sich allerdings durchschlagen, wenn wir ein analoges Beispiel aus der unbelebten Welt heranziehen.

Es gibt nämlich den Darwinismus nicht nur in der belebten Natur, sondern auch in der unbelebten Materie. Wir sind hierauf bereits beim Beispiel des Lasers gestoßen, wo wir festgestellt hatten, daß unter den Laserwellen eine Konkurrenz stattfindet, bei der auch nur eine überlebt. Diese können wir natürlich als «beste» definieren. Das Wichtige ist aber, daß wir in der Laserphysik von vornherein berechnen können, welche Mode beziehungsweise welche Welle überleben wird, welche also die beste ist. Es gibt hier also objektive Kriterien, nach denen wir bereits vor dem ganzen Prozeß sagen können, wer ihn gewinnen wird. Dies gilt allerdings mit einer kleinen Einschränkung. Gelegentlich kommen mehrere Wellen gleichzeitig als beste Kandidaten in Frage.
Die Symmetrie zwischen diesen Wellen kann nur gebrochen werden, mit anderen Worten, die endgültige Auswahl zwischen ihnen kann erst durch eine zufällige Schwankung getroffen werden, die wir nicht vorhersagen können. Neben diesen ausgezeichneten Moden gibt es aber noch viele andere, von denen wir mit absoluter Gewißheit sagen können, daß sie nicht überleben werden.
Mit Hilfe der Laserdynamik haben wir somit ein Modell an der Hand, mit dem wir die Aussagen des Darwinismus in einem physikalischen Modell experimentell und auch mathematisch nachvollziehen können. Hier bewahrheitet sich sehr rasch die Aussage des Darwinismus in seiner ganzen Härte.
Der Vorgang der Laserschwingungen, die gewissermaßen von den angeregten Atomen «leben», läßt sich direkt auf die belebte Natur übertragen. Haben wir verschiedene Arten vor uns, die alle von der gleichen Nahrung leben, so bleibt aufgrund des Wettbewerbs tatsächlich nur die tüchtigste Art übrig, zum Beispiel die, die das Futter am schnellsten aufnehmen kann.

Konkurrenz der Biomoleküle

Eine derartige Analogie zwischen Selektionsvorgängen in der belebten und in der unbelebten Natur ist nicht auf die eben genannten Laserschwingungen beschränkt. Eine weitere Brücke zwischen «unbelebt» und «belebt» wird in einem sehr verwandten Sinne von der Eigenschen Evolutionstheorie geschlagen. Diese geht davon aus, daß die Erbanlagen von bestimmten «Bio»-Molekülen, auf die wir in Kapitel 9 noch genauer zu sprechen kommen, weitergetragen werden. Im jetzigen Zusammenhang ist dabei nur wichtig, daß sich diese durch Autokatalyse (wie Lasermoden!) vermehren können und dabei ebenfalls in Konkurrenz treten. In der ursprünglichen Fassung der Eigenschen Theorie hatten übrigens die Gleichungen, die die Vermehrung der Biomoleküle beschrieben, genau die gleiche Form wie jene, die die «Vermehrung» der Laserwellen zum Inhalt hatten. Daß in zwei ganz verschiedenartigen Gebieten eine derartige Übereinstimmung herrscht, obwohl die Gleichungen von den Autoren unabhängig voneinander aufgestellt wurden, kann kaum ein Zufall sein – vielmehr weist sie auf die Existenz allgemeingültiger Prinzipien hin, denen wir in der Tat in diesem Buch stets begegnen.

Besonders reizvoll bei dieser Evolutionstheorie ist natürlich, daß sie eine Verbindung von der unbelebten zur belebten Natur durch Mutation und Selektion und damit durch eine «Höherentwicklung» der Biomoleküle herstellt und gewissermaßen einen mehr oder weniger stetigen Übergang von «unbelebt» zu «belebt» aufzeigt. Zweifellos wird gerade auf biochemischem Gebiet noch viel Forschungsarbeit zu leisten sein, aber ein erfolgversprechender Anfang ist gemacht.

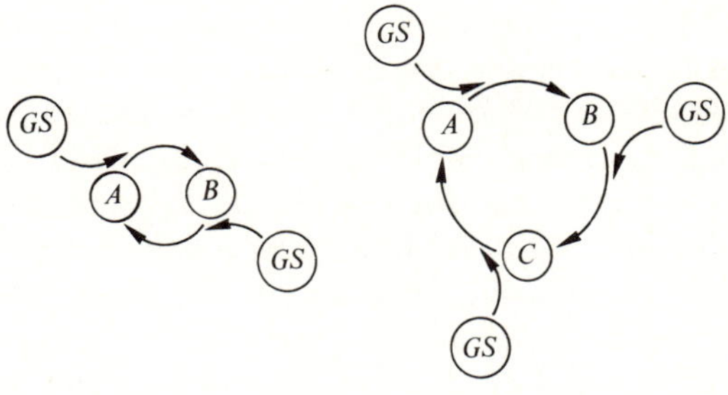

Abb. 7.1: Zwei Beispiele für Eigens Hyperzyklus.
Linkes Bild: Die Molekülsorte A vermehrt sich autokatalytisch, wobei aber die Mitwirkung der Molekülsorte B als Katalysator erforderlich ist. Entsprechend vermehrt sich die Molekülsorte B autokatalytisch, wobei die Mitwirkung der Molekülsorte A als Katalysator nötig ist. GS deutet an, daß diese Erzeugung der Moleküle aus bestimmten Grundsubstanzen erfolgt.
Das Bild rechts zeigt einen Hyperzyklus mit drei verschiedenen Molekülsorten. Jede von ihnen vermehrt sich autokatalytisch, aber die Mitwirkung der jeweils anderen Molekülsorte ist noch notwendig, wie in der Figur angedeutet. Der Kreis der teilnehmenden Moleküle kann noch wesentlich größer sein.

Noch einige Bemerkungen der Vollständigkeit halber. In den siebziger Jahren haben Manfred Eigen und Peter Schuster die Vorstellungen über die autokatalytische Vermehrung der Biomoleküle verfeinert.
Im einfachsten Falle haben wir es mit zwei Molekülsorten, A und B, zu tun. Jede dieser beiden Sorten vermehrt sich autokatalytisch. Darüber hinaus hilft aber die Sorte A als Katalysator der Sorte B bei der Vermehrung, und die Sorte B hilft als Katalysator wieder der Sorte A bei der Vermehrung. Es ergibt sich so das Schema der Abbildung 7.1, linke Seite. Dieses Schema läßt sich auf mehrere Molekülsorten erweitern. Bei drei Sorten, A, B, C, vermehren sich diese autokatalytisch, darüber hinaus aber hilft A bei der Vermehrung von B, B bei der Vermehrung von C und C schließlich wieder bei der Vermehrung von A, und zwar jeweils als Katalysator. Derartige kleinere oder größere Kreise werden von Eigen und Schuster «Hyperzyklen» genannt. Die Hyperzyklen können selbst wieder Mutationen unterworfen sein, wie sie auch untereinander in Wettbewerb treten können.
Ob also bei Lasermoden, bei Biomolekülen, bei Hyperzyklen oder in der Tier- und Pflanzenwelt – immer wieder ist der Darwinismus am Werk.
Die Tatsache, daß die Darwinschen Regeln sowohl in der belebten als auch in der unbelebten Materie gültig sind, ist ein Hinweis, daß sie eine ungeheure Tragweite haben. Sie sind von unmittelbarer Bedeutung auch für die Soziologie, die sich mit Problemen wie etwa dem Wettkampf im Berufs- und Wirtschaftsleben auseinanderzusetzen hat. In diesem Sinne angewendet, würde sich etwa zeigen, daß Firmen, die das gleiche Produkt, aber zu verschiedenen Preisen herstellen, aufgrund des Konkurrenzkampfes auf dem Markt so weit ausselektiert werden, bis nur noch eine übrig ist, die dann den ganzen Markt beherrscht. Ist dieser Drang, der am Schluß in einen Großkonzern mündet, tatsächlich so naturgegeben? Überlebt im harten Konkurrenzkampf wirklich nur der absolut Beste? Die Natur hat uns auch hier Auswege gezeigt. Wir werden darauf im nächsten Kapitel eingehen.

8

Überleben, ohne der Beste zu sein: Spezialisiere dich, schaffe dir eine ökologische Nische

Bei näherem Hinsehen birgt die These, daß nur der Beste überlebt, eine Reihe tiefgründiger Probleme. Aufgrund dieser These sollte man sich doch wundern, warum es so ungemein viele verschiedene Arten auf der Welt gibt. Sollten sie alle die Besten sein? Dies veranlaßt uns, der Frage des Überlebens noch weiter nachzugehen.

In der Tat hat die Natur unzählige Tricks entwickelt, als wollte sie der These, daß nur der Beste überlebt, ein Schnippchen schlagen. Einmal kann es zu einem Konkurrenzkampf natürlich nur dann kommen, wenn die verschiedenen miteinander konkurrierenden Arten in derselben Umgebung leben. Klarerweise kann sich kein Konkurrenzkampf zwischen Landtieren entwickeln, wenn diese auf Kontinenten leben, die durch Meere getrennt sind. So hat sich zum Beispiel in Australien eine ganz andere Welt von Tieren als in anderen Ländern entwickelt, wie etwa die Beuteltiere, von denen das Känguruh nur ein Beispiel ist.

Aber auch wenn die Arten nahe beieinander wohnen, ist es ihnen oft gelungen, sich neue Lebensräume zu schaffen. Denken wir etwa an Vögel, die sich durch eine Vielfalt von Schnabelformen verschiedene Nahrungsquellen erschlossen haben (Abb. 8.1). Diese jeweiligen Vogelarten sind also dem harten Konkurrenzkampf untereinander entronnen, indem sie sich eine «ökologische Nische» geschaffen haben. Insofern kann man natürlich sagen, daß jede von ihnen auf ihrem Spezialgebiet Beste geworden ist, da sie eben jeweils die einzige Art ist, die diese spezielle Fähigkeit hat. Eine ökologische Nische ist gewissermaßen ein Reservat, eine Schutzzone, in der eine bestimmte Spezies für sich allein ungehindert leben kann. Unser Beispiel der Nahrungsquellen zeigt, daß es sich bei ökologischen Nischen keineswegs nur um räumlich getrennte Gebiete handeln muß, obwohl natürlich räumliche Trennung erst recht als ökologische Nische wirkt.

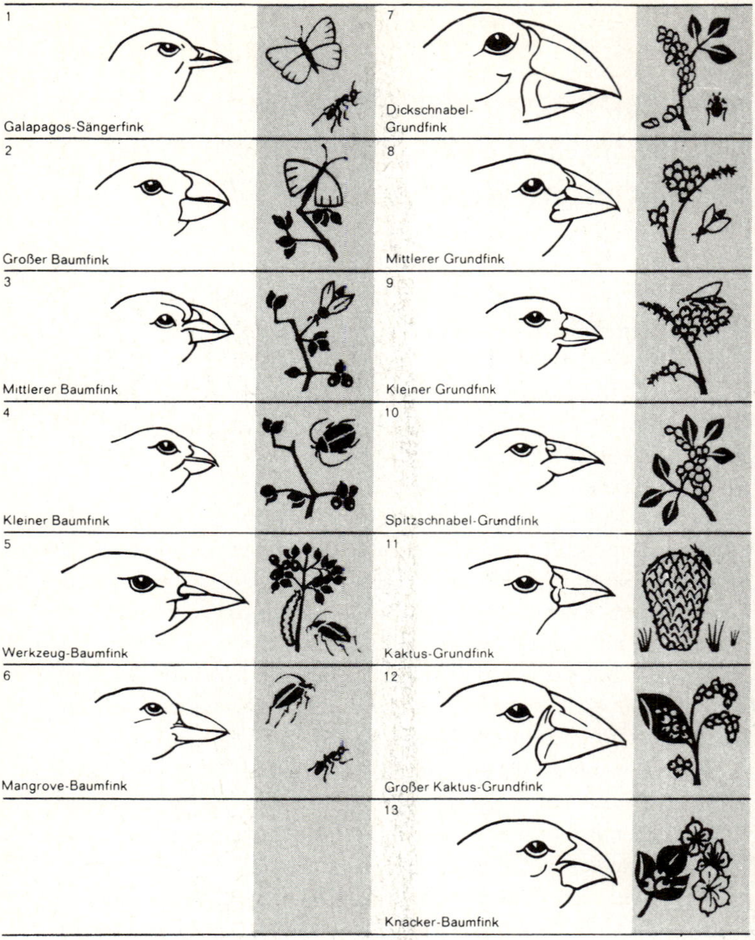

Abb. 8.1: Beispiele für verschiedene Schnabelformen von Vögeln (Finken), die uns die hochgradige Spezialisierung der Schnäbel für bestimmte Zwecke vor Augen führen. Die von der jeweiligen Art aufgenommene Nahrung ist gleichzeitig symbolisch dargestellt. Auf einer Insel haben Finken, abgeschnitten von der übrigen Welt, ganz verschiedenartige Schnabelformen hervorgebracht. Es entstanden neue Rassen, aber keine neuen Arten – immer blieben es Finken! Darwin hat sie zuerst beschrieben. 1 = Insektenfresser; 2–6 = vorwiegend Insektenfresser; 7–12 = vorwiegend Pflanzenfresser; 13 = Pflanzenfresser (nach Konrad Lorenz).

Die Koexistenz durch Spezialisierung ist übrigens keineswegs auf die belebte Natur beschränkt. Zum Beispiel gibt es auch beim Laser den Fall, daß verschiedene Lichtwellen gleichzeitig auftreten können und nicht miteinander konkurrieren, dann nämlich, wenn sie ihre Energie von verschiedenen Atomen her beziehen. Die Frage des Konkurrenzkampfes spielt auch im Berufs- und Wirtschaftsleben eine entscheidende Rolle. Wir werden auf diese Frage später zu sprechen kommen.

Interessanterweise bietet die Natur uns aber nicht nur Beispiele des Überlebens durch Spezialisierung, sondern auch durch Generalisierung, indem zum Beispiel eine Tierart ein möglichst breit gefächertes Nahrungsprogramm aufnehmen kann, wie etwa das Wildschwein.

Ein besonders interessanter Weg, im harten Lebenskampf zu überleben, ist die Symbiose, bei der sich gegenseitig ganz verschiedene Arten helfen, ja sich sogar die jeweilige Existenz erst ermöglichen. Die Natur bietet uns hier eine reiche Palette von Beispielen: die Bienen, die sich vom Nektar der Blüten ernähren und dabei gleichzeitig für die Bestäubung und damit die Vermehrung ihrer Ernährer sorgen, Vögel, die den Krokodilen ins aufgesperrte Maul fliegen, wo sie Nahrung finden und zugleich das Gebiß der Reptilien reinigen, Ameisen, die sich Blattläuse als «Milchkühe» halten. Der Kalvarienbaum ist – so glaubte man jedenfalls bis vor kurzem – vom Aussterben bedroht, weil nur der Dodo, eine in diesem Jahrhundert ausgestorbene Vogelart, die von ihm lebte, in der Lage war, dessen Samen durch Verdauung so aufzubereiten, daß er aufging. (Neuen Berichten zufolge sollen Biologen herausgefunden haben, daß Truthähne den Samen dieses Baums, der mehrere hundert Jahre alt wird, zum Keimen bringen können.)

Bei diesen einzelnen Betrachtungen dürfen wir nicht das Gesamtbild vergessen. Tatsächlich stehen ja meist keineswegs nur zwei oder drei Tierarten miteinander in Konkurrenz oder leben in Symbiose. Ganz im Gegenteil, die Naturvorgänge sind unendlich ineinander verzahnt. Die Natur ist in diesem Sinne ein hochkompliziertes synergetisches System.

Auch ist wieder die Frage von fundamentaler Bedeutung, ob die einzelnen ineinandergreifenden Naturvorgänge zu einem Gleichgewicht führen können. Wir sprechen ja sehr gern vom ökologischen Gleichgewicht, das durch die menschlichen Eingriffe immer mehr gestört wird. Es ist wohl erst eine Erkenntnis der neueren Forschungen, daß auch ohne menschliche Eingriffe das ökologische oder biologische Gleichgewicht keineswegs so perfekt ist, wie uns dies lange Zeit erschien. Dabei denken wir im allgemeinen an ein statisches Gleichgewicht, bei dem etwa der Umfang der Population einer bestimmten Vogelart sich mit der Zeit praktisch nicht ändert.

Das ist aber in der Natur nicht immer der Fall. Änderungen dieser Art können natürlich, was uns allen geläufig ist, durch Naturkatastrophen hervorgerufen werden, etwa durch einen zu strengen Winter, einen zu heißen, trockenen Sommer oder durch Frost, bei dem die Blüten absterben und die Tiere (zum Beispiel die Bienen) keine Nahrung finden. Einige Naturforscher führen das Aussterben der Dinosaurier auf den Einschlag eines riesigen Meteoriten zurück, ein Ereignis, das die klimatischen und damit die Lebensbedingungen für diese Tiere dramatisch verschlechtert haben soll. Weitere Beispiele, bei denen das Gleichgewicht aus den Fugen geraten ist, sind die immer wieder auftretenden Plagen, etwa eine Mäuse- oder eine Maikäferplage, die sich dann in verheerender Weise auf andere Lebensbereiche auswirken. Aber sehen wir hiervon einmal ab.

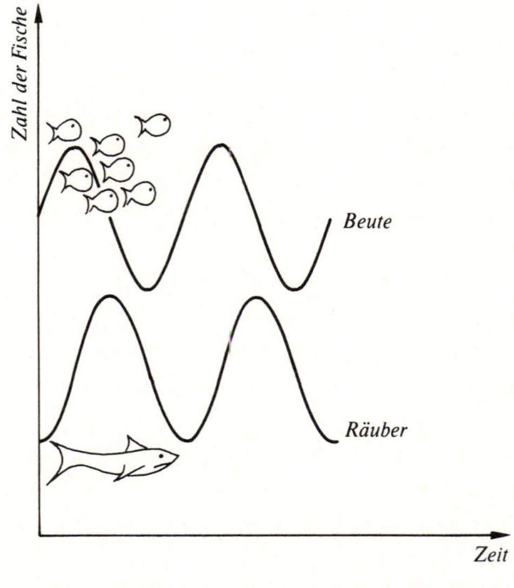

Abb. 8.2: Dieses Bild veranschaulicht, wie Raubfische und Beutefische im Laufe der Zeit in ihrer Zahl periodisch schwanken.

Selbst nach einer solchen Naturkatastrophe betrachten wir es als selbstverständlich, daß sich das vorher vorhandene Gleichgewicht wieder einstellt. Wie wir später sehen werden, beruht die These der freien Marktwirtschaft auf einer entsprechenden Annahme.

Ist die Natur aber wirklich so stabil? Hier mehren sich in der Tat nun Beispiele, die zeigen, daß in der Natur keineswegs nur statische Gleichgewichte herrschen. Zu Beginn des 20. Jahrhunderts stellten Fischer in der Adria fest, daß ihre Fangergebnisse im Rhythmus schwankten. Wie sie sehr bald herausfanden, beruhte dies auf einer rhythmisch schwankenden Fischpopulation (Abb. 8.2). Zwei bedeutenden Mathematikern, A. J. Lotka und V. Volterra (1860–1940), gelang es in den zwanziger Jahren unabhängig voneinander, eine mathematische Erklärung für diesen Befund zu geben. Wie sich herausstellte, kommt diese Erscheinung durch zwei Fischarten zustande, von denen die eine aus Raubfischen besteht, die andere hingegen aus Beutefischen, die von den Raubfischen gefressen werden. Der Mechanismus für die periodischen Schwankungen besteht nun im folgenden. Zuerst seien relativ wenige Raubfische da. In dieser Zeit können sich die Beutefische ungehindert vermehren, geben aber dadurch schließlich Anlaß, daß die Raubfische mehr Beutefische vorfinden und sich dadurch selbst stärker vermehren können. Schließlich wird der Bestand der Raubfische so groß, daß sie den Bestand der Beutefische weitgehend dezimieren, wodurch natürlich die Zahl der Raubfische wieder abnehmen muß und das Ganze von neuem beginnen kann.

Beim mathematischen Modell kann es vorkommen, daß die Raubfische einmal zufällig alle Beutefische fressen und dann selbst zum Aus-

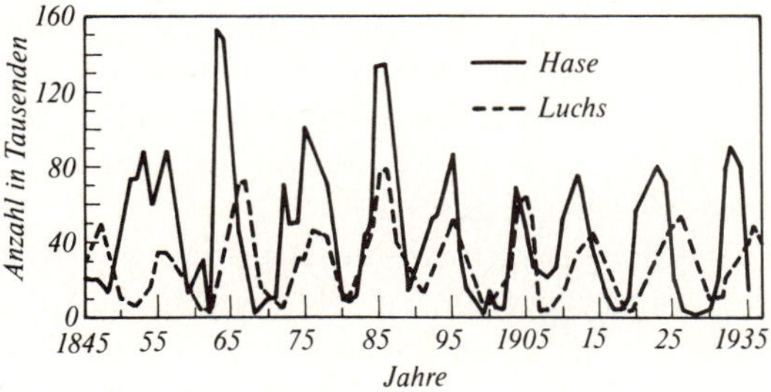

Abb. 8.3: Der periodische Verlauf der Population von Schneehasen und Luchsen

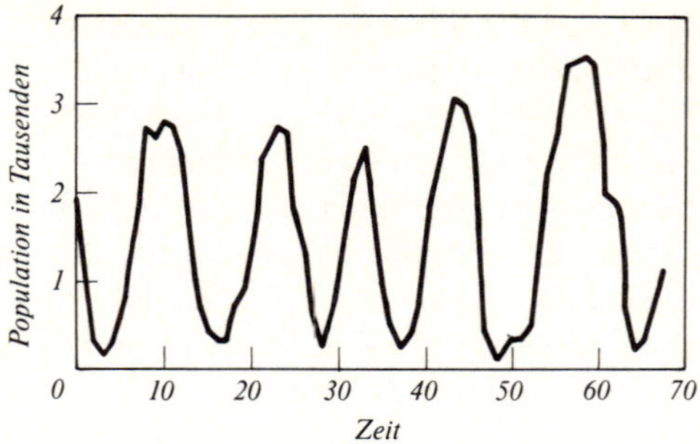

Abb. 8.4: Die zeitlichen Schwankungen einer Insektenpopulation

sterben verdammt sind. Die Natur verhindert diesen Prozeß, indem sie für die Beutetiere Zufluchtsstätten bereithält, an denen sie nicht von den Räubern ergriffen werden können.

Ein ähnlicher Zyklus ist in Kanada bei Schneehasen, die von Luchsen gefressen werden, festgestellt worden (Abb. 8.3). Da die Vermehrungs- und Todesraten natürlich auch noch anderen Einflüssen unterliegen, sind Modellvorstellungen, wie sie hier beschrieben werden, zuweilen der Kritik ausgesetzt. Trotzdem sehen wir aber, daß in der Natur keineswegs statische Gleichgewichte vorzukommen brauchen.

Noch ausgeprägter sind diese Verhältnisse bei manchen Insektenpopulationen, deren Zahl völlig unregelmäßig schwankt (Abb. 8.4). Wie wir später besprechen werden, gibt es heute mathematische Modelle, mit deren Hilfe wir selbst völlig unregelmäßig erscheinende Vorgänge streng erfassen können (vgl. Kapitel 12 und 13).

Wie diese Beispiele schon zeigen, ist die Idee eines statischen biologischen Gleichgewichts zu naiv. Andererseits müssen wir uns vor Augen halten, daß ein Gleichgewicht, wenn es sich tatsächlich eingestellt hat, äußerst empfindlich ist, und hier kommen wir wieder zu einer der Grundthesen der Synergetik zurück.

Wir haben nämlich an einer Reihe physikalischer und chemischer Beispiele in den vorangegangenen Kapiteln gesehen, daß an bestimmten kritischen Punkten sogar schon kleine Änderungen von Umweltbedingungen dramatische Änderungen auf makroskopischer Ebene hervorrufen können. In den geschilderten Beispielen hatten wir stets solche

Änderungen der Umweltbedingungen betrachtet, bei denen ein höherer Grad von Ordnung in den Systemen erreicht wird. Natürlich kann man diese ganzen Vorgänge auch in der anderen Richtung betrachten, was bedeutet, daß durch kleine Umweltänderungen eine bestehende Ordnung zerstört werden kann.

Viele Vorgänge, die sich bei Tierpopulationen abspielen, können in mathematischer Form beschrieben werden, so daß man die mathematischen Methoden der Synergetik auf diese Probleme anwenden kann. Auf dieser mathematischen Ebene lassen sich dann wiederum tiefgreifende Analogien zwischen Vorkommen in der belebten und in der unbelebten Natur herstellen. Die Ergebnisse lassen sich in wenigen Worten wiedergeben. Sie besagen, daß auch in der belebten Natur oft schon kleine Änderungen äußerer Umweltbedingungen völlig neuartige Ordnungszustände schaffen können, das heißt neue Verteilungen der verschiedenen Arten. Dies wird bereits deutlich, wenn wir uns die Verteilung der verschiedensten Pflanzen im Gebirge ansehen. Hier gibt es oft scharf definierte Höhenlinien, die die Grenze zwischen verschiedenen Pflanzengürteln bilden, ganz ähnlich, wie wir es auch bei den Klimazonen auf der Erde kennen. An diesem Beispiel sehen wir deutlich, daß sich ganz verschiedenartige Pflanzen gegenüber anderen durchsetzen, und zwar praktisch schlagartig, wenn wir beispielsweise die mittlere Jahrestemperatur nur sehr geringfügig ändern. Genau das gleiche haben wir etwa zu erwarten, wenn wir durch künstliche Eingriffe die Umwelt verändern. Leiten wir etwa Abwässer in Flüsse, so könnte man zunächst naiv erwarten, daß eine Erhöhung der Verunreinigungen um 10 Prozent bedeute, daß dann der Fischbestand um 10 Prozent abnimmt. Tatsächlich kann es aber an den kritischen Punkten vorkommen, daß auch nur eine geringfügige Erhöhung des Gehalts an Verunreinigungen zu einem vollständigen Absterben der Fischpopulationen führt oder, mit anderen Worten, daß eben das Wasser kippt. Hier wird ein Grundprinzip der Synergetik, das uns immer wieder begegnet, besonders deutlich: daß an bestimmten Instabilitätspunkten selbst kleine Änderungen der Umwelt dramatische Änderungen des eigentlichen Systems zur Folge haben können.

Welche brisante Aktualität meine in der ersten Auflage dieses Buches gemachten Bemerkungen haben, ist in den letzten Jahren deutlich geworden. Hierzu brauche ich nur die Schlagworte Ozonloch und Klimakatastrophe zu nennen. Im ersteren Fall führen relativ geringe Mengen bestimmter Gase (FCKW) zum Auswachsen des Ozonlochs, das bereits jetzt auf der Südhalbkugel, etwa in Australien, zu einer bedrohlichen Strahlungszunahme geführt hat. Bei der Klimakatastrophe handelt es sich vor allem um die Erwärmung der Erde, insbesondere durch den CO_2-Ausstoß. Hierbei ist aber nach meiner Ansicht die Frage offen, inwieweit das Klima durch vom Menschen erzeugte Effekte («anthropogene Effekte») bereits an einem kritischen Punkt – ganz im Sinne der Synergetik – angelangt ist oder ob die Biosphäre nicht noch Kontrollmechanismen zur Stabilisierung des Klimas bereithält. Immerhin ist es der Erde gelungen, über hunderte von Millionen Jahren die Lebensbedingungen in einem sehr engen Rahmen aufrechtzuerhalten. Dies soll nicht heißen, daß wir leichtfertig mit Abgasen etc. umgehen dürfen, aber wir müssen uns auch vor voreiligen, panikartigen Schlüssen hüten.

Gehen wir nochmals abschließend zur Natur selbst zurück. Auch in der Natur ändern sich die Umweltbedingungen, zum Beispiel durch Wechsel des Klimas. Es sollte aus dem vorher Gesagten nunmehr deutlich hervorgehen, daß selbst ein geringer Klimawechsel in der Lage sein müßte, grundsätzlich neue Selektionsvorgänge zu bewerkstelligen, so daß damit die Entwicklung «vorangetrieben» wird.

«Vorantreiben der Entwicklung» heißt dabei aber nicht, daß die sich neu entwickelnden Arten in einem objektiven Sinne besser sein müßten als diejenigen, die sie verdrängen. Die neuen Arten sind lediglich den neuen Lebensbedingungen besser angepaßt. Dabei kann es auch zu Veränderungen kommen, die man als Rückentwicklung auffassen könnte. Komplizierte Lebewesen können durch einfacher aufgebaute ersetzt werden. Dies kann schon auf der Ebene der Biomoleküle geschehen, die unter neuen Umweltbedingungen einen Teil der Erbanlagen abwerfen, weil sie auch ohne diese auskommen und sich sogar schneller vermehren können. Derartige Experimente wurden von Sol Spiegelmann durchgeführt, wobei es sich bei den Biomolekülen um die RNS (Ribonukleinsäure) bestimmter Phagen handelt.

Obwohl es sich in der belebten Natur um ganz andere Dinge handelt als bei den Vorgängen der chemischen Reaktion, im Laser oder in einer Flüssigkeit, so treten doch schließlich wieder die gleichen Grundprinzipien zutage. Als Ordner fungieren jetzt die jeweiligen Spezies. Die Ordner können miteinander in Konkurrenz treten, kooperieren oder koexistieren.

Kleine Änderungen von Umweltbedingungen können völlig neuartige Ordner oder Systeme von Ordnern zum Tragen kommen lassen. Notwendig ist allerdings jeweils, daß ein neuartiger Ordner, in unserem jetzigen Fall eine neuartige Spezies, erst einmal entsteht. Beim Laser war dies die spontane Entstehung einer Lichtwelle, bei den Flüssigkeitsbewegungen eine kleine thermische Schwankung, bei den chemischen Reaktionen eine Initialreaktion oder die spontane Entstehung eines neuartigen Moleküls. An dieser Stelle tritt wieder das Zusammenspiel zwischen Zufall und Notwendigkeit deutlich hervor. Durch Änderungen der Umwelt werden Bedingungen geschaffen, in denen sich neuartige Ordnungszustände, beschrieben durch den zugehörigen Ordner, durchsetzen können. Aber zunächst muß durch einen Zufall, in der Biologie durch eine Mutation, eine neue Art geschaffen werden. Oder aber eine Spezies, die nur in geringer Zahl vorhanden war (zum Beispiel in einer ökologischen Nische), kann sich jetzt schlagartig vermehren und beherrschend werden.

Wie auch in allen bisherigen Fällen besteht eine eigentümliche Beziehung zwischen Ordner und Individuum, was das folgende Beispiel verdeutlicht. In einer Reihe von Fällen läßt sich dem Ordner eine einfache mathematische Größe zuordnen, nämlich die Zahl der Individuen einer Art. Die zeitliche Änderung dieser Zahl läßt sich zum Beispiel aus Messungen entnehmen oder in manchen Fällen auch vorausberechnen. Hinter solchen Zahlenangaben verbergen sich unzählige Einzelschicksale, die vom Ordner, der Bevölkerungszahl, nur pauschal, aber doch mit unerbittlicher Härte bestimmt sind. Stehen in einem unterentwikkelten Land für eine bestimmte Zeit weniger Lebensmittel zur Verfügung, als für die Existenz der einzelnen Menschen nötig ist, so muß deren Zahl, der Ordner, abnehmen – wen das grausame Schicksal ereilt, bleibt dabei offen. Ähnlich ist es im Wirtschaftsleben, beispielsweise bei Entlassungen, oder beim Staat. Im allgemeinen lassen sich nur Aussagen über die Ordner, aber nicht über das indirekte Schicksal machen, eine Tatsache, auf die wir später noch mehrfach zurückkommen werden.

9

Wie entstehen biologische Organismen?

Vererbung durch Moleküle

Im vorigen Abschnitt haben wir uns mit der belebten Natur im Großen befaßt, mit der Dynamik des Zusammenwirkens der verschiedenartigsten Lebewesen. Wenden wir uns aber nun den Lebewesen selbst zu. Während die verschiedenen Lebewesen uns durch ihre Formenvielfalt überraschen, zeichnen sich die Lebewesen einer Art durch die Konstanz der Form aus, mit der sie immer wieder reproduziert werden. Die Entstehung von Formen muß also streng geregelt vor sich gehen. Wie können aber Formen überhaupt entstehen, und wie kann deren Bildung

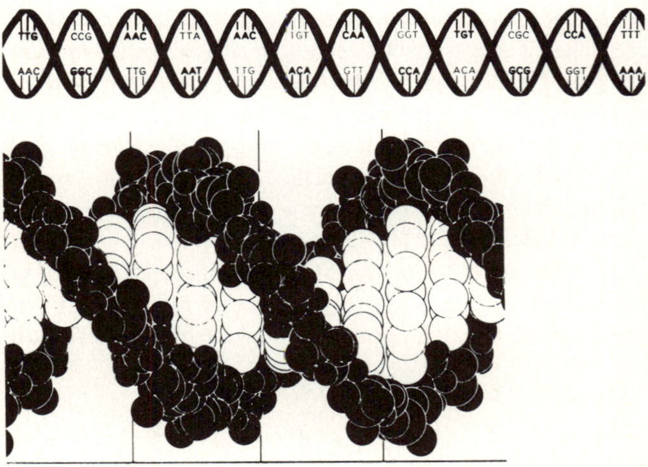

Abb. 9.1: Die in einer Doppelhelix angeordneten Molekülstränge der DNS. Oben: Längsschnitt; unten: perspektivische Darstellung.

geregelt werden? Die einfachste Antwort wäre der Hinweis auf die Vererbung. Wir wissen ja heute, daß körperliche und zweifellos auch geistige Eigenschaften vererbt werden, wobei ein stofflicher Träger vorhanden ist, nämlich eine chemische, jeder Art eigentümliche Substanz. Dieser haben die Chemiker den komplizierten Namen Desoxyribonukleinsäure, oder abgekürzt DNS, gegeben. Es handelt sich hierbei um zwei wendelförmige, ineinander verschlungene Molekülstränge, die man deshalb auch als Doppelhelix bezeichnet (Abb. 9.1). Auf einem Molekülstrang sind wie auf einer Perlenschnur, die vier verschiedene Perlenarten enthält, im allgemeinen vier verschiedene Moleküle scheinbar wahllos hintereinander aufgereiht (Abb. 9.2). Diese vier Molekülsorten tragen für die meisten von uns unverständliche Namen, die wir durch deren Anfangsbuchstaben wiedergeben wollen: A (Adenin), C (Cytosin), G (Guanin), T (Thymin). Die Namen selbst können wir sogleich wieder vergessen. Ordneten wir den einzelnen Molekülen Farben zu, so käme eine recht gescheckte Perlenkette heraus.

Abb. 9.2: Längs eines Molekülstrangs sind verschiedenartige Moleküle wie Perlen auf einer Schnur angeordnet.

Die DNS wird in der Zelle umkopiert, ähnlich wie aus einem Negativbild in der Photographie ein Positivbild wird. Dabei entsteht auf chemischem Wege die Ribonukleinsäure RNS. Jedes der Einzelmoleküle A, C, G, T wird in ein neues Einzelmolekül umkopiert.

DNS	RNS
A	U (Uracil)
C	G
G	C
T	A

Wie sich herausgestellt hat, gehören je drei solcher Einzelmoleküle (Perlen) zusammen, etwa

GAU, CCU, GCU, UUU.

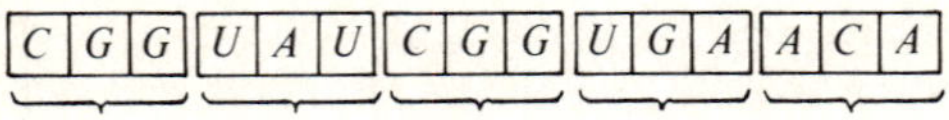

Abb. 9.3: Beispiele für Codons, die jeweils drei Moleküle enthalten

Sie stellen dann ein Schlüsselwort, einen Code, dar für den Einbau einer ganz bestimmten «Aminosäure» (Abb. 9.3).
Die in einer bestimmten RNS auftretende Folge GAU-CCU-GCU-UUU ist also der schriftliche Befehl an die Zelle: Baue einen Eiweißkörper, ein Protein, und setze an die erste Stelle Asparaginsäure, an die zweite Stelle Alanin etc. Damit leitet also RNS den Stoffaufbau der Zelle, wobei wir auf viele wichtige Einzelheiten hier nicht eingehen können, es würde uns zu weit vom eigentlichen Thema abbringen. Jede Dreiergruppe aus A, C, G, U ist also eine Informationseinheit, ein Codewort oder, wie man auch sagt, ein Codon. Die DNS beziehungsweise RNS enthält, je nach Lebewesen, einige Dutzend bis zu vielen Millionen solcher Codons. Sie können so eine Buchseite, aber auch ein ganzes Buch (wie bei der menschlichen DNS) füllen (Abb. 9.4). Es drängt sich die Idee auf, daß die DNS die Anleitung, gewissermaßen den Bauplan, von Organismus zu Organismus weitertransportiert. Oder, in einem anderen Bild, sie ist wie ein Tonband, das eine Melodie weiterträgt.
Beschäftigt man sich näher mit dieser Vorstellung von der Vererbung, dann treten aber noch gewisse Schwierigkeiten auf. Wenn man einen Bauplan in die Tat umsetzen will, so braucht man ja genaue Instruktionen, die in dem Plan verzeichnet sein sollten. Zum Beispiel muß darin verzeichnet sein, wo nun jeweils eine Zelle des sich entwickelnden Organismus sitzen und welche Eigenschaften diese Zelle haben muß. Zählt man aber nun ab, wie viele Instruktionen oder, um in der Fachsprache zu reden, welches Maß an Information nötig ist, um den Organismus aufzubauen, so gelangt man sehr schnell zu einer Zahl, die viel größer ist, als in der DNS überhaupt gespeichert sein könnte. Oder, um wieder den Vergleich der DNS mit einem Buch heranzuziehen, man würde zum Beispiel für den Menschen eine riesige Bibliothek brauchen. Die Natur muß also Methoden entwickelt haben, um mit weit weniger Informationen auszukommen und trotzdem ihren Plan durchführen zu können. Es muß Naturgesetze geben, wonach sich aus einer gegebenen DNS ein Organismus entwickelt.
Die DNS ist, um unseren obigen Vergleich aufzugreifen, wie ein Ton-

Abb. 9.4: Beispiel der DNS-Folge eines Virus

band, auf dem magnetische Signale gespeichert sind. Was wir aber noch kennen müssen, ist das Analogon zum Tonbandgerät, das die Signale schließlich in eine Melodie verwandelt. Mit einem entscheidenden Unterschied: Alles deutet darauf hin, daß die Natur die Signale der DNS in einer unglaublich raffinierten Weise umsetzt, gewissermaßen nur das Thema des Musikstücks vorschreibt, die einzelne Ausgestaltung aber dem Gerät, das heißt dem wachsenden Organismus überläßt. Damit wird aber der Satz, die DNS enthalte eine ganz bestimmte Information, fragwürdig. Es kommt auf die Umwelt an, in der die DNS (oder RNS) ihr Thema «abspielen» läßt. Legen wir, um einen Extremfall zu nennen, die DNS oder RNS in einen Sandhaufen, so tut sich gar nichts. Dagegen können schon bestimmte Bruchstücke dieser Substanzen gewisse Bakterien dazu «versklaven», Insulin herzustellen.

Modellbeispiele biologischer Gestaltbildungen

Bevor wir diese Fragen weiterverfolgen, wollen wir uns aber zunächst wieder Experimenten zuwenden, die uns Aufschluß über die Mechanismen bei der Ausbildung von Formen oder auch Organen geben könnten. Hierzu bedient man sich in der Biologie, wie auch in allen anderen Wissenschaften, bestimmter Modellsysteme, die in ihren Eigenschaften relativ einfach zu studieren sind. Zwei besonders bekanntgewordene Beispiele sind der Schleimpilz und die Hydra.
Der Schleimpilz existiert normalerweise in Form einzelner amöbenartiger Zellen, die auf einem Untergrund leben. Wird die Nahrung für die einzelnen Zellen knapp, so versammeln sich diese plötzlich, wie auf ein geheimes Kommando hin, an einem bestimmten Punkt, häufen sich dort immer mehr an und differenzieren sich dann in Stamm und Sporenträger (Abb. 9.5). Übrigens kann sich der Schleimpilz dann als Ganzes fortbewegen, indem er sich wie eine Schlange auf dem Boden krümmt (Abb. 9.6). Bereits die erste Phase, nämlich die Sammlungsphase, ist hochinteressant. Woher wissen die einzelnen Zellen, daß und wo sie sich zu versammeln haben? Wie die Biologen herausgefunden haben, können die Zellen eine Substanz, das sogenannte zyklische Adenosinmonophosphat (cAMP), erzeugen und abgeben. Wird nun eine zweite Zelle von cAMP getroffen, so kann auch sie verstärkt cAMP

Abb. 9.5: Schematische Darstellung der Entwicklung des Schleimpilzes von einzelnen Amöben zum ausgebildeten Pilz

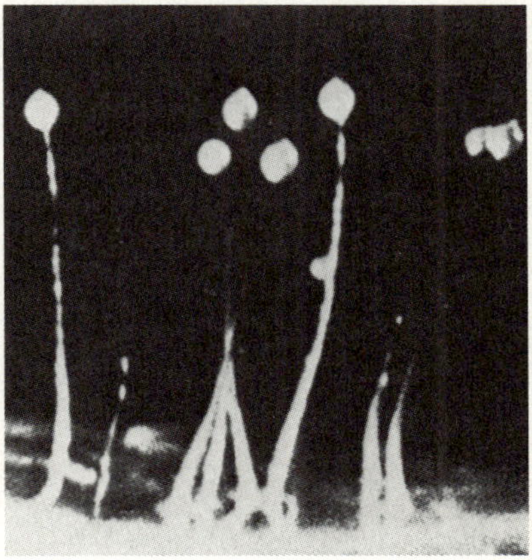

Abb. 9.6: Schleimpilze

aussenden. Durch das Zusammenwirken dieses Verstärkungseffekts einerseits und der Diffusion andererseits entstehen nun Muster chemischer Wellen oder chemischer Spiralen (Abb. 9.7). Die einzelnen Zellen können das Dichtegefälle der jeweiligen cAMP-Wellen messen und laufen nun entgegen der Richtung des Dichtegefälles. Dabei benutzen die einzelnen Zellen kleine Ausstülpungen, mit denen sie herumpaddeln.

Wir sehen an diesem Beispiel ganz deutlich, daß Musterbildungen wie Spiralen oder konzentrische Kreise in der unbelebten Natur bei chemischen Reaktionen und in der belebten Natur (hier bei der Schleimpilzbildung) völlig analog ablaufen können. Die tiefere Ursache hierfür liegt darin, daß bei Musterbildungen immer wieder die gleichen Ge-

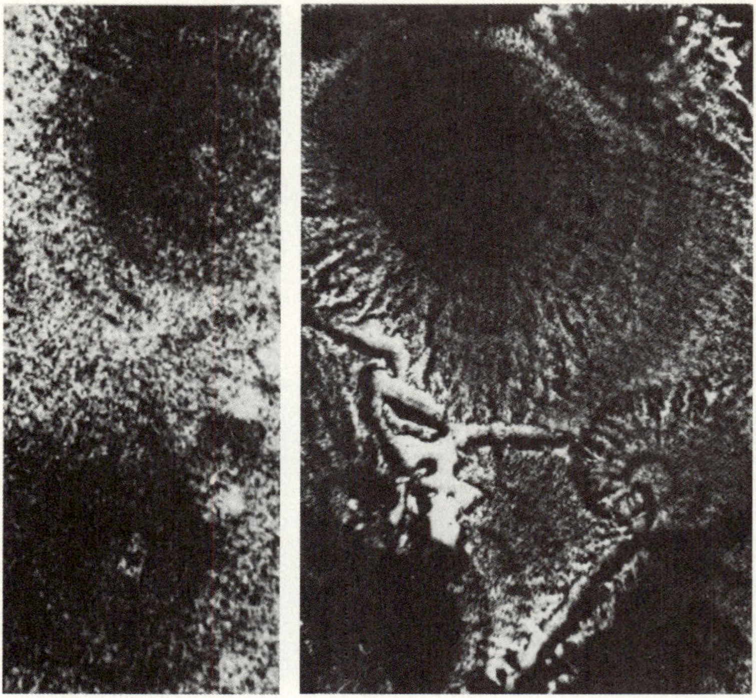

Abb. 9.7: Die spiralförmigen Wellen von cAMP

setzmäßigkeiten für die Ordner, die die makroskopische Ordnung beschreiben, zugrunde liegen.

Nachdem die einzelnen, einander völlig gleichen Zellen sich versammelt haben, setzt ein neuer Vorgang ein, den man gut beobachten kann, dessen einzelne Ursachen jedoch noch nicht völlig aufgeklärt sind. Die Zellen haften zusammen, wobei sich auf einer Seite der Ansammlung die Zellen zum Stamm umbilden, die anderen Zellen zum Sporenträger, die Zellen differenzieren sich also. Wie es scheint, spielt das cAMP auch bei diesem Differenzierungsprozeß eine entscheidende Rolle, doch sind die Forschungen hier noch nicht abgeschlossen. Immerhin erkennen wir an diesem Beispiel ganz deutlich, daß die einzelnen Zellen sich mit Hilfe einer chemischen Substanz verständigen. Diese Einsicht wird uns sogleich weiterhelfen, wenn wir uns mit der Musterbildung selbst befassen.

Ein besonders bekanntes Beispiel ist die Hydra. Es handelt sich um einen einige Millimeter großen Süßwasserpolypen, der insgesamt aus einigen hunderttausend Zellen besteht, wobei etwa ein Dutzend verschiedene Zelltypen auftreten. Die Hydra hat einen Kopf und einen Fuß. Die Frage, die wir hier studieren wollen, ist, woher ein vorher undifferenzierter Zellverband weiß, wo er Kopf beziehungsweise Fuß bilden soll. Im Sinne der anfänglich besprochenen Idee eines bereits vorhandenen Bauplans könnte man annehmen, daß jede Zelle bereits zu Anfang instruiert worden ist, was aus ihr einmal später werden soll, zum Beispiel Kopf oder Fuß.

Nun kann man aber mit der Hydra folgendes Experiment machen (Abb. 9.8). Man kann sie in der Mitte durchschneiden, worauf sich zwei neue Tierchen bilden, und zwar wird bei dem einen Tierchen, das bereits einen Kopf besitzt, ein Fuß regenerieren und entsprechend bei dem anderen Tierchen ein Kopf. Dies bedeutet aber, daß sich genau die gleichen Zellen zu zwei ganz verschiedenen Organen entwickeln können. Sie müssen also irgendwie ihre Instruktionen aus dem Zellverband beziehen und dabei erfahren, wo sie sich befinden, nämlich an dem Ende, das Kopf werden, oder am anderen Ende, das

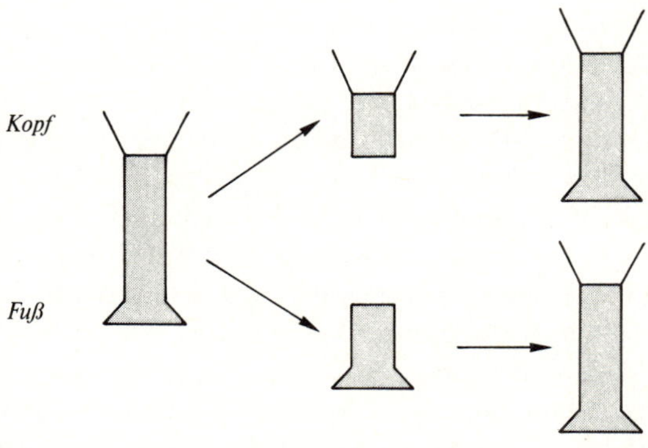

Abb. 9.8: Schematische Darstellung der Regeneration von Hydra. Links: Ein intaktes Tierchen mit Kopf und Fuß. Mitte: Die beiden Teile nach Durchtrennung der Hydra. Rechts: Regeneration des Fußes (oben) beziehungsweise des Kopfes (unten).

Fuß werden soll. Mit anderen Worten, die Zellen müssen eine Information über ihre Lage im Zellverband erhalten können. Über die Mechanismen, die hier herrschen, geben weiter Experimente Auskunft.

Verpflanzt man einen Teil eines Kopfes einer Hydra in den Mittelteil einer anderen Hydra, so geht die Bildung des neuen Kopfes zurück, wenn der neu eingepflanzte Kopf nahe am alten Kopf ist. Ist er hingegen genügend weit weg, so bildet sich der neu eingepflanzte Kopfteil zu einem ganz neuen Kopf aus. Offensichtlich müssen die Zellen in der Lage sein, sich auf längere Entfernungen zu verständigen, und zwar in dem Sinne, daß ein vorhandener Kopf dafür sorgt, daß in seiner engeren Umgebung kein zweiter Kopf entsteht.

Makroskopische Muster auf molekularer Grundlage

Das Beispiel des Schleimpilzes hat uns aber gezeigt, wie eine Verständigung zwischen Zellen auf größere Entfernungen hin erfolgen kann, nämlich durch diffundierende chemische Substanzen. In der Tat wurden schon frühzeitig von Mathematikern (Alan M. Turing) Modelle zur Erklärung der Zelldifferenzierung vorgeschlagen. Betrachten wir hierzu zwei Zellen, die zunächst voneinander getrennt sind und in denen die gleichen chemischen Prozesse ablaufen (Abb. 9.9). Dabei wird eine Molekülsorte A erzeugt und auch wieder teilweise abgebaut, so daß schließlich eine Gleichgewichtskonzentration entsteht. Natürlich ist diese Konzentration in beiden Zellen gleich groß. Nun lassen wir zu, daß die Substanzen in beiden Richtungen von einer Zelle in die andere gelangen können (Abb. 9.10). Durch diesen Stoffaustausch kann der Zustand gleicher Konzentration in beiden Zellen instabil werden. Dies läßt sich am besten wieder am Modell einer Kugel in einem Gebirge, das heißt anhand einer synergetischen Kurve veranschaulichen. Rollt die Kugel nach links, so bedeutet das, es erhöht sich die Konzentration der Moleküle A in der linken Zelle, im entgegengesetzten Fall in der rechten Zelle. Eine kleine anfängliche Schwankung bei der Herstellung der Molekülsorte A entscheidet, welche der beiden Zellen nun eine höhere Konzentration erhält. Während in den getrennten Zellen die Konzentration gleich hoch war, die Moleküle A also in *symmetrischer* Weise auf die beiden Zellen verteilt waren, ist bei den gekoppelten Zel-

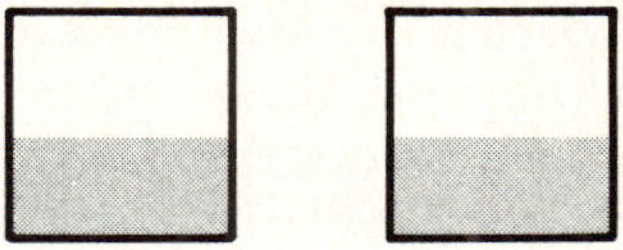

Abb. 9.9: In getrennten, aber gleichartigen Zellen bildet sich die gleiche Konzentration einer chemischen Substanz aus.

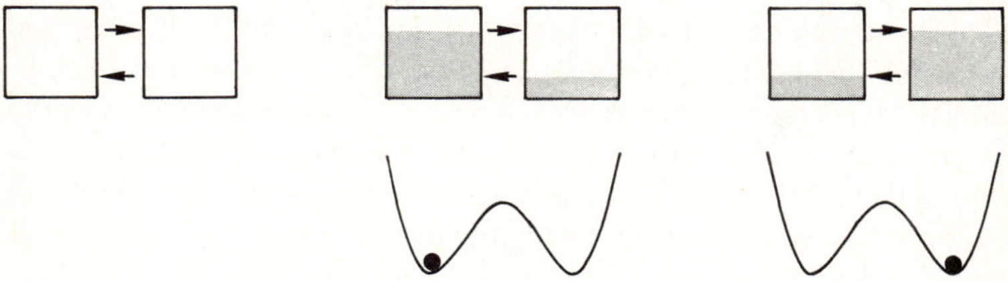

Abb. 9.10: Die Zellen von Abbildung 9.9 werden nun zusammengebracht, wodurch ein Stoffaustausch zwischen Zellen ermöglicht wird. Dieser Stoffaustausch führt gemeinsam mit den Prozessen in den einzelnen Zellen zu einer ungleichmäßigen Verteilung der Stoffkonzentrationen. Die hier vorliegende Symmetriebrechung ist nochmals durch die beiden Lagen einer Kugel in der Doppelschale symbolisiert.

len diese Verteilung unsymmetrisch, das heißt, die Symmetrie ist gebrochen. Diese Art von *räumlicher* Symmetriebrechung ist es, die bei den modernen Theorien der Gestaltbildung so wichtig geworden ist. Eine Reihe von Forschern hat die grundlegende Idee von Turing weiterentwickelt, indem sie speziell Modelle für chemische Vorgänge in sehr vielen Zellen entwarfen. Genauer gesagt, sie untersuchten Vorgänge in einem Kontinuum.

Alfred Gierer und Hans Meinhardt haben ein detailliertes mathematisches Modell entworfen, das zum Beispiel die Fuß- und Kopfbildung bei Hydra erklären kann. Dabei geht es insbesondere um die Frage, wie in einem zunächst undifferenzierten gestreckten Zellverband am einen Ende ein Kopf, am anderen ein Fuß entstehen kann. Dazu denken wir uns also einen zunächst undifferenzierten Zellverband, in dem zwei verschiedenartige Stoffe produziert werden. Der eine Stoff regt die Kopfbildung an; wir wollen ihn deshalb Anregungsstoff nennen. Wir haben aber vorhin gesehen, daß die Kopfbildung auch verhindert werden kann, so daß wir einen zweiten Stoff postulieren wollen, der Kopfbildung verhindert oder hemmt und den wir als «Hemmstoff» bezeichnen wollen.

Wir stellen uns nun vor, daß anfänglich die Zellen des Zellverbandes gleichmäßig Anregungsstoffe und eventuell auch Hemmstoffe produzieren, daß diese Substanzen im Zellverband diffundieren können und daß diese Stoffe auch miteinander reagieren. Wir kommen dann wieder, wie schon früher bei unserem Kapitel über chemische Prozesse, dazu, die kombinierte Wirkung von Reaktions- und Diffusionsvorgängen zu untersuchen. Es nimmt uns nun nicht mehr wunder, daß wir auch im vorliegenden Fall bei bestimmten kritischen Produktionsraten, etwa des Anregungsstoffes, ein chemisches Muster vorfinden. Das heißt, es entsteht nunmehr zum Beispiel ein Konzentrationsgefälle, das wohl das einfachste denkbare Muster sein kann (Abb. 9.11). Nach heutigen Vorstellungen soll eine hohe Konzentration des Anregungsstoffes in der Lage sein, die Gene der einzelnen dort befindlichen Zellen einzuschalten, die dann die Differenzierung der Zellen zum Kopf bewirken. Diese hier ablaufenden Vorgänge passen genau in das allgemeine Schema der Synergetik hinein. Das sich schließlich ausbildende chemische Muster ist der Ordner, der einerseits durch das Zusammenwirken der chemischen Substanzen geschaffen wird, der aber umgekehrt wieder steuert, wie die einzelnen chemischen Prozesse ablaufen müssen, so daß dieses spezielle Muster entsteht.

Der Ordner läßt sich, wie bei allen früheren Beispielen, in zweierlei Weise wiedergeben: zum einen durch das unserer Anschauung sofort zugängliche räumliche (oder zeitliche) Muster, zum anderen durch exakte Rechnung. Sobald wir nämlich die grundlegenden Vorgänge in Form der schon früher erwähnten Reaktions-Diffusionsgleichungen

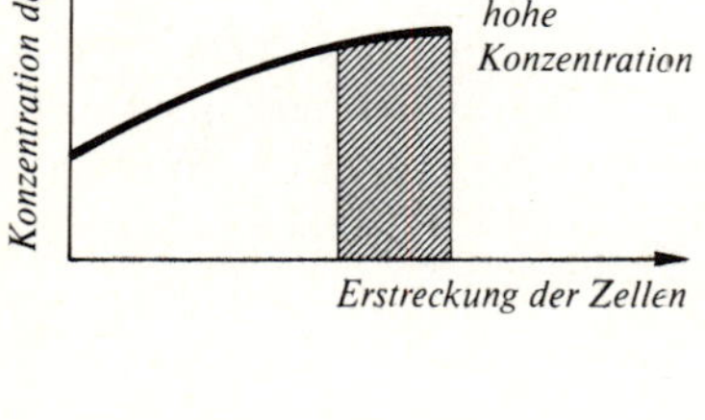

Abb. 9.11: Beispiel für die Verteilung der Konzentration von Biomolekülen. Links: geringe Konzentration; rechts: hohe Konzentration.

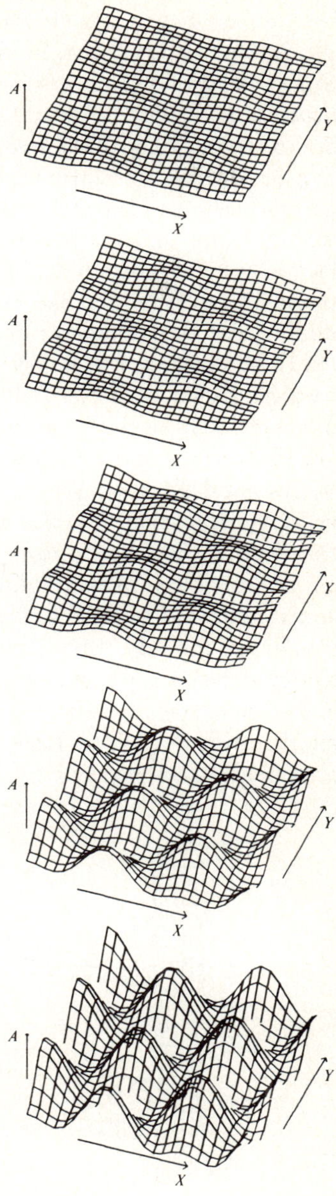

Abb. 9.12 a–e: In diesen Bildern ist die Konzentration eines Anregungsstoffes über einen zweidimensionalen Zellverband aufgetragen. Mit Hilfe eines mathematischen Modells wird untersucht, wie die Konzentration des Anregungsstoffes im Laufe der Zeit ansteigt und hierbei ein Muster bildet.

beschreiben, liefern uns die Methoden der Synergetik die sich ausbildende Konzentrationsverteilung. Wie die Synergetik weiter zeigt, können auch ganz verschiedene Reaktionsabläufe zum gleichen räumlichen Muster führen (Abb. 9.12).

Während einige Zeit die hier postulierten Anregungs- und Hemmstoffe rein hypothetisch erschienen, konnten sie inzwischen experimentell nachgewiesen werden, und zwar je ein Anregungs- und ein Hemmstoff für den Kopf und für den Fuß der Hydra. Diese Anregungs- und Hemmstoffe scheinen in der Natur weit verbreitet zu sein. So wurden sie auch in der See-Anemone nachgewiesen, ja, sie spielen sogar bei der Bildung des Nervensystems der Säugetiere eine entscheidende Rolle. Hier war schon vor einiger Zeit ein Nervenwachstumsfaktor gefunden worden. Dieser wird von Zellen ausgesondert und diffundiert dann durch das Zellgewebe. Es gelingt diesem Stoff, Nerven, die von einem anderen Zellverband ausgehen, gewissermaßen anzulocken und deren Wachstum dann so zu steuern, daß sie zum Beispiel zu einem außenliegenden Bereich des Körpers wachsen.

Das Grundprinzip des Anregungs- und des Hemmstoffes einerseits und die Regelung von Musterbildung mit Hilfe makroskopischer Ordner andererseits läßt wenigstens im Prinzip viele Phänomene verständlich werden, so etwa die Streifenbildung bei Zebras, die Ausbildung von Knospungen an Stengeln (Abb. 9.13) und viele andere. Zweifellos stehen wir aber erst am Anfang einer noch langen Entwicklung, wenn wir nur daran denken, was es heißt, die Ausbildung komplizierter Organe, etwa des Herzens oder des Auges, zu verstehen.

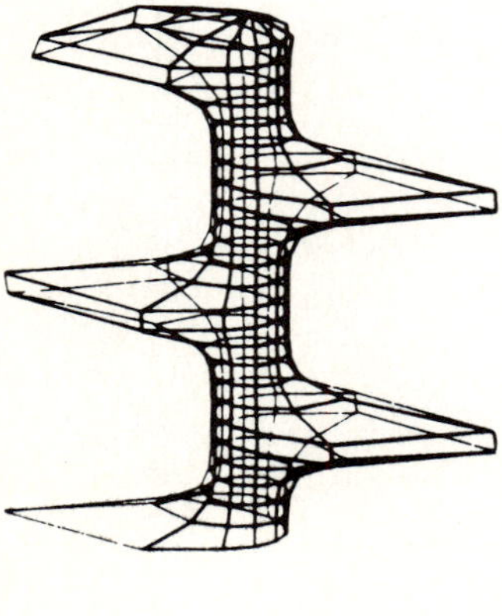

Abb. 9.13: Beispiel für ein mathematisches Modell der Ausknospungen bei einem Stengel

Unsere obigen Beispiele zeigen deutlich, daß die Natur viel raffinierter vorgeht, als man es sich anfänglich mit dem in der DNS verankerten Bauplan vorstellte. Sie läßt die einzelnen Teile eines wachsenden Organismus sich untereinander verständigen und sich untereinander abstimmen. Dieser Trick wird vermutlich auch bei der Bildung zumindest von Teilen des Gehirns angewendet, womit wir uns in Kapitel 16 befassen wollen. Auch hier entstehen die Teile keineswegs nach einem festgelegten Bauplan, so wie wir uns ein elektronisches Gerät zusammenbauen würden. Auch bei der Entstehung der Nervenbahnen zwischen den Sinnesorganen und dem Gehirn sind Selbstorganisationsprozesse beteiligt. Hinweise darauf geben Experimente, bei denen man die Nervenleitung zwischen Auge und Gehirn des Frosches getrennt und wieder neu hat zusammenwachsen lassen, zum Beispiel so, daß ein Teil des Gehirns nun die Umwelt auf dem Kopf stehend sehen mußte. Nach kurzer Zeit ist der Frosch aber wieder in der Lage, richtig zu sehen, wie man seinem Verhalten entnehmen kann, beispielsweise der Art, wie er nach Fliegen schnappt. Die Verbindungen müssen sich in ihrer Funktionsweise so geändert haben, daß nun wieder ein einheitliches «richtiges» Übertragungsschema zustande kommt. Die damit verbundene fundamentale Frage ist, wie die Sehzellen des Auges bereits während des Wachstums mit den jeweiligen Nervenzellen des Gehirns verbunden werden. Eine genauere Diskussion der Experimente, die ich eben erwähnte, ergibt, daß die Verbindungen vom Auge zum Gehirn sich selbst organisieren. Wie Modellrechnungen von Christoph von der Malsburg zeigen, geschieht das auch hier wieder nach einem Konkurrenzprinzip, wobei jeweils kleine, bereits richtig abbildende Bereiche verstärkt und andere Nervenfasern, die eine falsche Abbildung vermitteln, unterdrückt werden. Richtig und falsch heißt hierbei, daß jeweils Umgebungen einer Zone im Auge auf eine entsprechende zusammenhängende Zone im Gehirn abgebildet werden. Kooperation und Koexistenz einerseits und Wettbewerb andererseits sind somit keineswegs Erscheinungen, die auf die makroskopische Tierwelt beschränkt sind. Auch der einzelne Organismus entwickelt sich immer wieder nach diesem Grundprinzip.

10

Biologische Bewegungsmuster

Wenn wir Biologen fragen, wie sie das Leben kennzeichnen, so erhalten wir wohl als Antwort: Wachstum, Stoffwechsel, Fortpflanzung, Mutation. Bei den meisten Lebewesen kommt aber noch ein Charakteristikum hinzu, nämlich die schier unglaubliche Koordination zwischen den Teilen eines Organismus, die bei Menschen und Tieren besonders ausgeprägt ist. Bei der Bewegung, Atmung, Herztätigkeit, dem Blutkreislauf müssen Millionen, wenn nicht Milliarden, verschiedenartiger Zellen in einer höchst sinnvollen und hochkoordinierten Weise zusammenarbeiten. Das gleiche gilt erst recht für alle Arten von Wahrnehmung und insbesondere beim Menschen für Denken und Sprechen. Ganz offensichtlich ist hier die Synergetik auf den Plan gerufen.
Und in der Tat konnten auf diesem Gebiet im letzten Jahrzehnt entscheidende Fortschritte erzielt werden. Dabei hat sich die allgemeine Strategie der Synergetik bewährt, die Systeme in Situationen zu untersuchen, in denen sich deren qualitatives Verhalten ändert. Hierzu ist es natürlich zweckmäßig, mit relativ einfachen Fragestellungen zu beginnen. Als eine solche sah ich die verschiedenen Gangarten von Pferden an, etwa Gehen, Trab und Galopp, um nur einige zu nennen. Zwischen diesen Gangarten oder, wie wir auch sagen können, Bewegungsmustern gibt es ganz offensichtlich dramatische Übergänge, eben wenn das Pferd seine Gangart ändert. So warf ich die Frage auf, ob ein solcher Wechsel der Gangart nicht als ein Phasenübergang beschrieben werden könnte.
Die Behandlung der Bewegung von vier Gliedmaßen ist natürlich schon relativ schwierig. Deshalb erwies es sich als ein glücklicher Umstand, als mich 1984 der amerikanische Physiologe Scott Kelso besuchte und mir von seinem Fingerexperiment berichtete. Da dieses Experiment und seine theoretische Behandlung der Ausgangspunkt für eine ganze Forschungsrichtung werden sollte, will ich es ein wenig näher beschreiben. Es handelt sich um ein Experiment, das auch der Leser leicht ausführen kann. Kelso sagte einer Testperson: «Bewegen Sie Ihre Zeige-

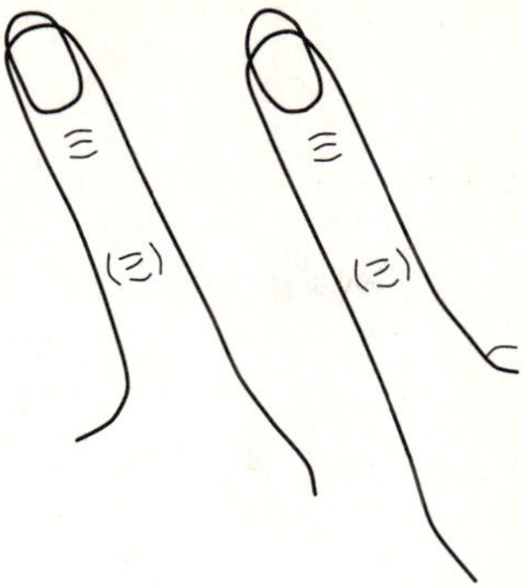

Abb. 10.1: Parallele Fingerbewegung

finger parallel im Takt» (vgl. Abb. 10.1), wobei die Taktfrequenz durch ein Metronom vorgegeben wurde. Lief das Metronom langsam, so konnten die Versuchspersonen die Aufgabe gut erfüllen und bewegten die Finger völlig parallel. Wurde aber nun die Geschwindigkeit des Metronoms erhöht, mußten also die Personen ihre Finger schneller bewegen, so trat bei einer bestimmten, für jede Testperson charakteristischen Fingergeschwindigkeit ein qualitativer Wechsel auf, und zwar ganz unwillkürlich. Anstelle der parallelen Fingerbewegung entstand eine symmetrische Fingerbewegung (Abb. 10.2, 10.3). Offensichtlich handelt es sich hier um eine qualitative makroskopische Änderung ganz im Sinne der Synergetik.
Was ist aber in diesem Beispiel der Kontrollparameter und was der Ordner? Ja, ist es überhaupt möglich, bei einem so hochkomplexen System «Mensch» mit diesen Konzepten zu arbeiten? Der Kontrollparameter ist schnell gefunden; er ist nichts anderes als die Frequenz der Fingerbewegung. Als Ordnungsparameter, der sich hier qualitativ ändert, bietet sich die relative Lage der Finger an. Um zu einer mathematisch korrekten Behandlung zu kommen, führten wir die sogenannte relative Phase ein, die in Abbildung 10.4 erläutert ist. Danach entspricht die parallele Fingerbewegung der Phase φ (Phi) = 180°, der symmetrischen Fingerbewegung die Phase $\varphi = 0°$. Übrigens müssen wir hier auf die zweierlei Bedeutungen des Wortes *Phase* hinweisen, da sonst leicht Mißverständnisse entstehen könnten. Einerseits kennzeichnen wir die relative Lage der Finger zueinander durch eine Phase φ, anderer-

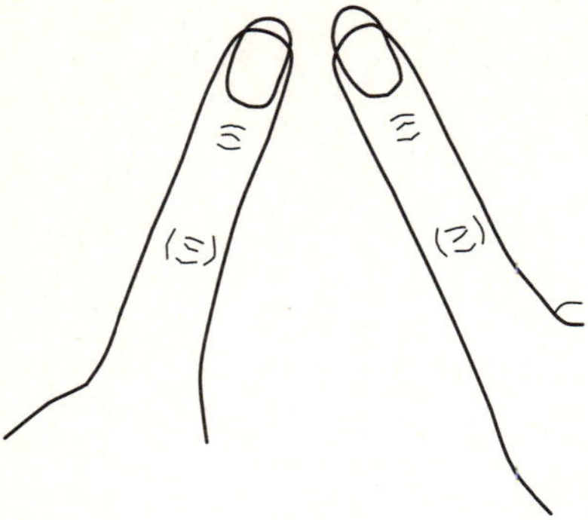

Abb. 10.2: Symmetrische (antiparallele) Fingerbewegung

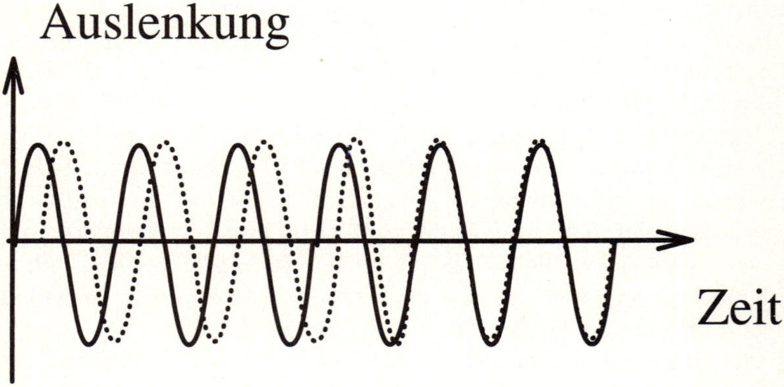

Abb. 10.3: Hier ist die Auslenkung des rechten (ausgezogene Linie) und die des linken Fingers (gestrichelte Linie) gegenüber der Zeit aufgetragen, wobei die Metronomgeschwindigkeit langsam erhöht wurde. Das Auseinanderfallen der beiden Kurven kennzeichnet die parallele, das Zusammenfallen der beiden Kurven die symmetrische Fingerbewegung.

seits sprechen wir von einem Phasenübergang, wenn sich der makroskopische Zustand eines Systems drastisch ändert, etwa beim Übergang von Eis (fest) zu Wasser (flüssig) oder beim Auftreten von Rollenbewegungen einer Flüssigkeit, wenn diese über einen kritischen Punkt hinaus erhitzt wird. Im folgenden werden wir das Wort Phasenüber-

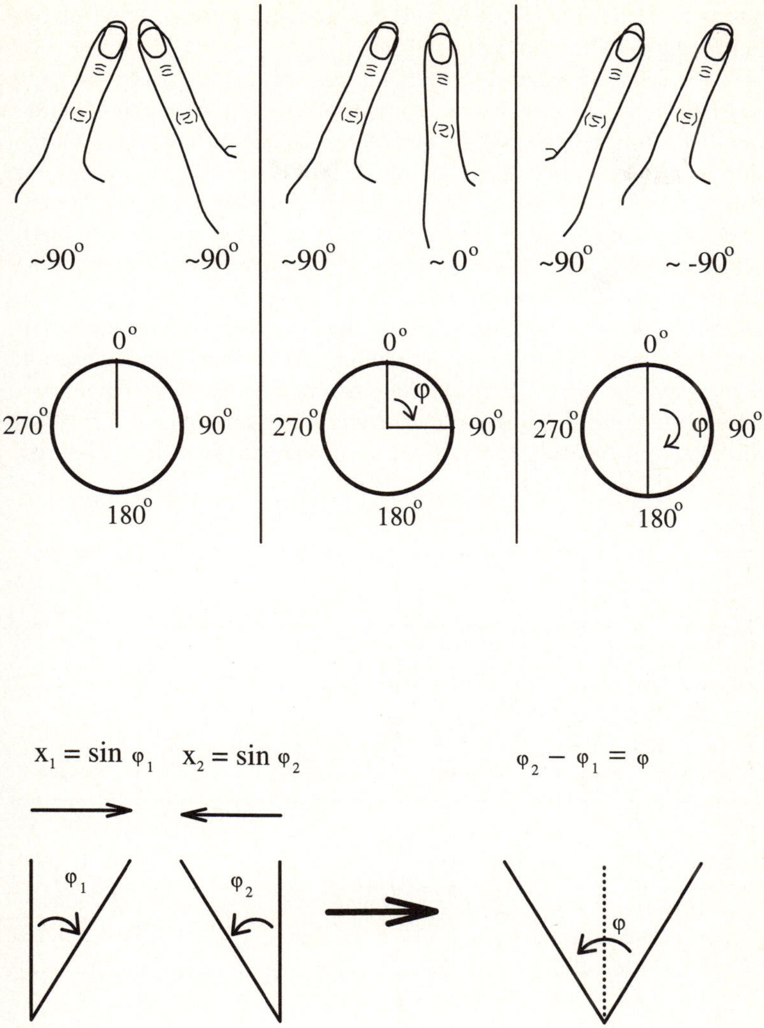

Abb. 10.4: Die Bewegung der Finger zueinander kann durch die sogenannte relative Phase wiedergegeben werden, wobei hier drei Beispiele gegeben sind. Oben links nach rechts: Relative Phase gleich 0, relative Phase gleich 90°, relative Phase gleich 180°. Unten: Zusammenhang zwischen Auslenkungen x_1, x_2 der Finger, den Phasen φ_1, φ_2 und der relativen Phase.

gang nur im letzteren Sinne verwenden und andererseits sonst von der Änderung der Phase sprechen.

Wie wir schon in Kapitel 4 sahen, können wir einen Phasenübergang mit Hilfe der Änderung einer Gebirgslandschaft anschaulich beschreiben (vgl. Abb. 4.15–4.18). Dabei können solche Gebirgslandschaften durchaus auch anders aussehen als die dort angegebenen. Wenn wir den Wechsel der Phase im Kelsoschen Fingerexperiment als Phasenübergang deuten wollen, müssen wir also zunächst eine Gebirgslandschaft erfinden, die sich entsprechend deformieren läßt. Hierzu schlug ich in einer gemeinsam mit Kelso und Herbert Bunz veröffentlichten Arbeit die in Abbildung 10.5 dargestellte Folge von Gebirgslandschaften vor. Oben links in dieser Abbildung gibt es zwei stabile Lagen in den entsprechenden Tälern. Die Angabe «Bewegen Sie Ihre Finger parallel» entspricht dabei der Gleichgewichtslage im höheren Tal. Wird die Fingergeschwindigkeit erhöht, so deformiert sich diese Gebirgs-

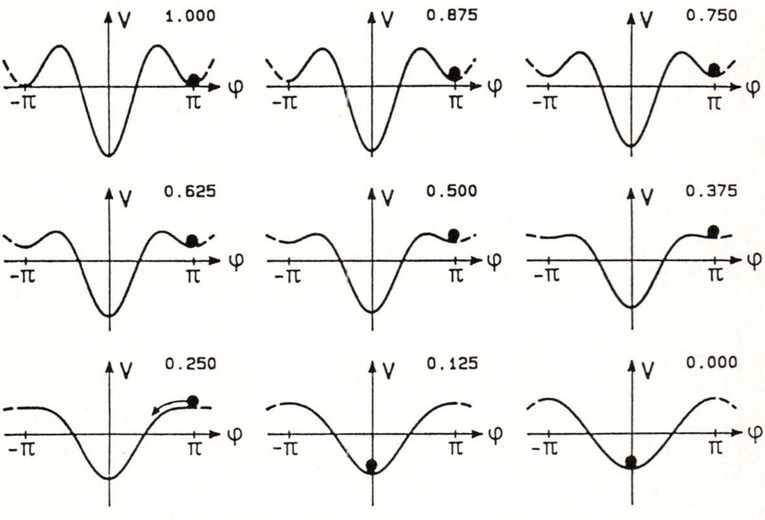

Abb. 10.5: Die Gebirgslandschaft für die relative Phase. Wird der Kontrollparameter Geschwindigkeit der Fingerbewegung (Frequenz) erhöht, so wird die Gebirgslandschaft deformiert, und das obere Tal verschwindet. Man beachte, daß wegen der Periodizität der Bewegung das linke und das rechte obere Tal zusammengehören.

landschaft: Das obere Tal verschwindet, und die Kugel fällt in das untere Tal hinunter, das heißt, die Phase nimmt nun den Wert Null an, was der antiparallelen, also symmetrischen Fingerbewegung entspricht.
Aus unserem Modell der Gebirgslandschaft ergibt sich eine Reihe interessanter Folgerungen. Da ist zunächst einmal das Phänomen der sogenannten Hysterese.
Beginnen wir wieder mit Abbildung 10.5 links oben und der Kugel im höheren Tal: Die Finger bewegen sich parallel. Erhöhen wir die Fingergeschwindigkeit, so fällt die Kugel schließlich zu dem Punkt mit der Phase $\varphi = 0$ hinunter: Die Finger bewegen sich symmetrisch. Fängt aber die Testperson mit einer erhöhten Fingergeschwindigkeit an, wobei sie die Finger in symmetrischer Weise bewegt, und wird nun die Fingergeschwindigkeit erniedrigt, so zeigt unsere Abbildung, daß dann die Kugel nicht mehr spontan in den höheren Zustand hinaufspringen wird, sie bleibt selbstverständlich im unteren Tal liegen. Mit anderen Worten, die Lage der Kugel hängt bei gleicher Fingergeschwindigkeit von der Vorgeschichte ab. Bei genau derselben Fingergeschwindigkeit kann sich die Kugel einmal im oberen Tal befinden, nämlich wenn wir mit geringer Fingergeschwindigkeit anfangen und diese erhöhen, im anderen Falle befindet sie sich im unteren Tal, wenn wir mit erhöhter Fingergeschwindigkeit beginnen und diese dann verringern. Dies ist das Phänomen der Hysterese. Für die Testperson bedeutet es: zwei ganz verschiedenartige Bewegungen bei gleichem Kontrollparameter «Fingergeschwindigkeit».
Wenn ein Tal verschwindet, lassen sich zwei weitere wichtige Phänomene wieder wie schon früher bei derartigen Gebirgslandschaften in Kapitel 5 voraussagen. Dann kann es zu kritischen Fluktuationen und dem kritischen Langsamerwerden kommen. Demzufolge erwarten wir in der Nähe des Umschlagpunktes «parallel» nach «symmetrisch» starke Schwankungen der relativen Phase. Genauer bedeutet dies: Wird dasselbe Experiment oft wiederholt, so tritt fern vom Umschlagpunkt immer wieder die gleiche Phase auf. In seiner Nähe jedoch ergibt das Experiment von Mal zu Mal ein anderes Resultat. Abbildung 10.6 zeigt die experimentellen Ergebnisse von Kelso, wo in der Tat die starken Schwankungen deutlich zu sehen sind. Um das kritische Langsamerwerden zu beobachten, störte Kelso die Fingerbewegungen immer wieder und wartete, wie lange es dauerte, bis die Testperson die ursprüngliche Fingerbewegung wieder aufnahm. Dabei variierte die zu-

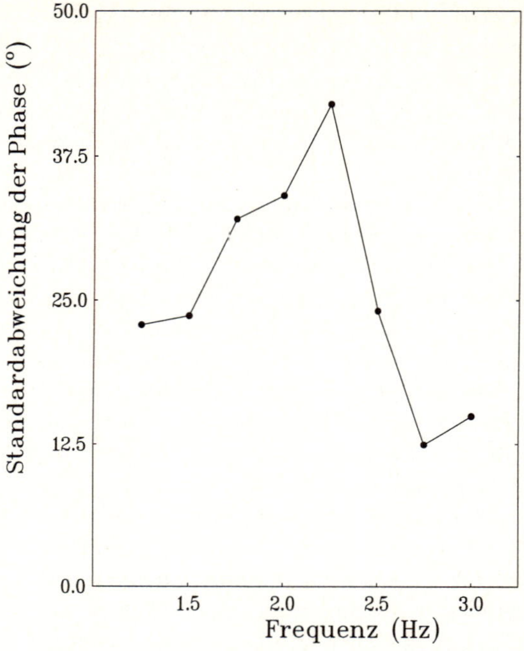

Abb. 10.6: Nach oben ist die Stärke der Schwankung der relativen Phase, nach rechts die Frequenz der Fingerbewegung aufgetragen.

grundeliegende Fingergeschwindigkeit von Mal zu Mal. Diese schon früher in der Synergetik von anderen Systemen, etwa Lasern, her bekannten Phänomene konnten also auch hier festgestellt und von einer Reihe von Forschern bestätigt werden.

Des weiteren wurden einige andere Bewegungsexperimente ausgeführt, wobei zum Beispiel die Korrelation zwischen der Bewegung um das Handgelenk und den Ellbogen geprüft wurde. Hochinteressant sind auch Experimente, bei denen die Korrelation zwischen zwei Personen untersucht wurde, die nebeneinander saßen und ihre Beine in antiparalleler Weise schwingen sollten. Bei erhöhter Geschwindigkeit der Beinbewegung schlug diese dann in eine parallele Bewegung um. Die

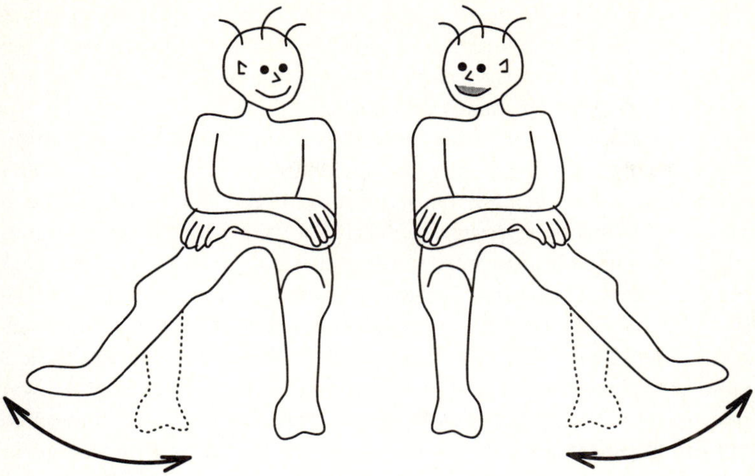

Abb. 10.7: Zum Phasenübergang bei Bewegungen kann es auch bei der Koordination zwischen Beinbewegungen verschiedener (!) Personen kommen.

quantitativen Messungen ergaben, daß der Umschlag genau den Gleichungen unserer Theorie folgte (Abb. 10.7).

Warum sind diese Experimente von allgemeinem biologischen Interesse? Es geht in ihnen um eine sehr wichtige Frage, nämlich wie die Bewegung der Glieder gesteuert wird. Gibt es im Gehirn – wie bei einem Computer – ein sogenanntes Motorprogramm, das in solchen Momenten einfach von einer Art der Steuerung in eine andere Art umschlägt, oder handelt es sich hierbei – der Leser wird es schon ahnen – um Phänomene der Selbstorganisation? Alle drei gefundenen Effekte, nämlich Hysterese, kritische Fluktuationen und kritisches Langsamerwerden, sind, im Rahmen eines Computer-Motorprogramms betrachtet, nicht verständlich. Warum sollte ein Computer, mit dem wir es ja dann zu tun haben, sein Programm abhängig von der Vorgeschichte ändern? Und noch merkwürdiger: Ein Computer arbeitet rein deterministisch, er hat keine schwankenden Resultate! Vielmehr sind die experimentellen Ergebnisse zwanglos mit der Annahme vereinbar, daß es sich bei diesen Umschlägen um Phänomene der Selbstorganisation handelt, genauso wie das Auftreten etwa des kohärenten Laserlichts einen Selbstorganisationseffekt der einzelnen Laseratome darstellt. Im vorliegenden Fall

eines biologischen Prozesses handelt es sich um die Selbstorganisation des neuronalen Netzwerkes, gemeinsam mit den Muskeln und Gewebszellen. Dies ist natürlich ein völlig anderer Gesichtspunkt, der hier in den Vordergrund gestellt werden kann.
Übrigens gab es schon früher Hinweise darauf, daß Selbstorganisationseffekte bei der Bewegung von Gliedmaßen wichtig sind. Zum Beispiel führte vor einigen Jahrzehnten der berühmte Physiologe Erich von Holst das folgende Experiment durch: Er amputierte beim Tausendfüßler alle Füße bis auf sechs, woraufhin sich dieses Tier wie ein Insekt mit sechs Füßen bewegte. Reduzierte er die Zahl der Beine auf vier, so bewegte sich das Tier in den Gangarten eines Pferdes. Da man sich nicht vorstellen kann, daß das winzige Gehirn des Tausendfüßlers Computerprogramme für alle möglichen Kombinationen von bei Amputationen übriggebliebenen Beinen enthält, kann dieses Phänomen nur durch die Annahme von Selbstorganisation gedeutet werden. Ähnliche Hinweise lieferten Experimente des russischen Physiologen M. L. Shik, die er an sogenannten dezerebrierten Katzen durchführte. Obwohl man diesen das Kleinhirn entfernt hatte, waren sie in der Lage, auf einem Fließband zu laufen. Wurde das Rückenmark nun elektrisch gereizt, so führte die Katze je nach Stärke des Reizes einen Gang oder Galopp aus. Ganz offensichtlich wirkte hier der konstante Reiz wie ein Kontrollparameter, der das Nervensystem des Tieres zur Selbstorganisation mit bestimmten Gangarten veranlaßte. Wie es scheint, hat die Synergetik ganz neue Perspektiven zur Erforschung der Bewegungskontrolle eröffnet.

11

Konflikte sind manchmal zwangsläufig

Immer wieder ist uns an den Beispielen der Physik ein merkwürdiger Umstand aufgefallen. Wenn ein neuer Ordnungszustand einsetzt, läßt die Natur dem System mehrere Möglichkeiten zur Wahl. Setzt zum Beispiel bei einer von unten erhitzten Flüssigkeit ein Strömungsmuster ein, so können die entsprechenden Rollen genauso rechts herum wie links herum laufen. Wie wir bereits gesehen haben, läßt sich dieses Verhalten anhand eines einfachen mechanischen Modells leicht verstehen.

Legen wir eine Kugel in eine Schale der in Abbildung 11.1 dargestellten Form, so fällt die Kugel aus ihrer instabilen Lage in eine neue Lage, aber die beiden neuen Lagen sind völlig gleichberechtigt. Die vorhandene Symmetrie muß durch die Lage, die die Kugel schließlich einnimmt, gebrochen werden.

Wenn wir die Aufgabe erhielten, zu bestimmen, welche Lage die Kugel schließlich einnehmen werde, so besäße diese Aufgabe keine eindeutige Lösung. Ganz offensichtlich gibt es zwei völlig gleichberechtigte Lösungen. Dies widerspricht unserem üblichen Empfinden, daß jedes Problem eine ganz bestimmte Lösung haben müsse.

Daß diese Art von Problemen nicht auf die Mechanik oder einfache Vorgänge in der Natur beschränkt ist, können wir mit Hilfe eines kleinen Selbstversuches leicht nachprüfen. Zweifellos ist ja unser Gehirn das komplizierteste System, das die Natur hervorgebracht hat. Auch hier zeigt sich das Phänomen der Symmetriebrechung, zum Beispiel bei der Wahrnehmung. Schauen wir uns dazu Abbildung 11.2 an, so er-

Abb. 11.1: Das uns schon wohlbekannte Modell für ein Problem, das zwei gleichberechtigte Lösungen besitzt. Wohin rollt die Kugel?

kennen wir wahrscheinlich zunächst gar nichts. Erhalten wir aber nun die zusätzliche Mitteilung, den weißen Mittelteil als Vordergrund zu betrachten, so erkennen wir sofort eine Vase. Werden wir hingegen angeleitet, die beiden schwarzen Teile als Vordergrund anzusehen, so springen uns zwei Gesichter entgegen. Das ursprüngliche Bild war in seinem Wahrnehmungsinhalt also zweideutig, und kein Wahrnehmungsinhalt «Vase» oder «Gesichter» ist vor dem anderen ausgezeichnet. Ein großer Teil der Bilder, die der inzwischen berühmt gewordene Künstler Maurits C. Escher schuf, beruhen auf dieser Symmetrie-

Abb. 11.2: Vase oder Gesicht?

Abb. 11.3: Engel oder Teufel?

brechung. Ein Beispiel aus vielen seiner Werke zeigt die Abbildung 11.3, auf der wir einmal Engel, das andere Mal Teufel erkennen. Wie aus diesen Beispielen hervorgeht, benötigen wir eine zusätzliche Information, um die vorhandene Symmetrie bei der Wahrnehmung zu brechen, wie etwa die Mitteilung «Betrachte den weißen Teil als Vordergrund». Aber auch ohne zusätzliche von außen gegebene Information sind wir zumeist in der Lage, die Symmetrie zu brechen. Dies geschieht durch einen Vorgang in unserem Gehirn, den wir in Analogie zu den Erscheinungen in der Physik, zum Beispiel bei Flüssigkeiten, als eine «Fluktuation» bezeichnen könnten. Plötzlich baut sich ein Wahrnehmungsbild auf, die Wahrnehmung kommt wie eine Erleuchtung über uns.

Testen Sie Ihren Seelenzustand

Symmetrien können in unserem Gehirn durch psychologische Prägung von vornherein gebrochen sein, das heißt, wir bringen eine Art unbewußter Voreingenommenheit mit. Auf dieser Tatsache beruht eine Reihe psychologischer Tests.

Ein Beispiel, an dem sich der Leser selber versuchen kann, sind die Gesichter, die in Abbildung 11.4 dargestellt sind. Sind diese Gesichter traurig oder fröhlich? Gibt es eine Beziehung zwischen den beiden Frauen? Welcher Art? Schauen Sie sich erst einmal das Bild an und kommen Sie dann zu Ihrer Aussage. Tatsächlich sind diese Gesichter so gezeichnet, daß sie in ihrem Ausdruck neutral, das heißt weder traurig noch fröhlich sind. Aber bei einem Test, bei dem man sich zu entscheiden hat, muß die innere Symmetrie dieses Bildes gebrochen werden. Diese Symmetriebrechung kann aber nur durch eine zusätzliche Information erfolgen, und die gibt die Untersuchungsperson selbst, indem sie sich schon von vornherein in einem bestimmten seelischen Zustand befindet. Sie projiziert ihren eigenen seelischen Zustand in den der Personen auf dem Bild. Aufgrund solcher Tests kann der Psychologe Rückschlüsse auf den Zustand der Testperson ziehen.

Diesen Vorgang können wir auch mit anderen Worten wiedergeben. Wir haben aus den Bildern das herausgelesen, wozu wir innerlich bereits prädisponiert waren. Dieser Art von Voreingenommenheit sind wir ständig ausgesetzt. Wir hören oder lesen oft das heraus, was wir gerade erwarten. In gewissem Sinne ist dies sogar notwendig. Erkennen

Abb. 11.4: In ausdruckslose Gesichter oder neutrale Sätze werden eigene Gemütszustände hineinprojiziert. Bild aus dem thematischen Apperzeptionstest, der 1935 von Henry Murray und seinen Mitarbeitern am Institut für Klinische Psychologie an der Harvard University entwickelt wurde. Ähnlich wie mit dem Rorschachtest sollen mit diesem projektiven Test unbewußte Konflikte und Gedanken entdeckt werden.

bedeutet nämlich, daß wir die neuen Erfahrungen ständig mit dem verknüpfen, was bereits früher von uns als «Erfahrung» angelegt worden ist.

Ein zweiter Test, an den ich mich noch aus meiner Schulzeit erinnere, sei hier ebenfalls angeführt, nämlich das Stellen einer eigentlich unlösbaren Aufgabe. In der Schule war von einem Jungen die Rede, der in einem Büro einen Text abschreiben sollte, der, damit der Zweck erfüllt werde, in kurzer Zeit und in hervorragender Schrift abgeliefert werden mußte. Die Aufgabe war aber so gestellt, daß man den Text entweder sorgfältig schrieb, aber dann nicht fertig wurde, oder ihn schlampig schrieb, aber vollständig. Eine typische Konfliktsituation, um die man sich natürlich gern drücken möchte. Aber diese Konfliktsituation ist gerade so konstruiert, daß die Testperson, die diese Aufgabe lösen soll, von der in ihr angelegten Symmetriebrechung Gebrauch machen muß.

Durch die Entscheidung erhofft sich der Psychologe Aufschluß über den Charakter der Testperson, ob sie schlampig ist oder sorgfältig. Natürlich wird der ganze Test zur Farce, wenn die Testperson von vornherein weiß, worauf der Psychologe hinauswill, und ihm so ein Schnippchen schlägt.

Tests dieser Art gibt es natürlich überall, zum Beispiel auch bei der US-Armee. In Physikerkreisen kursiert seit langem die folgende Anekdote über einen sehr bedeutenden amerikanischen Physiker, der zur Armee eingezogen werden sollte und sich einem psychologischen Test zu unterziehen hatte. Um die Offenheit des Charakters zu testen, fragte der Psychologe den angehenden Soldaten: Zeigen Sie mir Ihre Hände. Zeigt er diese mit der Handfläche nach oben, so schließt der Psychologe auf einen offenen Charakter. Zeigt er sie mit dem Handrücken nach oben, so glaubt der Psychologe, die Testperson durchschaut zu haben: ein verschlossener Charakter. Auf die Aufforderung des Psychologen hin zeigte nun der Physiker die eine Hand mit der Handfläche nach oben, die andere mit der Handfläche nach unten, worauf der Psychologe bereits einen kleinen Schock bekam. Er rief schnell: Um Himmels willen, drehen Sie Ihre Hände um. Der Physiker drehte daraufhin beide Hände herum, so daß wiederum eine Handfläche nach oben, die andere nach unten zeigte. Erwiesen ist jedenfalls, daß der Betreffende nicht zum Wehrdienst eingezogen wurde. Vielleicht läßt sich der Psychologe jetzt selbst beraten.

Das Leben ist voller Konflikte

Bis jetzt haben wir eigentlich nur von künstlich herbeigeführten Konflikten gesprochen, doch ist auch das Leben voll solcher Konflikte. Nehmen wir einige Beispiele. Ein junger Mann möchte studieren, schwankt aber zwischen zwei ganz verschiedenen Fächern. Jeder der beiden Studiengänge hätte für ihn Vorteile, zugleich aber auch Nachteile.

Ein anderes Beispiel betrifft eine junge Frau. Wie es der Zufall will, lernt sie kurz hintereinander zwei sehr nette Männer kennen, die sie beide heiraten wollen. Zu beiden fühlt sie sich hingezogen und bringt es nicht übers Herz, einem von ihnen abzusagen. Sie ist zwischen beiden hin- und hergerissen. Schließlich führt ein einziger Satz des einen Bewerbers die Entscheidung herbei; spontan wendet sich ihm die junge Frau endgültig zu. Im Sinne der Synergetik hat eine «Fluktuation» – ein einziger Satz – den Ausschlag gegeben.

Im psychologischen Bereich ist jedoch die folgende Situation häufiger. Ein Witwer erträgt die Einsamkeit nur schwer und sehnt sich nach einer neuen Ehe. Da er nun eifrig sucht, lernt er in kurzem Abstand zwei Damen kennen, die einer Heirat nicht abgeneigt wären. Aber nun beginnt er nachzudenken. Welche soll er heiraten? In vielen Diskussionen mit seinen Freunden und Bekannten beginnt er, die Vor- und Nachteile der beiden Damen abzuwägen. Aber während er dies tut, gerät er immer tiefer in eine Konfliktsituation hinein. Er stellt fest, daß er sich zu keiner Entscheidung durchringen kann. Vor- und Nachteile, die natürlich auch in seine Zuneigung einfließen, halten sich die Waage. Wir haben hier das typische Beispiel einer psychologischen Konfliktsituation vor uns. Dieser Konflikt hindert ihn daran, einen Entschluß zu fassen, und er zögert so lange, bis sich beide Damen wieder von ihm abgewandt haben.

Den psychologischen Vorgang können wir uns ganz deutlich an unserem mechanischen Modell der Kugel in einer Schale nach Abbildung 11.5 veranschaulichen. Nun sei aber die Kugel aus Stahl und die Schale aus einer relativ weichen Masse. Je länger die Kugel in der Mitte «unentschlossen» liegenbleibt, um so tiefer gräbt sie sich in die Schale ein, bis sie schließlich in ihrer selbst gegrabenen Mulde gefangen bleibt, unfähig, sich je wieder daraus zu befreien. Im psychologischen Falle kann es natürlich auch sein, daß der Unentschlossene im Unterbewußtsein doch nicht heiraten wollte und die Konflikt-

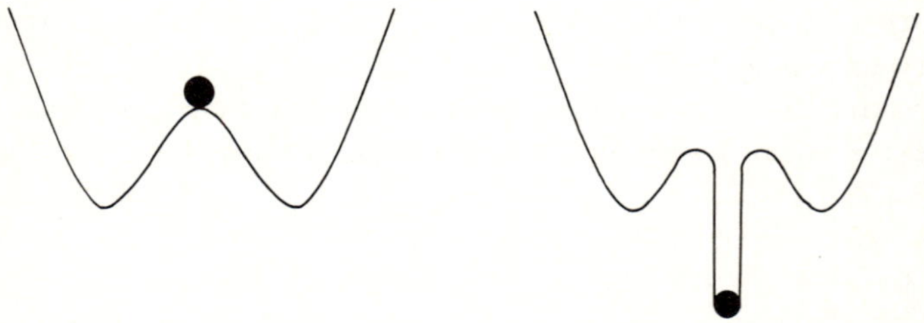

Abb. 11.5: Veranschaulichung der Wirkung von zu vielem Nachgrübeln. Die Kugel gräbt sich ein Loch, aus dem sie nicht mehr herauskommt.

situation nur vorschob – um wie die Kugel in eine irreversible Position zu geraten.

In Zeiten schwerer persönlicher Bedrohung kann eine solche Unentschlossenheit tödlich werden, wofür Bruno Bettelheim in seinem Buch *Erziehung zum Überleben* (Stuttgart 1980, DVA) eindringliche Beispiele gibt: verfolgte Menschen, die ständig hin- und herschwanken, ob sie sich vor dem Regime verstecken oder sich ihm durch waghalsige Flucht entziehen sollen.

Diese Beispiele sind typisch für viele Konfliktsituationen. Zwei Lösungen erscheinen uns zunächst gleichwertig. Wir fangen dann an, darüber nachzugrübeln, indem wir nach höhergeordneten Entscheidungshilfen suchen. Diese Entscheidungshilfen sollen (in der Sprechweise der Synergetik) dazu dienen, die Symmetrie zu brechen. Und nun kommt hier die wesentliche Erkenntnis, die sich aus dem Wesen der Synergetik ergibt. Es gibt in einer Reihe von Fällen gar keine höhergeordneten Entscheidungshilfen. Es ist tatsächlich so, daß wir auch bei längstem Nachgrübeln nicht in der Lage sind, den Konflikt in eindeutiger Weise zu beseitigen. Hinzu kommt, daß uns im Leben nur eine allzu kurze Frist zur Verfügung steht, um zu einer Entscheidung zu kommen. Daraus läßt sich nur ein Fazit ziehen. Man muß erkennen, daß es Probleme gibt, die prinzipiell zwei (oder noch mehr) gleichwertige Lösungen haben können. Ob diese Lösungen tatsächlich prinzipiell völlig gleich sind, werden wir oft nicht entscheiden können. Wir müssen dann nach einer bestimmten Zeit des Nachdenkens, in der wir die verschiedenen Gesichtspunkte gegeneinander abgewogen haben, feststellen, daß ein echter Konflikt vorliegt und tatsächlich jede der beiden Lösungen gleichberechtigt ist. Wenn dies aber so ist, dann ist auch die Wahl gleichgültig. Eine weitere Konsequenz ist diese: Wir sollten die Wahl hinterher nicht mehr bereuen. Wir müssen uns daran erinnern, daß wir nach allen unseren Überlegungen eine der völlig gleichwertigen Lösungen ausgewählt haben, und wir sollten nicht vergessen, daß ja auch die andere Lösung ihre Nachteile gehabt hätte.

Konfliktverlagerung im sozialen Bereich

Gerade im sozialen Bereich gibt es Konflikte, bei denen zwei gleichwertige Lösungen oder, besser gesagt, Auswege vorliegen, aber das *gemeinsame* Handeln die Menschen aus einer solchen Situation herausführt. Hierbei wird allerdings der jeweilige Konflikt nicht beseitigt, sondern nur verlagert. Fangen wir mit einigen relativ harmlosen Beispielen an, aus denen aber die Analogie zu ganz brisanten Fragen hervorgeht. Wird ein Kind geboren, so muß es natürlich einen Nachnamen haben. In vielen Völkern ist es üblich und sogar gesetzlich verankert, daß das Kind den Namen des Vaters bekommt. Genauso könnte es aber den Namen der Mutter erhalten. Ohne gesetzliche Regelung gäbe es hier also für jedes Elternpaar eine Konfliktsituation: «Welchen unserer Namen soll das Kind erhalten?» Es besteht gar kein Zweifel, daß dies in jedem einzelnen Fall eine Konfliktsituation wäre, bei der sich ohne gesetzliche Regelung die Ehepartner einigen müßten.

Genau das gleiche gilt bei der Heirat. Sollen die Ehepartner den Namen des Mannes oder den der Frau führen? Einige Paare wählen dann einen Doppelnamen: Müller-Meier. Man kann sich leicht ausrechnen, daß nach zehn Generationen die Namen dann aus über tausend Einzelnamen bestehen. In der Tat ein Unding, das diesen Kompromiß ad absurdum führt.

Es bleiben also nur die beiden Möglichkeiten, den Namen von Mann *oder* Frau beziehungsweise Vater *oder* Mutter zu wählen. Frühere Gesellschaften haben offenbar dieses Problem erkannt und durch das Verhalten der Gemeinschaft die Symmetrie gebrochen. Diese Symmetriebrechung kann durch Tradition oder durch Gesetze erfolgen. Das Gesetz spielt dann wieder die Rolle des Ordners, indem es die Ehepartner bei der Namensgebung des Kindes versklavt. Andererseits aber werden Gesetze, zumindest in Demokratien, durch die Volksvertreter bestimmt, durch die Individuen wird der Ordner festgelegt. Wir erkennen hier wieder die typische Wechselbeziehung zwischen Ordner und Individuen, die uns in der Synergetik entgegentritt. Die andere Möglichkeit ist, daß der Ordner nicht auftritt. Im vorliegenden Fall bedeutet dies, daß das Gesetz die Frage der Namensgebung offenläßt und den Konflikt in die einzelne Familie zurückverweist. Hieraus folgt zwangsläufig eine Erkenntnis, nämlich: Größere individuelle Freiheit bedeutet gleichzeitig größere individuelle Konfliktmöglichkeiten.

Ein weiteres Beispiel für diese Konflikte liefert uns das Elternrecht. Wird bei der Erziehung des Kindes der Vater oder die Mutter von der Rechtsprechung bevorzugt? Dies tritt besonders deutlich bei Ehescheidungen in Erscheinung, wo der Richter in der Regel kleine Kinder der Mutter zuspricht. Hier ist also diese Symmetrie wieder kollektiv gebrochen. Die Kinder könnten im Prinzip ja auch zum Vater kommen. Bei derartigen Prozessen muß also die Symmetrie durch den Richter gebrochen werden. Fehlen aber die hierzu nötigen Gesetze, so ist die willkürliche Symmetriebrechung nur um eine Instanz verschoben. Noch ein Beispiel mag die Problematik weiter erhellen: die Frage nämlich, ob Partner günstiger in einer Ehe oder in einer eheähnlichen Gemeinschaft leben. Hier stehen wiederum wie bei typischen Konfliktsituationen Vor- und Nachteile der einen Lösung denen der anderen Lösung gegenüber.. Aus der Fülle solcher entgegengesetzter Paare von Vor- und Nachteilen sei bei der Ehe die Gebundenheit, aber die damit gegebene Möglichkeit der Fürsorge durch den anderen Ehepartner genannt. Bei der außerehelichen Gemeinschaft die Freiheit, aber damit die automatisch entfallende Fürsorgepflicht des Partners. Man muß sich völlig darüber im klaren sein, daß beide Vorteile nicht gleichzeitig zu erlangen sind. Geht eine außereheliche Partnerschaft auseinander, so führt dies zuweilen zu erheblichen wirtschaftlichen Auseinandersetzungen, zum Beispiel wenn eine gemeinsame Wohnung erworben worden ist. Hier wird dann die Regelung bei der Auseinandersetzung wieder dem Staat überlassen. Es wird versucht, den Konflikt ins Kollektiv zu verlagern. Das Kollektiv, nämlich der Staat selbst, hat derartige Regelungen aber oft gar nicht vorgesehen, da es ja gerade in diesem Fall die Institution der Ehe gibt.

Wie all diese Beispiele, die sich noch um Dutzende vermehren ließen, verdeutlichen, werden in einem Staatswesen ständig Konflikte vom einzelnen in das Kollektiv oder vom Kollektiv auf den einzelnen verlagert. Aus dieser Wechselbeziehung zwischen dem einzelnen und dem Kollektiv ergibt sich, daß dem einzelnen persönliche Entscheidungen, die Konflikte bedeuten können, durch kollektive Effekte, wie das Gesetz, abgenommen werden. Umgekehrt bedeutet aber größere Entscheidungsfreiheit für den einzelnen eine Vermehrung der Konfliktmöglichkeiten.

Kollektive Effekte, wie wir sie zuletzt besprochen haben, brauchen sich nicht nur auf Ehen zu beziehen. Sie können auch ganze Gemeinden oder Städte berühren, ohne daß hier überhaupt mit gesetzlichen Regelungen etwas auszurichten wäre.

Lebt man längere Zeit in verschiedenen Städten, so stellt man bald fest, daß es jeweils bestimmte Klimata im Umgang der Menschen untereinander gibt. Es gibt Städte, in denen die Menschen sehr freundlich, andere wieder, in denen die Bewohner untereinander und auch anderen Leuten gegenüber direkt muffig sind. Hier ist offenbar die Wahl zwischen der persönlichen Einstellung «freundlich» oder «unfreundlich» eine Symmetriebrechung, die kollektiv vollzogen wird. Hat sich erst einmal eine allgemeine Stimmung herausgebildet, so kommt ein Neuling in dieser Stadt nicht mehr dagegen an, und im Laufe der Jahre wird sich sein Verhalten oft nur wenig von dem der anderen unterscheiden. Ist er in einer muffigen Stadt freundlich, so wird er frustriert und wohl selbst muffig werden. Kommt hingegen ein Muffel in eine freundliche Stadt, so spricht vieles dafür, daß ihn die allgemeine Freundlichkeit anstecken wird. Genau das gleiche beobachten wir aber nicht nur in Städten, sondern – und das ist zuweilen für uns noch bedrückender – in Büros oder Verwaltungen. Auch hier gibt es ganz verschiedene lokale Klimata, gegen die ein Neuling nur höchst selten etwas ausrichten kann.

12

Das Chaos, der Zufall und das mechanistische Weltbild

Vorbestimmt oder zufällig?

Wohl kaum ein Philosoph, von den Naturwissenschaftlern ganz zu schweigen, wird bestreiten, daß die Erkenntnisse der Physik und überhaupt der Naturwissenschaften tief in die Gestaltung unseres jeweiligen Weltbildes eingegriffen haben. Unser ganzes Denken ist tief von den wissenschaftlichen Revolutionen, die die Physik bis in die Grundfesten hinein erschütterten, beeinflußt worden. Erst durch die Gesetze der Physik und deren millionenfache Bestätigung ist unsere Überzeugung gewachsen, daß die Naturvorgänge nach ehernen Gesetzen ablaufen.

Im 19. Jahrhundert hatte die Blüte der Mechanik hierzu einen wesentlichen Beitrag geliefert. Die Mechanik untersucht, wie sich die einzelnen Körper aufgrund der zwischen ihnen herrschenden Kräfte bewegen. Es war ja gerade Newtons grundlegende Erkenntnis gewesen, daß das Fallen eines Apfels vom Baum durch dieselben Gesetze bestimmt wird wie die Bahn der Erde und auch der anderen Planeten um die Sonne. Die Newtonschen Gesetze sind Grundlage zum Beispiel für die gesamte Raketentechnik, Grundlage also für die Eroberung des Weltraums durch den Menschen. Wie wir direkt am Fernsehschirm beobachten können, folgen die Raketen zum Mond genau vorberechneten Bahnen. Dieses Einhalten eines einmal vorausberechneten und damit vorhergesagten Weges hat aber zugleich etwas Unheimliches, für uns selbst Beklemmendes an sich. Wenn nämlich die Aufeinanderfolge der verschiedensten Ereignisse vorbestimmt ist, sind wir nur Teil eines immensen Räderwerks, diesem willenlos ausgeliefert. Auch dem Zufall selbst bleibt keine Chance. Alles ist ja völlig vorherbestimmt. Die tiefgreifenden philosophischen und auch religiösen Folgen eines derartigen Weltbilds sind schon oft diskutiert worden, und jeder kann sich auch die Folgen leicht ausmalen. In den zwanziger Jahren trat eine überraschende Wende durch die Quantentheorie ein. Der Zufall erlebte seine Wiedergeburt. Erinnern wir uns dazu nochmals kurz an die Vorgänge in einer Lampe oder im Laser. Regen wir in einem Atom ein Elektron an, bekommt es also mehr Energie, als es üblicherweise hat, so tendiert es dazu, diese Energie wieder loszuwerden, sie als Lichtwelle auszusenden. Wie nun die Quantentheorie zeigt, ist es grundsätzlich nicht möglich, vorauszusagen, wann genau das Elektron seine Energie abstrahlen wird. Es ist genau wie bei einem Würfelspiel: Wir können nie voraussagen, welche Augenzahl wir werfen werden.

Nach allem, was wir heute vom Geschehen im Mikrokosmos, dem für uns unsichtbaren Bereich der Atome, her wissen, unterliegen die dortigen Vorgänge dem Zufall. Alle Versuche, das mechanistische Weltbild hier wieder in Gang zu setzen, sind gescheitert und führen uns in direkten Widerspruch zu experimenteller Erfahrung. Der Zufall, als Nichtvorhersehbares, steht in krassem Widerspruch zu der Vorstellung von ein für allemal fest vorgegebenen Abläufen des Geschehens.

Vorbestimmt und zufällig!

Es war eine große Überraschung für viele Wissenschaftler, als sich in den siebziger und achtziger Jahren immer mehr herausstellte, daß es in vielen Bereichen der Natur Geschehnisse gibt, die eine Art Zwitterstellung einnehmen. Diese Geschehnisse, zum Beispiel Bewegungsvorgänge, gehorchen einerseits Gesetzen, die genauso ehern wie die der Mechanik sind oder sogar selbst Gesetze der Mechanik darstellen. Andererseits haftet ihnen aber etwas Zufälliges, Unvorhersehbares an. Diese ganz neuartige Gruppe von Erscheinungen wird als «Chaos» bezeichnet.

Das Wort «Chaos» ist uns in der Umgangssprache geläufig. Wir brauchen nur an das uns allen bekannte Verkehrschaos zu denken, ein unentwirrbares Knäuel von Fahrzeugen, ein hoffnungsloses Durcheinander. Dieses Bild des Verkehrschaos zeigt uns schon die charakteristischen Züge des Wortes Chaos, wie es jetzt im wissenschaftlichen Sinn verwendet wird. Jedes einzelne Fahrzeug ist ja aufgrund strenger Gesetze der Mechanik an seinen Platz im Verkehrsknäuel gelangt. Trotzdem tritt aber das Verkehrschaos, das Chaos, dem Beobachter als etwas völlig Wirres entgegen, bei dem die Positionen der einzelnen Fahrzeuge wie zufällig verteilt erscheinen. Ein Lkw neben einem blauen Pkw, quer dazu ein roter Pkw, dahinter ein Motorrad usw.

Eine vielleicht noch dramatischere Auffassung von «Chaos und Ordnung» vertritt der berühmte Maler M. C. Escher mit seinem ebenso betitelten Bild (vgl. S. 31). In der Mitte zeigt es einen völlig regelmäßigen Kristall, außen herum liegen Abfälle wie Scherben und geöffnete Fischdosen. Ganz offensichtlich symbolisiert der Kristall Ordnung, der Abfall hingegen Chaos. In den genannten Fällen ist Chaos etwas Statisches – im Gegensatz zu den als Chaos bezeichneten Erscheinungen in der Natur, wo alles ständig in Bewegung ist. Vorsicht beim Gebrauch des Wortes Chaos ist also geboten! Aber selbst in den Naturwissenschaften ist «Chaos» nicht gleich «Chaos». Hier gibt es zum einen das schon lange bekannte «mikroskopische Chaos». Dieses ist uns schon mehrfach in diesem Buch begegnet, zum Beispiel bei der ungeordneten Bewegung der einzelnen Gasmoleküle oder beim Licht einer üblichen Lampe. Zum anderen aber, und das ist das wesentlich Neue, gibt es das «deterministische Chaos», das oft auch kurz als «Chaos» bezeichnet wird, womit viel Verwirrung gestiftet werden kann und wohl auch gestiftet worden ist.

Das deterministische Chaos, zunächst als ein skurriler Einzelfall betrachtet, erscheint uns heute als ein typisches Verhaltensmuster vieler Systeme, die wir in der Synergetik untersuchen. Führen wir uns einige Beispiele, die uns schon früher begegneten, vor Augen.

Bei der Bewegung von Flüssigkeiten ergeben sich ganz verschiedenartige Bewegungsmuster, je nachdem, wie stark wir etwa eine horizontale Flüssigkeitsschicht von unten her erhitzen. Nach einigen wenigen Stufen, in denen sich gleichmäßige Bewegungsmuster, zum Beispiel Rollen oder Bienenwaben, ausgebildet haben, beginnt die Flüssigkeit eine völlig unregelmäßige Bewegung. Sie wird, wie der Fachmann sagt, turbulent. Diese wirre Bewegung unterliegt, wie wir heute mit Recht annehmen können, den Gesetzen chaotischer Bewegungen.

Ähnliches wird beobachtet, wenn wir beim Rauchen einer Zigarette Rauchringe in die Luft blasen. Sie deformieren sich, und schließlich setzt eine ganz unregelmäßige Bewegung des Rauches ein. Die Bewegung ist turbulent geworden. Wie wir sehen, ergeben sich bei bestimmten chemischen Reaktionen makroskopische Muster, entweder im Raum oder in ihrem zeitlichen Ablauf, zum Beispiel der periodische

Umschlag von Blau nach Rot usw. bei der Belusow-Shabotinski-Reaktion.

Auch früher schon hatten Chemiker einen völlig irregulären Zeitverlauf des Umschlags von Rot nach Blau beobachtet. Sie waren der Ansicht, daß sie das Gemisch nicht genügend gut präpariert hätten, und sahen von einer Veröffentlichung ab. Jetzt, nachdem das Phänomen «Chaos» als allgemeingültig anerkannt ist, wetteifern die Chemiker, immer neue Resultate über irreguläre Zeitfolgen und auch räumliche Muster von derartigen Vorgängen zu finden und zu publizieren. Es existieren auch Voraussagen, daß Laserlicht turbulent sein könne. Völlig unregelmäßig ausgestrahlte Wellenzüge, aber doch wieder in ihrem Charakter anders als das Licht gewöhnlicher Lampen. Eine ganz neue Art von Licht wartet darauf, entdeckt zu werden.*

Auch in die Biologie hält die Idee des Chaos Einzug und beleuchtet schlagartig früher unverständliche Erscheinungen. Zum Beispiel gibt es Insektenpopulationen, die von Jahr zu Jahr völlig unregelmäßig schwanken. Jetzt liegen bereits Modelle vor, nach denen wir diese Schwankungen mathematisch erfassen können. In Kapitel 13 werden wir hierauf noch etwas näher eingehen.

Bei all diesen Phänomenen, die den meisten als etwas völlig Neuartiges erscheinen, ergeht es den Wissenschaftlern wie nach den Worten des Kohelet aus dem Alten Testament: Es geschieht nichts Neues unter der Sonne.

In der Tat hatte bereits um die Jahrhundertwende der französische Mathematiker Jules Henri Poincaré (1854–1912) die Möglichkeit chaotischer Bewegung bei ganz anderen Problemen entdeckt, nämlich ausgerechnet in der Himmelsmechanik. Untersucht man ein Modell eines Sonnensystems, bei dem es zwei Sonnen gibt, aber nur einen Planeten, so kann dieser Planet die unglaublichsten, kompliziertesten Bewegungen ausführen, wie ein Fußball, der von zufälligen Stößen vorangetrieben wird. Hier wird uns das Dilemma der Wissenschaft deutlich. Die Bewegung des Planeten genügt ja wiederum den strengen Gesetzen der Mechanik. Trotzdem erscheint seine Bewegung wie rein zufällig.

Das Beispiel eines Planeten, der einem Sonnensystem mit zwei Sonnen angehört, zeigt uns, daß schon ein ganz einfaches mechanisches System

* So schrieb ich in der ersten Auflage dieses Buches. Inzwischen wurde chaotisches Laserlicht entdeckt.

Abb. 12.1: Die Saturnringe

höchst komplizierte Bewegungen auszuführen vermag. Während wir es früher als selbstverständlich ansahen, daß nach Newtons Mechanik in unserem Sonnensystem die Planeten auf Ellipsenbahnen um die Sonne kreisen, ewig und unveränderlich, erscheint diese Stabilität der Planetenbahnen im Licht der modernen Entwicklung der Mechanik als ein Rätsel. Die größten Gelehrten haben sich mit diesem Problem befaßt, um auf die Preisfrage des schwedischen Königs im 19. Jahrhundert die Antwort zu finden: «Ist unser Sonnensystem stabil, oder kann es sein, daß zum Beispiel einige Planeten schließlich in die Sonne stürzen, während andere aus ihm hinausgeschleudert werden?» Alles Vorgänge, die mit dem Energie- und dem Impulssatz der Mechanik verträglich wären.

Die Antwort, die die Mathematiker heute zu dieser Frage vorlegen, ist derart subtil und an derartige Feinheiten der Umlaufzeiten der Planeten geknüpft, daß es manchmal schwerfällt zu glauben, daß dies die endgültige Antwort sein soll. Immerhin, wenn ihre Theorie zutrifft, sollte es möglich sein, die Struktur der Saturnringe zu erklären (Abb. 12.1). Die Ringe des Saturn, die man sich aus kleinen Eisbrocken aufgebaut denkt, hatten ja in den Fernrohren bisher die Struktur einzelner konzentrischer Ringe. Die Frage war, warum es Lücken zwischen den Ringen gab.

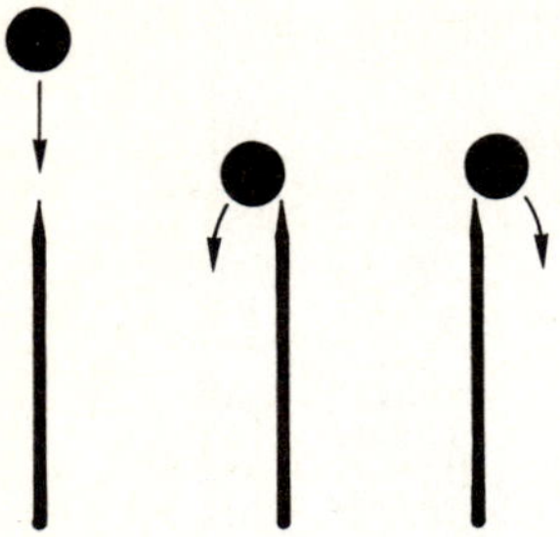

Abb. 12.2: Eine Stahlkugel trifft von oben auf eine Rasierklinge.

Warum konnten sich dort keine Eisstücke halten? Die Antwort der Mathematiker, die sich mit der Bewegung der Himmelskörper befassen, lautete: Durch den Einfluß der Saturnmonde werden in diesen Zwischenräumen Eisstückchen auf chaotische Bahnen gezwungen und müssen somit diese Zwischenräume verlassen. Ob dies das letzte Wort ist, sei dahingestellt. Die Nahaufnahmen der amerikanischen Raumsonden zeigen uns vielmehr noch viel feinere Strukturen. Die Saturnringe scheinen uns gerieft wie eine Schallplatte, und in den bisher leer geglaubten Zwischenräumen scheint es so etwas wie Speichen zu geben. Ungelöste Rätsel also.

Eine strenge Antwort auf die Frage, warum es zu chaotischen, zufallsähnlichen Bewegungen kommen kann, ist nur im Rahmen der Mathematik möglich, und auch diese steht erst am Anfang, das «Chaos» zu begreifen.

Immerhin können wir uns sehr leicht veranschaulichen, wieso der Zufall sich in streng vorbestimmte Bewegungen einschleichen kann.

Glücksspielautomaten: Chaos eingeplant

Denken wir uns eine scharfe Kante, etwa eine Rasierklinge, die wir senkrecht hinstellen und auf die wir Stahlkugeln fallen lassen (Abb. 12.2). Ob dann eine Kugel nach der einen oder anderen Seite von der Rasierklinge abgelenkt wird, hängt um winzigste Bruchteile eines Millimeters davon ab, wo die Stahlkugel auf die Rasierklinge trifft. Ein ganz klein wenig links unterhalb des Mittelpunkts, und die Kugel wird nach rechts abgelenkt, entsprechend für rechts. Der ganze Vorgang ist

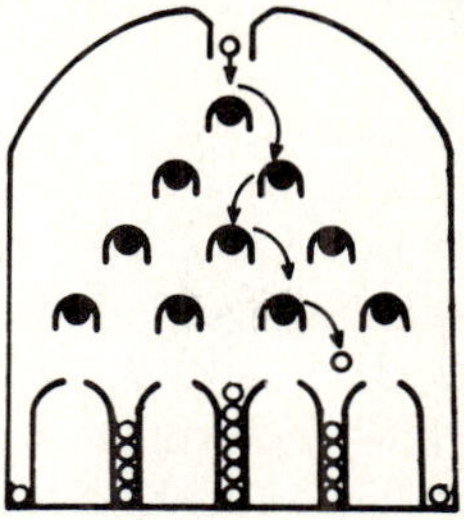

Abb. 12.3: Beispiel eines Glücksspielautomaten. Wo endet die Kugel?

offenbar streng vorbestimmt, streng determiniert, und trotzdem haftet ihm etwas Zufälliges an. Das kommt daher, daß wir ja im Prinzip auch nicht imstande wären, die Anfangslage der Kugel völlig präzise vorherzubestimmen oder zu messen. Aber aus einer ganz kleinen Verschiebung der ursprünglichen Lage der Kugel ergibt sich schließlich ein völlig anderer Weg. Genau das gleiche geschieht beim Würfelspiel. Der Würfel trifft ja im allgemeinen mit einer seiner Kanten auf die Tischoberfläche, und wie es dann weitergeht, ist genauso empfindlich abhängig von Vorbedingungen wie oben bei den Kugeln, die auf die Rasierklinge fielen.

Wie wir sehen, beginnt sich der Unterschied zwischen zufälligen Ereignissen und streng bestimmten zu verwischen, obwohl beide Grenzfälle im philosophischen Sinne streng definiert werden können und es «eigentlich» nur diese beiden Fälle geben sollte. Das Entscheidende ist, daß sich kleine Ungenauigkeiten der Anfangslage in makroskopischer Weise später auf den weiteren Verlauf des Geschehens auswirken.

Zuweilen sind Praktiker, Erfinder, Tüftler klüger als die gelehrtesten Wissenschaftler. Schon lange lebt eine ganze Industrie von Glücksspielautomatenherstellern von dem Prinzip, daß auch streng bestimmte mechanische Bewegungen den Zufall täuschend nachahmen können. Solche Maschinen lassen zum Beispiel Kugeln auf Kanten fallen. Bei jedem einzelnen Akt ist der Weg der Kugel vom Spieler nicht vorauszusehen. Der Ausgang des Glücksspiels ist also tatsächlich Glückssache. Trotzdem aber verlaufen alle Schritte in eindeutig bestimmter Weise. Ein Beispiel eines solchen wohlbekannten Glücksspielautomaten zeigt Abbildung 12.3.

Der Norden war nicht immer Norden

In Science-fiction-Romanen wird zuweilen geschildert, was Menschen widerfährt, die in die Zukunft oder in die Vergangenheit versetzt werden. Nehmen wir einmal an, ein Mensch würde, mit dem Nötigsten versehen, von einem Science-fiction-Autor in eine Zeitmaschine verfrachtet und 100 000 Jahre früher in der Zeitrechnung ausgesetzt. Mit Hilfe eines Kompasses soll er sich nun orientieren. Da es ihm kalt ist, möchte er nach Süden wandern und richtet sich nach dem Kompaß. Je länger er aber wandert, um so kälter wird es. Schließlich dämmert in ihm die Erkenntnis, daß er nach Norden läuft anstatt nach Süden. Sein Kompaß zeigt ihm die falsche Richtung. Da der Kompaß anzeigt, in welcher Richtung das Magnetfeld der Erde liegt, müssen wir schließen, daß das Magnetfeld seine Richtung geändert hat.
Nun können wir natürlich keinen Menschen mit Hilfe einer Zeitmaschine in die Vergangenheit senden. Aber die Natur macht das für uns in anderer Weise. In Grönland wurden geologische Formationen gefunden, die magnetisch sind. In den einzelnen Gesteinsschichten wurden die Magnetchen des Gesteins durch das jeweilige Magnetfeld der Erde ausgerichtet und später dann gewissermaßen «festgefroren», das heißt, sie verharrten später in dem einmal ausgerichteten Zustand. Aus der Sedimentierung läßt sich andererseits das Alter der jeweiligen Schicht ablesen. Von Schicht zu Schicht wechselt nun die Magnetisierung immer wieder ihre Richtung. Daran können die Geologen erkennen, daß sich die Richtung des Magnetfeldes der Erde im Laufe der Jahrmillionen von Zeit zu Zeit geändert hat, aber in Zeitabständen, die völlig regellos erscheinen. Das Magnetfeld der Erde muß sich also in chaotischer Weise umgepolt haben, wie dies auch die neueren Theorien zeigen.

Chaos in der Synergetik: ein Widerspruch?

Nach der Lektüre dieses Abschnitts wird sich der eine oder andere Leser fragen, was nun diese chaotischen Vorgänge mit der Synergetik zu tun haben. Die Synergetik ist ja die Lehre vom Zusammenwirken, wobei wir stets an viele Teile eines Systems denken. Bei der Bewegung eines Planeten in einem System mit zwei Sonnen haben wir es hingegen nur mit drei Körpern zu tun. Außerdem mochte es zu Beginn des Buches scheinen, daß durch das Zusammenwirken vieler Einzelsysteme *stets* geordnete Strukturen oder Vorgänge hervorgerufen werden. Wir haben uns daher mit diesen beiden Fragen noch etwas näher zu befassen, um so mehr, als wir dann auch Schlüsse auf andere Gebiete, wie etwa Vorgänge in der Wirtschaft, ziehen können. Zur Klärung dieser Fragen müssen wir allerdings ein klein wenig abstrakter werden, so daß die weniger interessierten Leser die Lektüre des Kapitels hier beenden können.

Der Zusammenhang mit der Synergetik wird klar, wenn wir uns an den Begriff des Ordners erinnern. In einer Reihe von Beispielen haben wir gesehen, daß es zuweilen nicht nur einen Ordner gibt, sondern daß ein synergetisches System von mehreren Ordnern regiert werden kann. Zum Beispiel arbeiten beim Aufbau von Bienenwabenstrukturen in Flüssigkeiten drei Ordner zusammen. Diese Ordner wurden durch Wellen repräsentiert, die ein gleichseitiges Dreieck einschließen. In anderen Fällen, etwa bei der Evolution, *konkurrieren* hingegen verschiedene Ordner. Die makroskopischen Eigenschaften synergetischer Systeme werden also oft durch das Zusammenspiel oder auch die Konkurrenz von Ordnern beschrieben.

Formuliert man die Probleme der Synergetik mathematisch, so treten immer wieder dieselben Gleichungen für die Ordner auf, auch wenn die eigentlichen Systeme völlig verschiedener Natur sind. Es zeigt sich nun, daß gewisse Gleichungen für die Ordner gerade auch chaotische Vorgänge beinhalten können. Um wieder das Beispiel einer von unten erwärmten Flüssigkeit heranzuziehen: In der Phase der chaotischen Bewegung treten drei Ordner in eine Wechselbeziehung und schleudern dadurch das System zwischen seinen verschiedenen Bewegungszuständen hin und her.

Bei einer genaueren von uns durchgeführten Untersuchung stellt sich diese Wechselbeziehung der Ordner wie folgt dar: Eine Zeitlang dominiert ein Ordner und versklavt die beiden anderen, deren Bewegung also von dem ersten Ordner vorgeschrieben wird. Nach kurzer Zeit verliert aber dieser die Herrschaft, und einer der anderen kommt nun zum Zuge, worauf sich das Spiel wiederholt. Interessanterweise erfolgt der «Herrschaftswechsel» völlig unregelmäßig, also chaotisch.

In diese Gruppe von Gleichungen gehört auch die der Bewegung von Himmelskörpern, wobei die Koordinaten der Massenschwerpunkte als die Ordner auftreten.

Wie wir heute wissen, ist chaotische Bewegung bei sehr vielen Wechselbeziehungen von Ordnern zu erwarten, und wir haben daher mit vielen Fällen von Chaos auch dort zu rechnen, wo man dies bisher im jeweiligen Gebiet entweder als Meßfehler abgetan und/oder aufgrund bisheriger theoretischer Überlegungen mit Entrüstung zurückgewiesen hat. Beispiele sind Vorgänge in der Wirtschaft oder die Wirkung des Eingreifens von Verwaltungen in Vorgänge, die weitgehend von der Natur einer Selbstorganisation sind, wie zum Beispiel die Verteilung und Entwicklung von Forschung und Lehre an Universitäten.

Ist das Wetter vorhersagbar, oder hat Petrus immer ein Hintertürchen offen?

Zuweilen sitzen wir am Samstagabend vor dem Fernsehschirm und freuen uns über die günstige Wetterprognose für den nächsten Tag, worauf wir unseren Sonntagsausflug planen. Wir sind dann am Sonntag oft bitter enttäuscht, wenn es statt des angekündigten Sonnenscheins in Strömen regnet.

Mit der Verbesserung der Wettervorhersage befassen sich nicht nur die Meteorologen, sondern auch Physiker und Mathematiker schon lange. Der aus Ungarn stammende und später in den USA lebende John von Neumann, ein wahres mathematisches Universalgenie, erfand die Grundprinzipien der modernen elektronischen Rechner, von denen der erste unter wesentlicher Mitwirkung von Neumanns in den vierziger Jahren in den USA gebaut wurde. Er begriff natürlich sofort die großen technischen Möglichkeiten eines Computers, insbesondere, daß er eine Unmenge von Meßdaten, die ihm eingegeben werden, verarbeiten kann. John von Neumann (1903–1957) regte daher an, ein dichtes meteorologisches Beobachtungsnetz über die Erde zu verteilen, wobei die Beobachtungsstationen die Meßdaten, Angaben zu Luftdruck, Temperatur, Windgeschwindigkeit, Feuchtigkeit usw., sammeln und in einen zentralen Wettercomputer geben. Da sich Luft nicht viel anders als eine Flüssigkeit verhält, sollte es dann aufgrund der Grundgleichungen der Flüssigkeitsbewegung möglich sein, die Bewegung der Luftmassen, ihren Feuchtigkeitsgehalt und somit schließlich auch das Wetter genau vorherzusagen. Von diesen Ähnlichkeiten zwischen Luft- und Flüssigkeitsbewegung hatten wir ja schon früher gesprochen, als wir die Analogie zwischen Wolkenstraßen und Flüssigkeitsrollen erwähnten.

Obwohl das Netz der Beobachtungspunkte immer dichter wurde, ist die Wettervorhersage kaum besser geworden.

In den sechziger Jahren nahm der Meteorologe Edward N. Lorenz in den USA die Grundgleichungen der Flüssigkeitsbewegung näher unter die Lupe. Er entdeckte dabei durch Computerrechnungen, daß diese Gleichungen auch Bewegungsformen voraussagen, die, wie wir heute sagen, chaotisch verlaufen. Was war aber Chaos? Um uns noch einmal an die Quintessenz unseres letzten Kapitels zu erinnern: Ein Vorgang verläuft immer dann chaotisch, wenn die Bewegung einen völlig anderen Verlauf nimmt, sobald wir die Anfangswerte (etwa die anfänglichen Geschwindigkeiten der Luftmassen) nur ein klein wenig ändern. Da wir aber natürlich nie in der Lage sind, Luftbewegungen hundertprozentig genau zu messen, können sich selbst kleine Meßfehler innerhalb von Tagen, vielleicht aber sogar von Stunden, in gewaltige Fehlvoraussagen verwandeln.

Wie es scheint, hält Petrus auf diese Weise doch ein Hintertürchen offen, um uns immer wieder aufs neue zu überraschen.

Lassen sich Plasmen zähmen? Chaos auch bei der Kernfusion?

Die alten Griechen sprachen von vier Aggregatzuständen: Erde, Wasser, Luft und Feuer. Drei davon kennen wir alle recht gut. Im modernen Sprachgebrauch bezeichnen wir sie als fest, flüssig, gasförmig. Aber die Physiker haben tatsächlich einen weiteren Aggregatzustand entdeckt, den des Plasmas.

Wie wir schon sahen, unterscheiden sich die verschiedenen Aggregatzustände im mikroskopischen Bereich nur durch die gegenseitige Anordnung der einzelnen Moleküle, die im gasförmigen Zustand frei aneinander vorbeifliegen und nur gelegentlich zusammenstoßen. Erhitzen wir ein Gas immer mehr, so geraten die Moleküle in immer heftigere Bewegung, wobei sie in ihre ursprünglichen Bestandteile, die Atome, zerrissen werden. Wie wir wissen, besteht ein einzelnes Atom aus dem Atomkern, der eine positive elektrische Ladung trägt, und einer Reihe von negativ geladenen Elektronen, die den Atomkern umkreisen. Bei hohen Temperaturen, etwa einigen Millionen Grad, geraten aber auch die Elektronen in so heftige Bewegung, daß sie sich von ihrem Atomkern losreißen, wobei dessen positive Ladung zurückbleibt. Ein Gas, in dem sich Elektronen von den Atomkernen losgerissen haben, nennt der Physiker ein Plasma. Für die Natur ist dieser Zustand nichts Neues. Zum Beispiel ist unsere Sonne aufgrund der dort herrschenden Temperaturen, die im Inneren einige 100 Millionen Grad betragen, ein Plasma.

Bei so hohen Temperaturen prallen die einzelnen Atomkerne mit ungeheurer Wucht zusammen, wobei sogar neue Atomkerne aus zwei kleineren zusammengefügt werden können.

Schon in den dreißiger Jahren hatten Hans Albrecht Bethe und Carl-Friedrich von Weizsäcker ein Schema ausgearbeitet, nach dem die Atomkerne miteinander reagieren, wobei im Endeffekt aus vier Kernen des Wasserstoffs ein neuer Kern, nämlich der des Heliumatoms, entsteht. Ähnlich wie in der Chemie durch Verbindung von Atomen zu Molekülen Energie freigesetzt wird, die dann als Wärmebewegung erscheint, kann jetzt bei den Atomkernen eine Kernverschmelzung stattfinden, die aber ungeheuer große Energiemengen freisetzt. Durch diese Vorgänge wird in der Sonne die Energie erzeugt, die sie in das Weltall, man möchte schon fast sagen, hinaus verschwendet, denn nur ein ganz geringer Bruchteil davon trifft die Erde. Aber dieser winzige Bruchteil genügt schon, um die Energie für all die Lebensvorgänge zu liefern, von denen wir hier in unserem Buch ständig reden.

Da die irdischen Energiequellen wie das Öl, die Kohle und selbst die hier verfügbare Kernenergie in leider allzu leicht überschaubaren Zeiträumen zur Neige gehen werden, müssen wir uns nach neuen Energiequellen umsehen. Was läge näher als der Versuch, die Vorgänge in der Sonne auf der Erde im Labor nachzuvollziehen und dabei eine Minisonne als Energiespender auf unserem Planeten zu errichten. Die Idee bietet sich an, dazu auf der Erde Plasmen zu erzeugen und durch sie die Kernverschmelzung (auch Kernfusion genannt) zu bewirken.

Ein Plasma selbst läßt sich gar nicht so schwer herstellen. Etwa in Lichtbögen, die wir bei Schweißvorgängen beobachten, wird durch den hohen Strom ein Plasma in der Luft zwischen den Elektroden erzeugt. Durch eine Reihe von Kniffen ist es möglich, auch hohe Temperaturen zu erzeugen. Aber leider hat die Verwirklichung der Kernfusion einen Pferdefuß. Selbst wenn die Temperaturen sehr hoch sind, so treffen sich die einzelnen Atomkerne nur äußerst selten. Sie müssen viele Kilometer zurücklegen, bevor sie einmal einen Partner finden, mit dem sie sich verschmelzen können. Das Plasma müßte also riesige Dimensionen von Dutzenden von Kilometern haben, damit die Kernverschmelzung stattfinden kann. Außerdem fliegen natürlich die Teilchen eines Plasmas schnell auseinander. Leider läßt sich ja ein Plasma nicht in ein Gefäß einsperren. Seine einzelnen Bestandteile, die Elektronen und Atomkerne, würden mit ihren enormen Geschwindigkeiten, die sie bei diesen hohen Temperaturen haben, die Wände des Gefäßes sofort durchdringen. Die Physiker sind aber doch auf eine Idee gekommen, das Auseinanderfliegen zu verhindern und dabei gleichzeitig die Teilchen immer wieder zusammenstoßen zu lassen. Bringt man nämlich riesige Magneten um das Plasma an, so werden die geladenen Teilchen, wie die Physiker wissen, im Magnetfeld immer wieder umgelenkt und so auf eine Kreisbahn gezwungen. Auf diese Weise werden sie in einem verhältnismäßig kleinen Raumgebiet (das immer noch viele Meter Durchmesser haben kann) gehalten und erhalten dabei auch die Gelegenheit, im-

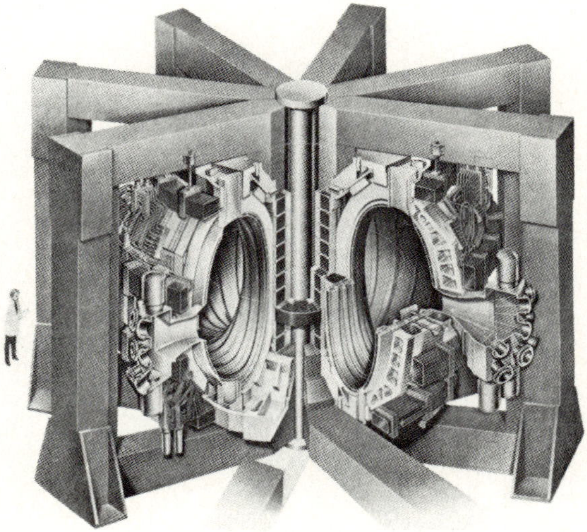

Abb. 12.4: Die gigantische Tokamak-Maschine (die Größe dieser Maschine wird durch den links stehenden Mann ersichtlich).

mer wieder Partner zu suchen. Tokamak heißt die aussichtsreichste Plasmamaschine dieser Art (Abb. 12.4). Das Wort stammt aus dem Russischen. «Tok» heißt Strom, und «mak» ist die Abkürzung für maximal. Eine Maschine also, die einen maximalen Strom von Plasmateilen erzeugen soll.

Und nun kommen wir zum zentralen Punkt. Plasmen sind nämlich ein Eldorado für Forscher, die nach Instabilitäten suchen. Wie wir an vielen Stellen in unserem Buch schon sahen, ändert sich bei Instabilitäten die makroskopische Bewegung. Die Plasmaphysiker haben schon weit über hundert verschiedene Typen von Instabilitäten gefunden. Instabilitäten, bei denen sich plötzlich Wellen im Plasma ausbreiten, Instabilitäten, bei denen ganz neuartige Strömungsmuster auftreten. Eines davon haben wir selbst berechnet. Da es so schön ist, ist das Ergebnis der Rechnung in Abbildung 12.5 dargestellt und erläutert. Bei einer anderen Instabilität bricht der Plasmastrom nach kurzer Zeit völlig zusammen. Die verschiedenen neuen Wellen, Strömungsmuster usw. sind so vielfältig, daß Plasmaphysiker zuweilen versuchen, sie mit Vorgängen

Abb. 12.5: Das Strömungsmuster in einem von unten erhitzten Plasma im senkrechten Magnetfeld. Dargestellt sind die Höhenlinien des Geschwindigkeitsfeldes.

des Lebens in Verbindung zu bringen. Diejenigen Plasmaphysiker, die die Kernfusion verwirklichen wollen, sind aber von den meisten Instabilitäten gar nicht entzückt. Wenn nämlich ein Vorgang dauernd von einer Instabilität in die nächste springt oder sich Schwingungen immer mehr aufschaukeln können, dann läßt sich zum Beispiel das Plasma gar nicht mehr in regelmäßiger Weise in einem Ring herumführen. Dabei tritt eine Erscheinung auf, die inzwischen als Gedankengut in die Plasmaphysik Eingang gefunden hat, nämlich das Chaos. Wir hatten ja in früheren Kapiteln schon an vielen Beispielen festgestellt, daß ganz unregelmäßige Bewegungen einsetzen können. Wie es scheint, sind derartige unregelmäßige Bewegungen auch bei Plasmen zu erwarten. Es entsteht also die Aufgabe, das Wesen chaotischer Bewegungen besser verstehen zu lernen, um auch das Chaos technisch in den Griff zu bekommen. Ich zweifle nicht daran, daß dies gelingen wird.* Aber sicher ist noch viel Forschungsarbeit nötig, wobei im Sinne der Synergetik die einzelnen Gebiete viel voneinander lernen können, da es sich beim Chaos (im wissenschaftlichen Sinn) um ganz bestimmte Erscheinungen handelt.

* Die Kontrolle des Chaos ist inzwischen in der Tat, wenigstens in einer Reihe von Fällen, gelungen (vgl. Kapitel 13).

13

Ein Blick hinter die Kulissen der Chaostheorie

Vielleicht fällt dieses Kapitel, es trägt ja auch die Nummer 13, in seinem Stil ein wenig aus dem sonstigen Rahmen des Buches heraus. Wir wollen in ihm nämlich etwas genauer den theoretischen Hintergrund des deterministischen Chaos beleuchten. Nachdem derart viel Sinniges, aber auch Unsinniges über das Chaos, vor allen Dingen in den Medien, veröffentlicht wurde und wird, mag der eine oder andere Leser doch daran interessiert sein, etwas tiefer in die Art und Weise, wie Wissenschaftler die Chaostheorie behandeln, Einblick zu nehmen. Beginnen wir mit einem einfachen Beispiel, wo noch kein Chaos vorliegt, an dem wir aber gleich sehen können, wo die Chaostheorie ansetzt. Ein jeder von uns kennt eine Schaukel oder ein Pendel. Schauen wir uns einmal dessen Bewegung in idealisierter Form an, wobei keinerlei Reibungskräfte, etwa in den Lagern, auf das Pendel einwirken. Dann schwingt das Pendel natürlich unendlich lange hin und her. In der Mathematik und theoretischen Physik trägt man diese Bewegung in einer bestimmten Form auf, um gleichzeitig zu erkennen, wo sich das Pendel befindet und wie groß seine dazugehörige Geschwindigkeit ist. Sehen wir uns dazu Abbildung 13.1 an. Im oberen Teil haben wir das Pendel mit seiner Auslenkung x dargestellt, im unteren Teil die sogenannte Phasenebene. Längs der horizontalen Richtung tragen wir hierin die jeweilige Lage x des Pendels auf, längs der vertikalen die jeweilige Geschwindigkeit v.

Fangen wir mit dem Extremfall an, daß das Pendel seine äußerste Auslenkung nach links erreicht hat. An diesem Umkehrpunkt ist seine Geschwindigkeit null. In der Phasenebene erhalten wir daher den mit x_0 bezeichneten Punkt. Nun schwingt natürlich das Pendel zurück. Seine Auslenkung nimmt ab, gleichzeitig gewinnt es an Geschwindigkeit. Wir erhalten so den Zweig einer Kurve im linken oberen Teil der Phasenebene. Dann durchläuft das Pendel die tiefste Lage, wobei die Auslen-

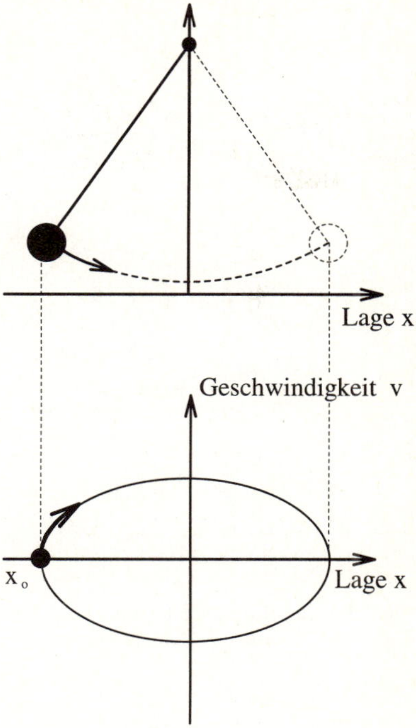

Abb. 13.1: Darstellung eines Pendels (oben); unten: die Phasenebene (vgl. Text)

kung gleich null ist. Von da an nimmt die Geschwindigkeit ab, und wir erhalten den Kurvenzweig in der rechten oberen Ebene. Schließlich ist die Geschwindigkeit auf null abgesunken, das Pendel hat seinen rechten Maximalausschlag erreicht. Von da an verringert es wieder seine Auslenkung, wobei die Geschwindigkeit aber nun in nach links zeigender Richtung anwächst, was in der Auftragung in der Phasenebene bedeutet, daß wir die Geschwindigkeit in dem unteren Teil der Phasenebene wiedergeben müssen. Wir erhalten so zunächst den Kurvenzweig in der rechten unteren Ebene und schließlich dann den Kurvenzweig der linken unteren Ebene, worauf sich der ganze Vorgang aufs neue wiederholt. In der Phasenebene durchläuft also der Punkt, der den physikalischen Bewegungszustand des Pendels kennzeichnet, eine Kurve, und zwar, wie man zeigen kann, eine Ellipse. Eine solche in sich geschlossene Bahnkurve bezeichnet man als einen Grenzzyklus.

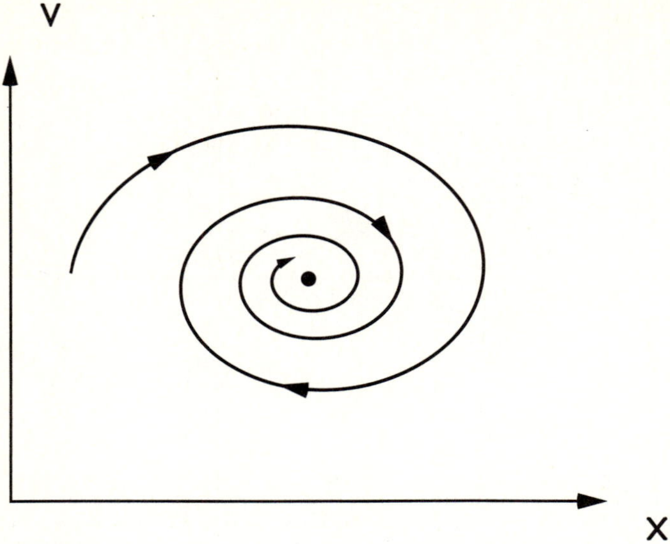

Abb. 13.2: Bei einem gedämpften Pendel spiralt die Bahnkurve (Trajektorie) auf den Nullpunkt zu, der auch Focus genannt wird.

Betrachten wir nun den realistischen Fall, in dem Reibung vorliegt. Dann wird natürlich das Pendel, nachdem es zunächst einmal angeschoben worden ist, mit der Zeit zur Ruhe kommen. Seine Auslenkung und auch seine Geschwindigkeit nehmen im Laufe der Zeit ab, so daß die Bahnkurve in den Nullpunkt hineinspiralt (Abb. 13.2). Will man das Pendel auf seiner ursprünglichen Bahn, auf seinem Grenzzyklus halten, so muß man ihm immer wieder Energie zuführen, wie wir das ja selbst beim Schaukeln automatisch tun. Ein ungedämpftes Pendel braucht eine ganz bestimmte Zeit für sein Hin- und Herschwingen. Es eignet sich damit zur Zeitmessung; der Pferdefuß ist lediglich, daß ein freischwingendes Pendel im Laufe der Zeit eben seine Geschwindigkeit verliert und zum Stillstand kommt. Baut man aber nun Mechanismen ein, die das Pendel immer wieder anstoßen, so hat man hier das Vorbild einer Uhr, wie sie tatsächlich in vielerlei Weise erst in der Mechanik und später mit Schwingquarzen realisiert worden ist.
Das Pendel kann als Prototyp für Schwingungsvorgänge in den ver-

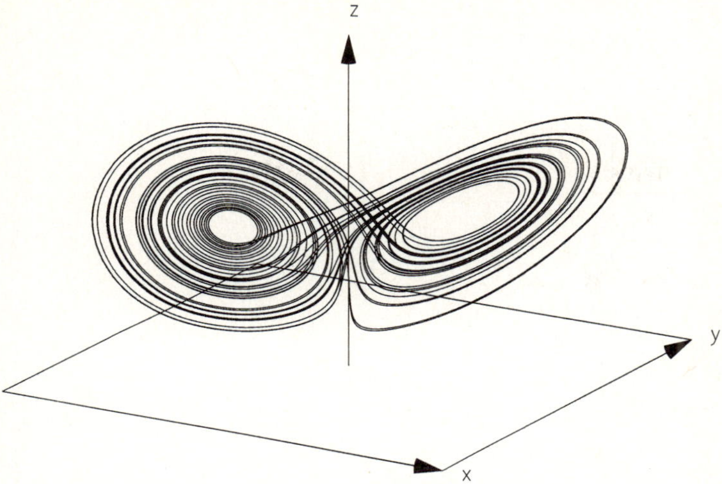

Abb. 13.3: Der Lorenz-Attraktor. Der Bahnpunkt läuft zuerst in einem Raumgebiet um, springt dann plötzlich auf ein zweites Raumgebiet, wo er einige Zeit umläuft, um dann wieder in den ersten Bereich zurückzuspringen usw. Obwohl die Bewegung deterministischen Gleichungen genügt, erscheinen die Sprünge wie rein zufällig.

schiedensten Gebieten angesehen werden, und in der Tat glaubte man, daß die einzigen interessanten Bahnkurven in der Phasenebene oder dann in mehreren Dimensionen im «Phasenraum» durch solche Grenzzyklen oder daraus zusammengesetzte Kurven gegeben sind. Doch dann gelang dem Meteorologen Edward Lorenz eine überraschende Entdeckung: Bei einem Modell zur Flüssigkeitsdynamik stellte er nämlich fest, daß bereits in drei Dimensionen ganz merkwürdige Bahnkurven auftreten können, wie sie in Abbildung 13.3 wiedergegeben sind. Damit war das Chaos entdeckt, genauer gesagt: wiederentdeckt, denn wie schon in Kapitel 12 bemerkt, hatte der berühmte französische Mathematiker Poincaré um die Jahrhundertwende bereits chaotische Bewegungen studiert.

Chaotische Bewegungen lassen sich schon sehr einfach realisieren, wie etwa mein früherer Doktorand Gottfried Mayer-Kress an folgendem Instrument, dem Pohlschen Rad, zeigte. Er verband ein Pendel über eine Feder mit einem periodisch hin- und hergehenden Hebelarm, wie

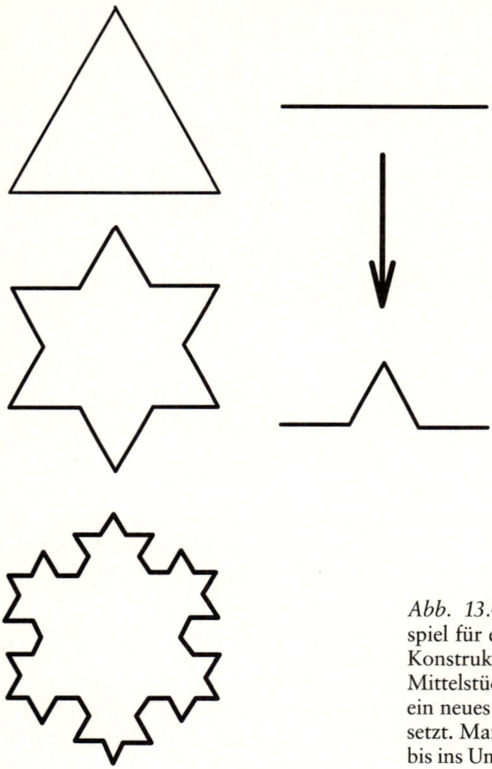

Abb. 13.4: Die Koch-Kurve als Beispiel für eine fraktale Kurve. Zu ihrer Konstruktion wird jedesmal auf das Mittelstück des gleichseitigen Dreiecks ein neues gleichseitiges Dreieck aufgesetzt. Man denkt sich dieses Verfahren bis ins Unendliche fortgesetzt.

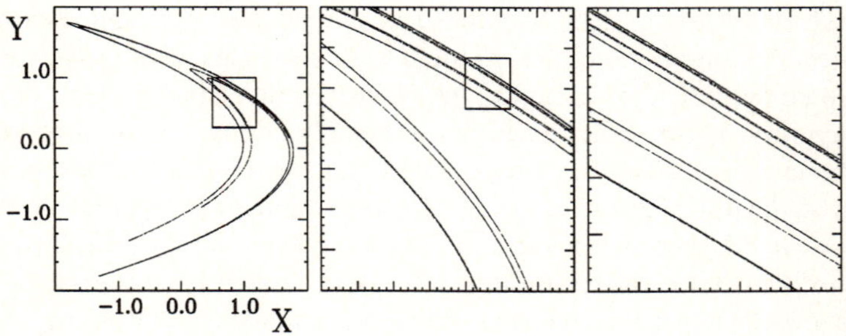

Abb. 13.5: Beispiel für die Selbstähnlichkeit bei einem chaotischen Attraktor. Vergrößert man einen Teilbereich, so erscheint wieder das ursprüngliche Bild. Es läßt sich also nicht sagen, mit welcher Vergrößerung der Attraktor dargestellt worden ist.

er von jedem rotierenden Motor erzeugt werden kann. War die Ankopplung klein, so folgte das Pendel dem Hin- und Hergang des Hebelarms und führte erzwungene Schwingungen aus. Es entstanden also Bahnkurven, wie wir sie von Abbildung 13.1 her kennen. Wurde aber nun die Ankopplung verstärkt, so gab es plötzlich einen Umschlagpunkt, von dem an das Pendel nicht mehr nach einer, sondern erst nach der doppelten Periodendauer in seine ursprüngliche Lage zurückkehrte. Nach einigen derartigen Zwischenstufen, die bei einer Erhöhung der Ankopplung auftraten, setzte schließlich die völlig unregelmäßige Bewegung des Pendels, das heißt chaotische Bewegung, ein. Chaos läßt sich also ganz offensichtlich sehr einfach erzeugen.

Mathematiker und theoretische Physiker haben sich natürlich überlegt, wie man derartige chaotische Bahnkurven näher charakterisieren kann. Hierzu gehört zum einen das, was ich als Rasierklingeneffekt (vgl. Abb. 12.2) bezeichnen möchte, ein Effekt, der in der Fachsprache *Sensibilität gegenüber Anfangsbedingungen* genannt wird. Untersucht man nämlich zwei Bahnkurven, die anfänglich dicht beieinander im Phasenraum liegen, so stellt man fest, daß diese sich sehr rasch voneinander entfernen – ihr Abstand wächst exponentiell an. Die zugehörige Wachstumsrate wird als *Lyapunov-Exponent* bezeichnet.

Ein weiteres Charakteristikum chaotischer Bahnkurven ist deren Selbstähnlichkeit. Veranschaulichen wir uns dieses Phänomen an einer Konstruktion, die schon 1904 dem schwedischen Mathematiker Helge von Koch gelang (Abb. 13.4). Das Phänomen der Selbstähnlichkeit hat unter anderem den Effekt, daß wir etwa bei einer Schar von Bahnkurven nicht sagen können, unter welcher Vergrößerung wir diese betrachten (Abb. 13.5). Die Schar der Bahnkurven ist sich bei den verschiedensten Vergrößerungen jeweils ähnlich. Schließlich muß man sich chaotische Bahnkurven wie ein Wollknäuel vorstellen, durch das man immer wieder den Faden stechen kann. Sie erfüllen also den Raum nicht völlig, sondern nur teilweise. Man spricht daher von einer fraktalen, das heißt gebrochenen Dimension der Bahnkurven.

In der Hoffnung, den Leser nicht zu sehr mit Fachausdrücken zu erschrecken, nenne ich hier noch den Begriff des Attraktors. Beim gedämpften Pendel hatten wir gesehen, wie sich dessen Bahnkurve dem Nullpunkt nähert. Der Nullpunkt zieht also gewissermaßen die Bahnkurve an, mit anderen Worten, der Nullpunkt ist zum Attraktor geworden. Bei chaotischen Bewegungen kommt die Bewegung hingegen nie zur Ruhe. Trotzdem kann man auch hier von einem Attraktor sprechen. Läßt man nämlich im Phasenraum die Bahnkurve irgendwo in der Nähe des sogenannten Attraktors beginnen, so läuft sie in ein bestimmtes Raumgebiet, nämlich den Attraktor, hinein und verläßt diesen dann nie wieder. In ihm läuft die Bahnkurve immerwährend ruhelos um, ohne, wie erwähnt, das Raumgebiet je völlig erfüllen zu können.

Weil der Verlauf der Bahnkurven in drei – und natürlich erst recht in mehr Dimensionen – sehr unübersichtlich sein kann, sind Versuche unternommen worden, die Bahnkurven mit Hilfe von weniger Dimensionen wiederzugeben. Ein sehr wichtiger Vorschlag stammt von Poincaré, der die nach ihm benannte Abbildung entwickelte. Diese ist in Abbildung 13.6 erläutert. Mit ihrer Hilfe gelingt es, eine kontinuierliche Bahnkurve in eine Folge von einzelnen, das heißt diskreten Punkten $x_1, x_2, x_3, \ldots$ abzubilden. Mathematiker und theoretische Physiker neigen gelegentlich zu Spielereien, die sich oft am Schluß als höchst nützlich erweisen und tiefe Einblicke in Gesetzmäßigkeiten ergeben.

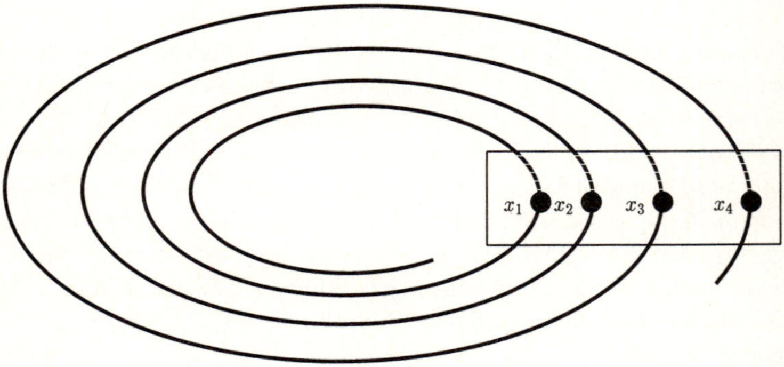

Abb. 13.6: Konstruktion der Poincaré-Abbildung. Im vorliegenden Beispiel laufen die Bahnkurven in einem dreidimensionalen Raum und durchstoßen dabei eine hineingelegte Schnittebene. Die Durchstoßpunkte bilden eine Folge $x_1, x_2, \ldots$

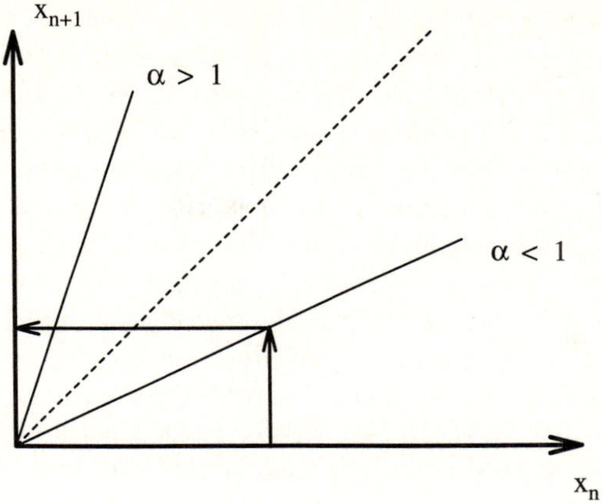

Abb. 13.7: Eine modellhafte Beschreibung für den Zusammenhang zwischen dem Durchstoßpunkt x_n beim n-ten Durchgang und dem darauffolgenden Durchstoßpunkt x_{n+1}, $n = 1, 2, 3, \ldots$ Ist der Zusammenhang wie hier angegeben linear, so passiert nichts Besonderes. Ist die Steigung $\alpha < 1$, so laufen die Punkte gegen den Punkt Null, im anderen Fall für $\alpha > 1$ gegen den Punkt unendlich, wie man sich anhand der vorliegenden Abbildung leicht klarmachen kann, indem man die Abbildung wiederholt.

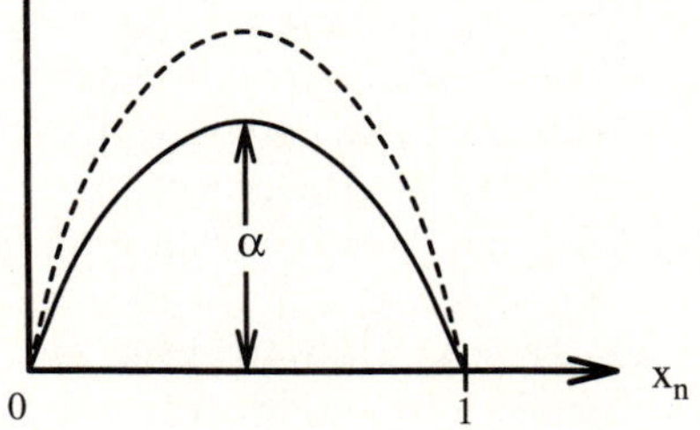

Abb. 13.8: Im vorliegenden Fall ist der einfachste Zusammenhang dargestellt, der über den linearen hinausgeht, nämlich eine parabelförmige Abhängigkeit des Durchstoßpunktes x_{n+1} vom vorangegangenen x_n.

Als eine solche Spielerei mag es zunächst erscheinen, wenn man einen Zusammenhang zwischen den aufeinanderfolgenden Punkten x_n postuliert, zum Beispiel, daß sich der beim fünften Umlauf erreichte Punkt gerade um einen Faktor α von dem beim vierten Umlauf erreichten Punkt unterscheidet. Dies führt allerdings zu keinem besonders interessanten Resultat (Abb. 13.7). Ist $\alpha < 1$, so laufen die Punkte schließlich gegen den Nullpunkt, im anderen Falle mit $\alpha > 1$ laufen sie ins Unendliche. Bei $\alpha = 1$ fallen sie alle aufeinander. Überraschenderweise ergibt sich aber schon bei der nächst komplizierteren Kurve, nämlich einer parabelförmigen Abhängigkeit von x_{n+1} von x_n, eine Fülle interessanter Erscheinungen. Vergrößert man in Abbildung 13.8 die Höhe α, so findet man eine ganz verschiedene Reihe von Folgen von x_n, von denen die ersten abgebildet sind (Abb. 13.9). Bei ganz bestimmten Werten von α verdoppelt sich jeweils die Periode, nach der der ursprüngliche Punkt x_n erreicht wird. Man spricht hier von einer Folge von Periodenverdopplungen. Bei einem bestimmten Grenzwert von α gehen diese Periodenverdopplungen in eine völlig unregelmäßige Folge von Werten von x_n über, das heißt, wir haben hier wieder ein chaotisches Verhalten. Hier sind hochinteressante allgemeine Gesetzmäßigkeiten zuerst von Siegfried Großmann und S. Thomae gefunden worden, aber wir sind natürlich schon so tief ins Fachspezifische geraten, daß ich den interessierten Leser auf die Fachliteratur verweisen muß. Die durch Abbildung 13.8 veranschaulichte Gleichung heißt übrigens *logistische Gleichung* und wurde verwendet, um das unregelmäßige Verhalten von Insektenpopulationen, auf das wir in Kapitel 12 hingewiesen haben, zu beschreiben. Die Periodenverdopplung ist *ein* Weg ins Chaos. Einige Zeit dachte man, dies sei der Weg ins Chaos schlechthin. Dann haben sich aber andere Wege aufgetan, und wir wissen heute, daß es unendlich viele verschiedene Möglichkeiten gibt, um zum Beispiel durch Erhöhung eines Parameters beim Experiment oder bei einer Gleichung ins Chaos zu gelangen.

Ich kann mir vorstellen, daß diese Darlegungen je nach Veranlagung des Lesers verschiedene Reaktionen hervorrufen können. Der eine Leser wird sagen: «Ach, das sind ja sehr trockene und langweilige Beziehungen, die in der Chaostheorie aufgedeckt werden. Was haben diese Beziehungen mit dem wirklichen Leben zu tun?» Ein anderer Leser wird von der Reichhaltigkeit der sich hier eröffnenden mathematischen Fragestellungen und Resultate fasziniert sein.

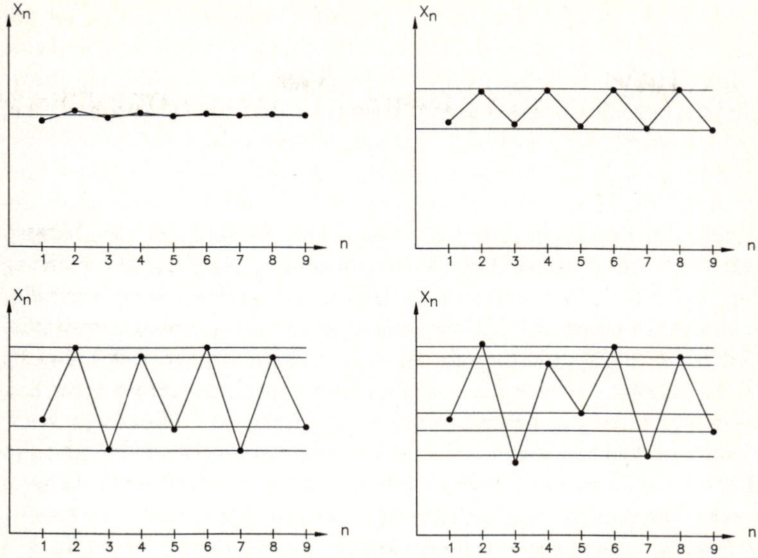

Abb. 13.9: In Abhängigkeit von der Höhe α von Abbildung 13.8 ergeben sich ganz verschiedene Zeitverläufe, für kleine Werte von α bleibt x_n konstant. Wird α erhöht, so setzt jenseits eines ersten kritischen Wertes eine periodische Bewegung ein, wobei der ursprüngliche Zustand nach einem doppelten Zeitschritt gegenüber dem ersten Teil dieser Abbildung erreicht wird. Wird α weiter erhöht, so kommt es zu einer Periode 4, dann bei weiterer Erhöhung zu einer Periode 8 usw. Für diese Zeitserien wurde eine Reihe interessanter Selbstähnlichkeitseigenschaften festgestellt.

Die Zähmung des Chaos

Das Kennzeichen chaotischer Vorgänge ist deren Unregelmäßigkeit und auch deren Unvorhersagbarkeit. Baut man einen Laser, der chaotisches Laserlicht aussendet, so ist dies natürlich im allgemeinen höchst störend, man möchte ja eine äußerst gleichmäßige Lichtwelle erreichen. Ganz ähnlich ist es mit vielen anderen Vorgängen, nicht nur in

der Physik. Es ist deshalb nicht verwunderlich, daß sich Forscher mit der Frage befaßt haben, ob man das Chaos nicht zähmen, das heißt eine unregelmäßige Bewegung doch wieder in eine ganz gleichförmige überführen könnte. Dies ist in der Tat in einer Reihe von Fällen möglich, wofür wieder der Laser als ein Standardbeispiel herhalten möge. Wie wir in Kapitel 5 gesehen haben, hängt die Ausstrahlung des Laserlichts von der dem Laser zugeführten Energie ab. Wird diese Energie, genauer: die ihm zugeführte Leistung erhöht, so erhöht sich die Intensität des ausgestrahlten Laserlichts, im umgekehrten Falle nimmt sie ab. Hiermit bietet sich aber auch eine Kontrollmöglichkeit für das chaotische Laserlicht. Mißt man nämlich die jeweils ausgestrahlte Lichtintensität, so kann man eine elektronische Kontrollvorrichtung konstruieren, nach der die zugeführte Energie mit zunehmender ausgestrahlter Intensität gesenkt oder im umgekehrten Falle erhöht wird. Dieses einfache Rezept hat sich in der Tat bewährt, und man kann so chaotisches Laserlicht in erstaunlich hohe Intensitätsbereiche hin zu einem gleichmäßig ausgestrahlten Licht stabilisieren.
Daneben ist eine Reihe weiterer Kontrollmechanismen vorgeschlagen und auch erprobt worden, wovon mir der folgende nicht nur deshalb, weil er hier in Stuttgart zuerst entwickelt wurde, sondern weil er zudem in gewissem Sinne paradox ist, besonders interessant erscheint. Unter Umständen ist es nämlich möglich, ein chaotisch arbeitendes System dadurch zu stabilisieren, daß man ihm statistisch verteilte Störungen erteilt. In anderen Worten könnte man sagen, daß hier aus deterministischem und mikroskopischem Chaos letztlich wieder Ordnung entsteht. Es ist klar, daß die Frage der Zähmung des Chaos ein zentrales Thema der Chaosforschung ist und daß hier noch viele auch für praktische Anwendungen wichtige Entwicklungen, zum Beispiel in der Wirtschaft, zu erwarten sind.

Der Chaosforscher als Prophet

Als Charakteristikum des Chaos wird insbesondere die Empfindlichkeit der Entwicklung eines Systems gegenüber den anfänglichen Werten angegeben. Da man aber die anfänglichen Werte nie genau messen kann, ergibt sich hieraus eine Unsicherheit bezüglich der Voraussage über den weiteren Verlauf des Systems. Trotzdem versuchen aber

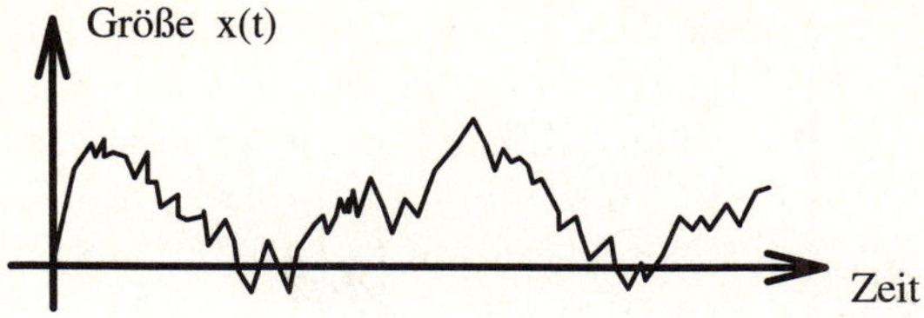

Abb. 13.10: Beispiel für eine Zeitreihe. Der Verlauf einer Größe *x* (*t*) ist hier gegenüber der Zeit abgetragen.

Chaosforscher immer wieder, aus gemessenen Reihen von Daten Prognosen über die zukünftige Entwicklung des gerade betrachteten Systems zu erstellen. Warum und wie ist das möglich?

Zum einen muß man sagen, daß die prinzipiell vorhandene Unsicherheit der Voraussage genauer betrachtet doch eine Frage des Zeitmaßstabes ist. So kann es Systeme geben, die, sagen wir, in einer millionstel Sekunde nicht mehr vorhersagbar sind, andere dagegen, bei denen es zum Beispiel Jahre dauert, bis sich die Unsicherheiten bemerkbar machen. Deshalb ist die Aussage, daß sich wegen des Chaos überhaupt keine Voraussagen mehr über die Zukunft machen lassen, Unsinn. Man muß eben die Systeme sehr genau kennen und die Unsicherheiten abwägen.

Nehmen wir doch einmal an, daß derartige Unsicherheiten bekannt seien. Wie lassen sich dann aus gemessenen Daten Voraussagen über die zukünftige Entwicklung eines Systems, auch eines Wirtschaftssystems, schöpfen? Das ist etwas, das natürlich die Börsianer ganz besonders interessiert. Es ist daher nicht verwunderlich, daß sich zum Beispiel Physiker mit derartigen Voraussagen an der Börse befassen, und zwar eben aufgrund der Chaostheorie. Natürlich können wir nicht auf die genauen Details dieser Theorie eingehen, aber wir wollen trotzdem versuchen, dem Leser ein Gefühl für das Vorgehen der Theoretiker oder Analytiker zu geben.

Bei diesen Untersuchungen legt man eine sogenannte Zeitreihenanalyse zugrunde. Sehr oft kann man bei einem System nur ganz wenige Variablen, oft nur eine, in ihrem Zeitverlauf messen, sagen wir zum Beispiel die Intensität des Laserlichts im Laufe der Zeit oder das Bruttosozialprodukt im Laufe von Wochen oder Monaten (Abb. 13.10). Die Zeitreihenanalyse basiert auf der Annahme, daß den gemessenen zeit-

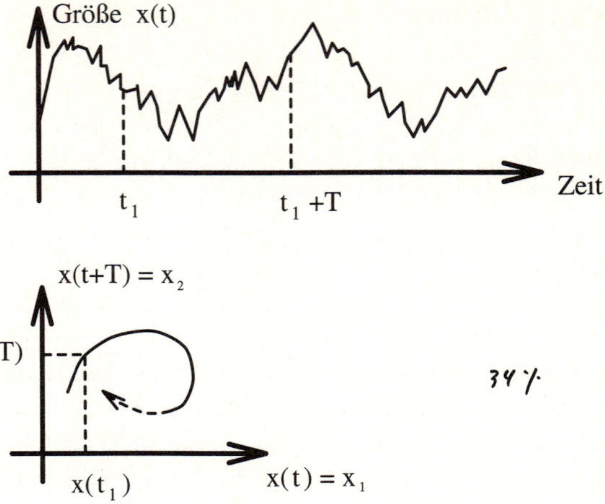

Abb. 13.11: Rekonstruktion von Attraktoren aus einer Zeitserie. Zu einer Zeit t_1 wird die ursprüngliche Größe x genommen und dazu eine zweite konstruiert, indem die Zeit t_1 um eine konstante Zeit T verschoben ist. Im unteren Teil der Abbildung sind diese beiden Größen längs der beiden Koordinatenachsen aufgetragen, so daß sich insgesamt ein Punkt in der Ebene ergibt. Trägt man diese Punkte der Reihe nach für die Zeiten t_1 auf, so ergibt sich zum Beispiel die hier gezeigte Bahnkurve. Der gestrichelte Teil bedeutet die Extrapolation in die Zukunft, wobei Meßdaten noch nicht vorlagen. Bei chaotischen Attraktoren ist zur Rekonstruktion des Attraktors mindestens ein drei-, wenn nicht noch höher-dimensionaler Raum erforderlich. Hier sind dann die entsprechenden neuen Koordinaten dadurch zu gewinnen, daß die Zeitachse nicht nur um T, sondern auch um $2T$ etc. verschoben wird. Die richtige Wahl von T ist dabei ein wichtiges und keineswegs endgültig gelöstes Problem.

lichen Entwicklungen bestimmte deterministische Gesetzmäßigkeiten zugrunde liegen, die zwar nicht bekannt sind, die man aber in irgendeiner Weise enthüllen möchte. Ein Trick, dieses Ziel zu erreichen, besteht darin, daß man aus dem zeitlichen Verlauf einer einzelnen Variablen auf die Bahnkurven in einem Phasenraum schließen, daß man also die Bahnkurven in einem chaotischen Attraktor rekonstruieren will. Mit anderen Worten, man will von dem Verhalten einer Variablen auf das Verhalten mehrerer, deren Zahl sogar zunächst nicht bekannt ist, schließen. Dies geschieht mittels eines Kniffs, der in Abbildung 13.11 näher erläutert ist und als Rekonstruktion eines Attraktors bezeichnet wird. Hat man dann bis zu einem bestimmten Zeitpunkt die Bahnkurve

rekonstruiert, so kann man diese mit mehr oder minder großer Genauigkeit in die Zukunft hinein extrapolieren.
Dieses Verfahren hat sich zum Beispiel bei Laseranordnungen oder bestimmten chemischen Reaktionen, die Schwingungen chaotischer Natur zeigen, in einer Reihe von Fällen durchaus bewährt. Oft kommt es aber auch vor, daß sich das «Garnknäuel» des Attraktors nicht auflösen und sich damit die Dynamik nicht ergründen läßt. Im Hinblick auf Anwendungen an der Börse sind noch weitere Umstände zu beachten, wobei man aber diese Analysemöglichkeiten keineswegs zugleich vom Tisch wischen sollte. Solange an dem Wirtschaftsgeschehen nur wenige Größen, nämlich eben die aus der Synergetik bekannten Ordnungsparameter, am Werke sind und wir von inneren Gesetzmäßigkeiten in der Wirtschaft ausgehen dürfen, könnte der Zeitanalyse durchaus eine Bedeutung zukommen. Sie kann sogar recht verzwickte Konsequenzen haben. Selbst wenn nämlich diese Analysen nicht zutreffen, so werden sich doch wichtige Wirtschaftsinstitutionen, etwa Finanzberater, nach ihnen richten und entsprechend Aktienkäufe oder -verkäufe tätigen. Steht man selbst als Anleger mit einer solchen Gruppe in Konkurrenz, so wird es natürlich wichtig sein, deren Analyseverfahren und die sich daraus ergebenden Schlüsse zu kennen. Das Paradoxe an der Situation ist also, daß selbst wenn diese Analyseverfahren fragwürdig sind, ihre Kenntnis für Konkurrenten wichtig ist, da man hier im «Normalfall» auf das Konkurrenzverhalten Rücksicht nehmen kann. Andererseits gibt es auch viele Einflüsse auf das Börsen- und Wirtschaftsgeschehen, die völlig unerwartet sind, zum Beispiel der Ausbruch einer Revolution, ein Erdbeben etc. Immerhin wird der Leser schon ahnen, daß ein aufregendes Feld wirtschaftlicher Analysen, gerade im Hinblick auf die Börse, durch die Chaosforschung eröffnet worden ist.
Zum Abschluß dieses Kapitels sei noch erwähnt, daß Synergetik und Chaosforschung immer mehr auch in die Gehirnforschung eindringen. Doch darüber mehr in Kapitel 16.

14

Synergetische Effekte in der Wirtschaft

In den bisherigen Kapiteln haben wir uns mit Vorgängen im naturwissenschaftlichen Bereich befaßt, Vorgängen, die wir sogar mathematisch darstellen können. In diesem und im nächsten Kapitel wollen wir uns nun Fragen zuwenden, die die menschlichen Beziehungen untereinander betreffen. Hier erhebt sich sofort die Frage, ob der Mensch nicht ein so komplexes Wesen ist, daß jeder Versuch einer Theorie, die über sein Handeln Voraussagen machen will, von vornherein zum Scheitern verurteilt ist. In der Wirtschaft haben wir es aber meist nicht mit dem Verhalten eines *einzelnen* Menschen zu tun, sondern mit dem ganzer Gruppen. Die These der Synergetik, die wir im folgenden begründen und erläutern wollen, lautet nun gerade, daß es bei ganzen Gruppen möglich sei, Vorhersagen zu treffen.* Die eigentliche Frage ist also, ob wir das Verhalten *ganzer Gruppen*, sei es im wirtschaftlichen oder im sozialen Bereich, mit Hilfe allgemeiner Gesetzmäßigkeiten beschreiben können. Die Tatsache der Existenz etwa der Wirtschaftswissenschaften oder der Soziologie zeigt, daß hier tatsächlich der Versuch einer wissenschaftlichen Durchdringung unternommen wird. Dabei müssen wir uns von vornherein im klaren sein, daß wir wegen der Schwierigkeiten der Probleme verschiedene Denkrichtungen antreffen werden. Zwei Richtungen treten besonders hervor: Die eine möchte das gesamte Geschehen vom Verhalten des einzelnen Individuums her verstehen, wobei die psychologische Komponente eine enorme Rolle spielt. Die andere Richtung behandelt das Geschehen in der Wirtschaft oder im Sozialen vom Standpunkt des Systems aus, wobei wir erst noch klären müssen, was wir in diesem Zusammenhang unter einem «System» verstehen.

* Das Wort «Vorhersage» ist allerdings auch hier *cum grano salis* zu verstehen. Es handelt sich um Wahrscheinlichkeitsaussagen, wobei aber die relativen Schwankungen bei einer Gruppe im allgemeinen wesentlich kleiner als bei einem einzelnen sind. Für den Fachmann sei hinzugefügt, daß im Rahmen der Synergetik im Gegensatz zur geläufigen Gauß-Statistik die *nichtlineare* Dynamik eine wesentliche Rolle spielt.

Um den Standpunkt, den hier die Synergetik einnimmt, zu verdeutlichen, sehen wir uns einige ganz konkrete Beispiele aus der Wirtschaft an.

Das ganze Geschäftsleben beruht auf der meist unausgesprochenen Annahme von Gesetzmäßigkeiten. Jeder Geschäftsmann muß nämlich, zum Teil sogar langfristig, vorausplanen, wobei er das Verhalten seiner Kunden kennen muß. Nehmen wir einen Extremfall. Ein Geschäft, das Brautausstattungen verkauft, weiß wohl in den wenigsten Fällen, wann ein *bestimmtes* Paar heiraten wird. Trotzdem ist es in der Lage, den Bedarf ganz gut vorherzusagen, weil es eben gar nicht auf das Verhalten eines einzelnen Paares ankommt, sondern auf das Verhalten sehr vieler Paare. Hier ist es eben eine Erfahrungstatsache, daß eine bestimmte mittlere Zahl von Paaren im Jahr heiratet. Dabei kann das Geschäft meist sogar noch differenzierter disponieren, weil es zudem saisonbedingte Schwankungen gibt, die der Geschäftsführer aus Erfahrung kennt.

Genauso ist es mit einer Bank, die Geld für ihre Kunden bereithalten muß. Auch sie weiß nicht, wann ein bestimmter Kunde kommt und wieviel Geld er haben möchte. Trotzdem ist sie in der Lage, Geld in ausreichendem Umfang verfügbar zu halten. Hierbei besteht allerdings die Kunst darin, daß die Bank nicht zuviel Geld bereithält, da dies ja für sie bei längerfristigen Anlagen Verlust bedeutet.

Diese Beispiele machen deutlich, was wir aus Erfahrung wissen – daß es beim Verhalten sehr vieler Menschen doch wieder Gesetzmäßigkeiten gibt. Hierbei ist es im Sinne der Synergetik wichtig, zwischen normalem und außergewöhnlichem Verhalten zu unterscheiden. Normales Verhalten liegt dann vor, wenn die Menschen unabhängig voneinander handeln, das heißt, wenn sie sich nicht untereinander absprechen und zum Beispiel sagen, nächste Woche kaufen wir unsere Brötchen alle beim Bäcker Sowieso. Bei unabhängigem Handeln gelten die Gesetze großer Zahlen, die der geniale Mathematiker Carl Friedrich Gauß (1777–1855) im 19. Jahrhundert aufstellte. Dank dieser Gesetze läßt sich nicht nur voraussehen, wie viele Verkaufsartikel bereitzustellen sind, sondern auch das Auftreten von Schwankungen, mit denen man beim Verkauf zu rechnen hat.

Ganz anders erscheinen die Verhältnisse, wenn es zu kollektivem Verhalten kommt. Das ist aber gerade der Inhalt der Forschungen auf dem Gebiet der Synergetik. Wenn wir im folgenden von kollektivem Ver-

halten sprechen, so meinen wir damit ein Verhalten, bei dem die Menschen handeln, als hätten sie sich untereinander abgesprochen. Natürlich braucht dabei keineswegs jeder Mensch mit jedem anderen zu sprechen oder auch nur indirekt auf andere zu hören.
Es gibt hier, ähnlich wie beim Laser, bei Flüssigkeiten oder all den anderen Beispielen, die wir in den vorangegangenen Kapiteln behandelt haben, Situationen, in denen ein einzelner geradezu gezwungen wird, im Sinne eines ganz bestimmten neuen Ordnungszustandes zu handeln. Besonders drastische Beispiele hierfür stellen Wirtschaftskatastrophen dar, etwa die massenweise Abgabe von Aktien bei Kursstürzen (wodurch natürlich die Kursstürze noch schlimmer werden), der Kauf von Gold bei Inflation usw. Wir werden weiter unten noch weniger drastische, aber vielleicht noch wichtigere und typischere Fälle unter die Lupe nehmen. Denken wir dabei an die Beispiele aus den Naturwissenschaften, so fällt es uns leichter zu erkennen, worauf es hier ankommt. Dort sahen wir, daß durch Änderung äußerer Bedingungen ein bestimmter Zustand eines Systems instabil wird und dann durch einen neuen, oft ganz andersartigen Zustand ersetzt werden kann. Die einzelnen Teile des Systems, zum Beispiel der Flüssigkeit, werden dann vom Ordner in den neuen Zustand hineingezogen, sie werden versklavt.
Durch die Synergetik ist es gelungen, das Gesetz der großen Zahlen in überraschender Weise zu verallgemeinern. Wir sind nämlich nunmehr in der Lage, auch dann Gesetzmäßigkeiten aufzustellen, wenn die einzelnen Individuen nicht mehr unabhängig voneinander handeln, sondern in kooperativer Weise. Das höchst komplexe Wirtschaftsleben bietet eine Fülle von Beispielen synergetischer Effekte. Wir wollen hier einige typische herausgreifen, etwa das Verhalten von Geschäftsleuten.

Zwei Eisverkäufer am Strand wollen ihr Geschäft machen. Aber wie?

Ein amüsantes Beispiel, das ich einem unserer Gastprofessoren (Tim Poston) verdanke, handelt von zwei Eisverkäufern am Strand. Naiverweise sollte man glauben, daß es für die beiden Eisverkäufer das beste sei, den Strand in zwei Hälften zu teilen und sich dann jeweils in der Mitte der eigenen Hälfte zu postieren. Dieser Zustand ist aber nun nicht unbedingt stabil. Es könnte nämlich einer von beiden auf die Idee kommen, seinen Umsatz zu erhöhen, indem er sich etwas mehr zur Mitte, der Grenze zwischen den beiden Hälften, hin bewegt, damit er auch noch einige von den potentiellen Kunden des anderen Eisverkäufers bekommt. Daraufhin wird der zweite Eisverkäufer reagieren und nun seinerseits etwas mehr zur Mitte rutschen. Dieses Spiel wiederholt sich dann einige Male, bis sich beide in der Mitte treffen und sich stark Konkurrenz machen. Als mir Poston das erzählte, schien es uns, als würden beide im Endeffekt weniger verdienen als vorher, da zum Beispiel die Käufer von den Randgebieten des Strandes nun überhaupt nicht mehr zu ihnen kommen. In diesem Falle haben wir ein Beispiel dafür, wie durch korreliertes Verhalten der beiden Eisverkäufer, nämlich dadurch, daß einer immer auf den anderen reagiert, beide sich in Umstände hineinmanövrieren, in denen sie am Schluß weniger verdienen, als wenn jeder für sich allein geblieben wäre. Derartige Beispiele gibt es tatsächlich häufiger in der Wirtschaft, und wir werden darauf noch zurückkommen.

Als ich länger über dieses Beispiel nachdachte, kamen mir aber doch Zweifel, ob die Eisverkäufer durch ihr Handeln tatsächlich *immer* ihren Profit verringern, und es fiel mir eine Beobachtung ein, die ich auf meinen vielen Vortragsreisen gemacht hatte. Wenn ich nämlich ein bestimmtes Geschäft oder ein Restaurant in einer fremden Stadt suchte, so mußte ich oft sehr lange herumirren, um schließlich herauszufinden, daß in einem bestimmten Viertel oder einer bestimmten Straße dann ein Restaurant neben dem anderen oder ein Geschäft neben dem anderen war. Dies widerspricht unserer üblichen Einstellung, bei der wir erwarten, daß die Geschäfte eigentlich einer Konkurrenz ausweichen sollten und sich möglichst gleichmäßig verteilt ansiedeln müßten. So kam ich zu der Vermutung, daß die Größe eines Einzugsbereichs für das Verhalten der Geschäftsleute wichtig ist, mit anderen Worten, es ist wichtig zu wissen, wie mobil die Kunden sind, wieviel Zeit und Lust sie haben, um bestimmte Wegstrecken zurückzulegen. In der Tat ergab sich dann bei der Rechnung, daß die gleichmäßige Verteilung von Geschäftsleuten über ein Gebiet ganz sinnvoll ist, wenn der einzelne Kunde nur kurze Strecken zurücklegen will. Ist er aber auch bereit, längere Strecken zurückzulegen, ist es günstiger, wenn sich die Geschäfte an einem Platz sammeln. Sie üben dann wieder in kooperativer Weise eine erhöhte Anziehungskraft auf den Käufer aus. Sie sind auf diese Weise in der Lage, insgesamt ein breiteres Angebot vorzulegen, und können so in ihrer Gesamtheit einzelne Geschäfte, die isoliert liegen, ausstechen. Folglich kommt es in der gleichen Gegend zu einer Anhäufung von Geschäften, von denen wir auf den ersten Blick glaubten, daß sie sich gegenseitig Konkurrenz machen könnten. Ich kenne Geschäftsleute, die sich mit einem relativ kleinen Geschäft in die Nähe eines großen Einkaufszentrums begeben haben, weil sie wissen, daß damit auch der Kundenstrom zu ihrem Geschäft größer wird. Die Anhäufung gleicher Geschäfte muß es offensichtlich auch schon in früheren Zeiten gegeben haben, wie sich aus Straßennamen, etwa der Londoner Baker Street, ableiten läßt.

Warum wachsen Städte immer mehr?

Wir haben eben gesehen, daß sich oft Geschäfte an einer Stelle häufen. Ähnliche Mechanismen sind aber nicht nur hierbei maßgebend, sondern bei menschlichen Siedlungen überhaupt. Gewisse soziale Einrichtungen werden erst bei einer bestimmten Siedlungsgröße nötig und zugleich auch möglich, etwa Schulen, Kirchen, Krankenhäuser, Gerichte, Theater, Verwaltungen usw. Auch hier bedingen sich meist Größe der Ansiedlung und Auftreten derartiger neuer Einrichtungen gegenseitig. Mit größer werdender Kommunikation zwischen den Menschen und höheren Ansprüchen, zum Beispiel auch an das kulturelle Leben oder an wirtschaftliche Verbindungen, verstärkt sich der Wunsch, sich innerhalb einer solchen bereits genügend großen Ansiedlung aufzuhalten. Zugleich versprechen derartige Ballungsgebiete bessere Verdienstmöglichkeiten oder in ärmeren Ländern Verdienstmöglichkeiten überhaupt. Dies dürfte wohl der Grund dafür sein, daß die Großstädte immer mehr anwachsen und kleinere Ansiedlungen verdrängen oder, wenn sie in der Umgebung liegen, aufsaugen. Es setzt hierbei automatisch eine ständig stärker werdende Zentralisierung ein, bei der sich, wie wir in der Physik gesehen haben, eine «Mode» (oder hier ein Zentrum) immer mehr durchsetzt. Wir haben den Fall einer typischen Wachstumsinstabilität vor uns. Ob dieses Wachstum sich fortsetzt oder nicht, hängt unter anderem von den verfügbaren Verkehrsmitteln ab, wobei auch hier interessante Arten von Phasenübergängen auftreten können. Wachsen Zahl und Geschwindigkeit der

Verkehrsmittel nur so an, daß gerade die Bewohner der unmittelbaren Randgebiete in einer vertretbaren Zeit ins Zentrum gelangen können, so werden die Städte wohl kontinuierlich am Rande weiterwachsen. Sehr effektive Verkehrsmittel können es hingegen auch ermöglichen, daß sich Satellitensiedlungen bilden, die dann zum Teil den Charakter von Schlafstädten annehmen.

Wie man besonders in den USA, zum Teil aber auch in der Bundesrepublik beobachten kann, spielt dabei das Auto eine erhebliche Rolle. Da in den Ballungsgebieten die Bauplatzpreise in die Höhe schießen, drängt es die Menschen weiter nach draußen, zugleich auch ins Grüne. Oft sind die neuen zukünftigen Wohngebiete nur dürftig erschlossen, insbesondere gibt es noch kaum oder unzureichend öffentliche Verkehrsmittel, um die Bewohner an ihre Arbeitsplätze zu bringen. Diese Verkehrsmittel würden sich auch gar nicht lohnen, da die neuen «Siedler» noch ganz verstreut wohnen. So bleibt denn bei der Erschließung neuer Gebiete als einziges effektives Verkehrsmittel das eigene Auto. Erst durch dieses wird es vielen Menschen möglich, der Großstadt zu entfliehen. Zugleich tritt damit eine Entflechtung von Arbeits- und Wohnbereich auf, mit Vor- und Nachteilen verbunden. Durch die größere individuelle Beweglichkeit ändert sich auch die Wirtschaftsstruktur, wie wir das am Beispiel der Anhäufung von Geschäften sahen. Die «Tante-Emma-Läden» entstehen oft gar nicht mehr, an ihre Stelle treten Einkaufszentren mit großen Parkplätzen. Haben sich dann neue derartige Siedlungen gebildet, so ist es wichtig, das Verkehrsnetz zu erweitern, sei es durch Straßen für den Autoverkehr, sei es durch wirkungsvolle Nahverkehrsmittel, die sich nach einer Anfangsphase lohnen können. Wie bei allen synergetischen Ordnungszuständen bedingen sich einzelne Systemkomponenten in ihrer Existenz gegenseitig, wie wir dies an den Nahverkehrsmitteln sehen: Damit sich diese lohnen, müssen genügend viele Menschen sie benutzen. Die Menschen benutzen aber diese Verkehrsmittel, zum Beispiel die S-Bahn, nur, wenn sie genügend häufig verkehrt. Die Anfangsphase bedeutet also immer eine Durststrecke. Interessant ist der dabei zu beobachtende Konkurrenzkampf zwischen Auto und Bahn. In den USA hat das Auto die Bahn weitgehend verdrängt, was vielen Europäern sofort unangenehm ins Auge fällt, wenn sie in die USA kommen. Umgekehrt ist es einer der ersten Schritte eines Amerikaners in Europa, sich ein Auto zu mieten, zur Verwunderung vieler Europäer, die statt dessen den Zug genommen hätten. Es gibt offensichtlich ganz verschiedene Auffassungen vom «Vorwärtskommen». Bei allen diesen Erscheinungen müssen wir mit endgültigen Urteilen sehr vorsichtig sein. Das Auto hat uns Freiräume, sei es im Berufsleben, sei es bei der Freizeitgestaltung, erschlossen, von denen wir früher kaum zu träumen gewagt hätten. Andererseits bringt es zum Beispiel Energieprobleme und Abgase mit sich. Angesichts der vielfältigen Verflechtungen der verschiedensten Komponenten eines Lebensgefüges erscheint es mir verfehlt, das Auto pauschal zu verdammen oder auch als ausschließliches Verkehrsmittel zu betrachten. Es ist wichtig, differenzierter zu urteilen, wobei das Gesamtbild nicht aus dem Auge verloren werden darf. So sind es oft dieselben Menschen, die zum Beispiel bei ihrer Ferienreise über das schlechte Straßennetz schimpfen, sich zugleich aber in ihrer Heimatgemeinde aktiv an einer Initiative gegen eine dort geplante neue Straße beteiligen

Leider können wir auf diese interessanten Problemstellungen hier aus Platzgründen nicht weiter eingehen, doch können diese Bemerkungen dem Leser schon einen Denkanstoß geben, Städte wie auch Verkehrsmittel nicht als etwas fest Gegebenes zu empfinden, sondern als etwas Gewachsenes und sich immer noch schnell Veränderndes.

Busineß-Management: Das tun, was die Konkurrenz tut?

Mit der Frage nach dem Verhalten der Eisverkäufer haben wir schlagartig eine Problematik beleuchtet, die in den Wirtschaftswissenschaften mit der Theorie des «business management» verknüpft ist. Die Firmenleitung muß die eigene Firma bestmöglich strukturieren und führen sowie eine für sie optimale Verkaufspolitik treiben. Die Entscheidungen, die eine Firmenleitung zu treffen hat, sind natürlich vielfältigster Natur, und es scheint, zumindest in den geläufigen Theorien, daß es einer Firmenleitung ganz allein überlassen ist, welche Entscheidungen sie trifft. Das Beispiel des Eisverkäufers zeigt aber bereits, daß die Entscheidung einer Firma durchaus von der Entscheidung einer anderen Firma beeinflußt werden kann. Einer der Gründe hierfür ist, daß Entscheidungen in ihren Konsequenzen stets mit Unsicherheiten behaftet sind, zum Beispiel von der allgemeinen Wirtschaftslage abhängen, von der Haltung der Kunden, ob sie ein neues Produkt akzeptieren usw. Die Firmen versuchen natürlich, diese Unsicherheiten durch Marktforschung einerseits und Werbung andererseits zu verringern. Hierbei spielen synergetische Effekte eine wesentliche Rolle. Wird ein neues Produkt eingeführt, so wird dieses oft patentrechtlich geschützt sein. Trotzdem kann die Durchsetzung dieses neuen Produkts durchaus dadurch begünstigt werden, daß es von mehreren Firmen angeboten wird. Die Firmen helfen sich gegenseitig, indem sie auf das Produkt aufmerksam machen. Dieser synergetische Effekt kann natürlich umschlagen, wenn der Markt einer Sättigung zustrebt. Wir haben dann das typische Verhalten von Systemen mit beschränkten Ressourcen. Wir sind diesen Beispielen in unserem Buch schon oft begegnet, etwa beim Aufbau der Lasermoden oder insbesondere bei der Darwinschen Evolutionstheorie.

Wie wir bereits gesehen haben, kann der erhöhten Konkurrenz in verschiedener Weise begegnet werden. Einerseits durch eine immer größere Spezialisierung, etwa auf besonders anspruchsvolle Produkte, oder aber durch eine ganz erhebliche Erweiterung des Angebots (Generalisierung). Bekannte Beispiele bietet die Autoindustrie. Im ersteren Falle würde es sich etwa um eine Firma handeln, die ausschließlich Sportwagen mit einem besonderen Image herstellt, im zweiten Falle hätte die Firma eine breite Palette von Kleinwagen bis zur «Staatskarosse» anzubieten.

Diese Hinweise machen schon deutlich, daß wir es bei einem Wirtschaftssystem im allgemeinen gar nicht mit einem statischen Problem zu tun haben. Vielmehr befinden wir uns in einem ständigen Auf und Ab verschiedenartigster Vorgänge.

Aufgrund der Unsicherheit der Entscheidungen kommt es auch dazu, daß sich Firmenleitungen gegenseitig beobachten, was schließlich zu einer Art kollektiven Verhaltens der Unternehmer führt, ohne daß dies abgesprochen zu sein braucht.

Wir wollen schon an dieser Stelle auf einen wichtigen Gesichtspunkt hinweisen, der sich aus der Sicht der Synergetik gut verstehen läßt. In der Wirtschaftstheorie oder auch der Soziologie taucht immer wieder der Begriff der Verschwörung auf. Es scheint so, als hätten sich andere Unternehmer oder andere Schichten (etwa Käufer) gegen einen selbst verschworen. Wir werden aber später sehen, daß durch kollektives Verhalten Automatismen hervorgerufen werden, denen der einzelne nicht entrinnen kann, so daß es dann so aussieht, als hätte sich die Welt oder zumindest eine bestimmte Gruppe gegen den Betreffenden verschworen. Wir werden sogleich an einem ganz konkreten Beispiel deutlich machen, daß nicht guter oder böser Wille entscheiden, sondern kollektiv entstandene Gegebenheiten.

Wohlstand und wirtschaftliche Depression – die zwei Seiten der Medaille

Dazu wollen wir uns mit einem Problem befassen, das in Zeiten wirtschaftlichen Wohlstands vergessen ist, das aber in Zeiten wirtschaftlicher Depressionen sehr bedrückend wird: dem Problem der Unterbeschäftigung oder, deutlicher gesagt, der Arbeitslosigkeit. Diese Problematik beschäftigt natürlich die Wirtschaftswissenschaftler sehr intensiv, wobei sich im Laufe der Jahre wohl ein Ideenwandel vollzogen hat. Früher wurde die Wirtschaft als eine statische Struktur angesehen. Die Wirtschaftsexperten benutzten Begriffe wie Wirtschaftlichkeit oder Flexibilität. Wie gut kann sich also eine Firma anpassen, wenn sich zum Beispiel die Verkaufschancen ändern? Heute tritt immer mehr eine dynamische Betrachtung der Wirtschaft im Sinne eines Entwicklungsvorgangs, einer Evolution also, in den Vordergrund. Dies ist natürlich ganz im Sinne der allgemeinen Linien der Synergetik, wo wir Struktur nicht als gegeben hinnehmen, sondern sie aus ihrem Entstehen heraus begreifen wollen. Im folgenden gehen wir von einer mathematischen Modellbetrachtung von Gerhard Mensch aus, die sich leicht in die allgemeinen Denkmethoden der Synergetik einordnen läßt. Wie uns allen geläufig ist und von Wirtschaftswissenschaftlern wie zum Beispiel Gottfried Haberler und vielen anderen untermauert wird, geht die industrielle Entwicklung durch Phasen des Wohlstands und der Depression. Dabei können die Übergänge zwischen den Phasen ganz ausgeprägt sein. Wie wir aus den zahlreichen Beispielen der vorangegangen Kapitel schon wissen, können in vielen Systemen bereits kleine Änderungen von Umweltbedingungen, die wir als «Kontrollen» bezeichnen, drastische Änderungen der Gesamtordnung hervorrufen. Wir wollen im folgenden das Problem der Vollbeschäftigung im Licht derartiger Erkenntnisse untersuchen. Bevor wir darangehen, die tieferen Ursachen dieser Phasenübergänge aufzuspüren, führen wir einige relevante Beobachtungen der empirischen Wirtschaftsforschung an.

Technische Neuerungen, Innovationen – stets Motor der Wirtschaft?

Immer wieder haben wir in diesem Buch gesehen, daß es beim Verhalten der verschiedenartigsten Systeme zwei ganz verschiedene Bereiche gibt. Einerseits einen Bereich, innerhalb dessen sich zum Beispiel eine Lampe oder eine Flüssigkeitsschicht normal verhalten, das heißt bei nicht zu großen Störungen ihr Verhalten praktisch beibehalten. Daneben gibt es aber die besonders interessanten Bereiche, in denen ein System instabil wird und einen neuen Zustand einnehmen möchte. Die Umstände sind sozusagen günstig geworden für den Übergang in einen neuen Zustand. Wann dieser Übergang stattfindet und dies im einzelnen passiert, wird oft von zufälligen Schwankungen oder, wie wir auch sagen, Fluktuationen ausgelöst. Genau dieses Verhalten finden wir auch innerhalb der Wirtschaftsmodelle, über die wir gerade sprechen. Was übernimmt aber im Wirtschaftsleben die Rolle der Fluktuationen, sozusagen die Rolle des auslösenden Moments? Eine Gruppe von Ereignissen, die hierzu gehört, sind Neuerungen in der Wirtschaft, insbesondere jene, die auf Erfindungen beruhen. Hierbei kann es sich um die Erfindung des Benzinmotors, des Flugzeugs oder des Telefons, aber auch um die eines neuen Staubsaugers handeln. Eine große Gruppe von Erfindungen, uns weniger auffallend, aber ebenfalls sehr wichtig, sind solche, die die Produktion vereinfachen. Alle diese Neuerungen werden in der Wirtschaftsfachsprache als Innovationen bezeichnet, und wir werden dieses Wort so benutzen. Gehen wir aus von Beobachtungen der empirischen Innovationsforschung. Danach beginnt eine erste Phase mit grundlegenden Innovationen, die neue Industriezweige eröffnen. Ein drastisches Beispiel wäre etwa die Erfindung des Autos. Diese grundlegenden Innovationen erscheinen meist in größerer Zahl, das heißt angehäuft. Es folgen Innovationen, die Verbesserungen der Produktion in den neu errichteten Wirtschaftszweigen bezwecken. Der Aufschwung dieses Wirtschaftszweiges strahlt auf die anderen Wirtschaftszweige aus, so daß die allgemeine Wirtschaftslage zum Wohlstand geführt wird. Dies geschieht in verschiedener Weise, etwa durch hohe Beschäftigungsraten und damit erzeugte hohe Kaufkraft, Einbeziehung von Zulieferfirmen etc. Wie die Wirtschaftsuntersuchungen weiter ergeben haben, überstiegen in den europäischen Industrieländern in den späten vierziger Jahren und während der ganzen fünfziger

Jahre die Innovationen, die *neue Produkte* herzustellen gestatteten, bei weitem die Einführung neuartiger *Herstellungsprozesse*. Dann schließlich, in den sechziger Jahren, fand eine Verschiebung der Innovationen statt, und zwar wurden die Herstellungsverfahren geändert, was im wesentlichen mit dem Schlagwort der *Rationalisierung* charakterisiert werden kann. Wenn wir die Motive für Handlungen in der Wirtschaft auf den einfachsten Nenner bringen wollen, so ist dies zweifellos die Frage nach dem Gewinn. Eine Diskussion hierüber ist oft nicht frei von Emotionen, etwa wenn ein Autofahrer an die Benzinpreiserhöhungen und die damit erzielten Gewinne denkt. Lassen wir aber hier Emotionen beiseite und halten uns vor Augen, daß abnehmender Gewinn schließlich zum Verlust wird und daß sich dann oft die Frage zum Beispiel nach der Sicherung der Arbeitsplätze zu einem akuten Problem entwickelt. Betrachten wir hier nur die wirtschaftlichen Aspekte. Dann gehört zum Gewinn einerseits der Verkauf genügend vieler Produkte, zum andern wird aber der Gewinn einer Firma zum Beispiel durch höhere Arbeitslöhne verringert. Diese wirken sich auf die Preise aus und können eventuell zu einer schwierigen Wettbewerbslage führen. Zugleich ist die Erweiterung der Produktion oft an die Einführung neuer Produkte geknüpft, was zunächst kostenaufwendig ist. Beides, höhere Löhne und die Vermeidung hoher Anfangskosten bei neuen Produkten, führt dazu, nicht in Richtung Expansion, also Erhöhung des Verkaufs, zu investieren, sondern mit dem Ziel der Rationalisierung. Das heißt, die Firmen bevorzugen Innovationen, die zu einer Verbesserung des Produktionsvorgangs selbst führen, gegenüber solchen, bei denen neuartige Produkte entstehen. Eine Autofirma wird also dann lieber eine neue automatische Schweißmaschine einführen als ein völlig neues Automodell.

Anhand empirischer Daten ist, wie schon oben erwähnt, von Gerhard Mensch ein mathematisches Modell, das der sogenannten Katastrophentheorie entlehnt ist, aufgestellt worden. Dieses beschreibt den zu beobachtenden Übergang von Vollbeschäftigung zu Unterbeschäftigung. Ich habe dieses Modell in die Sprache der Synergetik übersetzt und ausgebaut. Anhand von Beispielen, wie dem Laser oder Flüssigkeitsrollen, haben wir in diesem Buch gesehen, daß wir fast unmittelbar anhand einer Grafik ablesen können, welche Gleichgewichtslagen sich neu einstellen, wenn wir äußere Bedingungen verändern. Abbildung 14.1 zeigt den Verlauf des synergetischen Aufwands, wenn wir die Produktion, die wir mit der Größe x bezeichnen, ändern. Wir nehmen dazu an, daß die Wirtschaft sich zunächst in einem Gleichgewichtszustand befindet. Wir untersuchen nun, wie sich der synergetische Aufwand ändert, wenn wir die Produktion verändern. Da es sich zunächst um eine stabile Gleichgewichtslage handelt, finden wir den Kurvenverlauf von Abbildung 14.1.

Jetzt untersuchen wir, wie sich der Verlauf der Aufwandskurve ändert, wenn wir Investitionen, die produktionserweiternd wirken, einführen. Da wir eine Erhöhung der Produktion erreichen wollen, muß die Kurve offensichtlich zu höheren Produktionswerten verschoben werden, das heißt, es wird eine Kurve, wie sie in Abbildung 14.2 dargestellt ist, angestrebt. Umgekehrt stellen sich Maßnahmen, die die Produktion einschränken, durch eine nach links verschobene Kurve dar. Sehen wir uns an, was geschieht, wenn die Unternehmen rationalisieren. Dies kann zwei ganz verschiedene Auswirkungen haben, wie wir uns an Beispielen klarmachen können. Durch neuartige Maschinen werden Arbeitskräfte ersetzt, wobei die Herstellungskosten gesenkt werden. Dadurch wird es der Firma möglich, auch dann noch einen Gewinn zu erzielen, wenn die Produktion ihrer Waren verringert wird. Die Rationalisierung ist dabei auf eine geringere Produktion abgestellt. Oder aber die Rationalisierung wird so gestaltet, daß die Waren billiger werden und

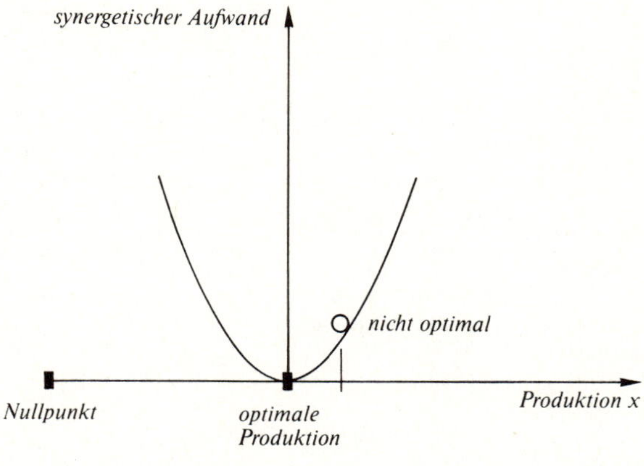

Abb. 14.1: Verlauf des synergetischen Aufwands, wenn die Produktion, die mit der Größe x bezeichnet ist, geändert wird

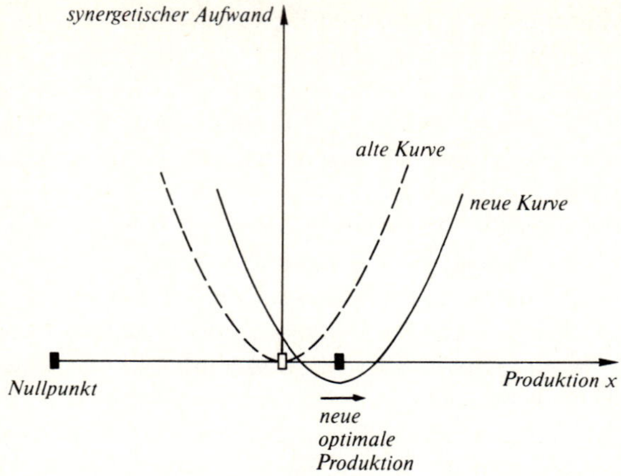

Abb. 14.2: Durch produktionserweiternde Investitionen wird die Aufwandskurve so verschoben, daß die Produktion x erhöht wird.

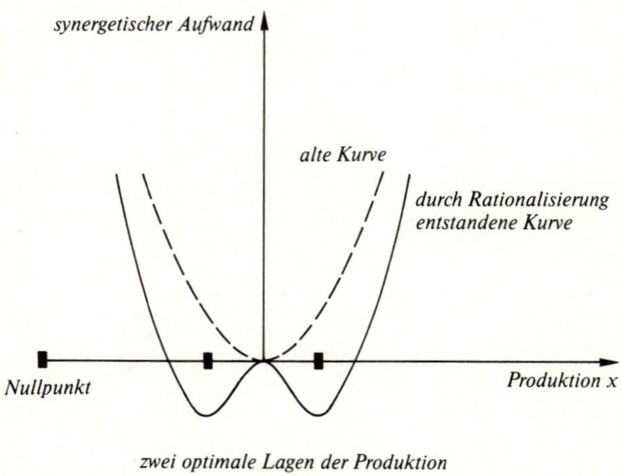

Abb. 14.3: Rationalisierungsmaßnahmen führen zu zwei optimalen Lagen der Produktion, nämlich entweder erhöhte oder verringerte Produktion.

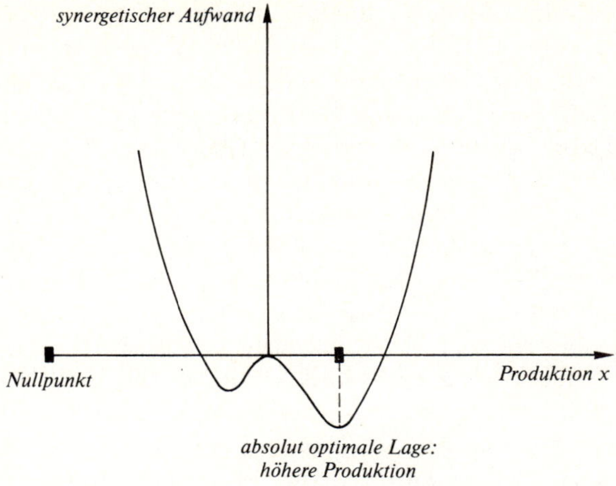

Abb. 14.4: Durch gemeinsame Wirkung von Rationalisierungsmaßnahmen und produktionserweiternden Investitionen wird eine absolut optimale Lage, die mit einer höheren Produktion verknüpft ist, erreicht.

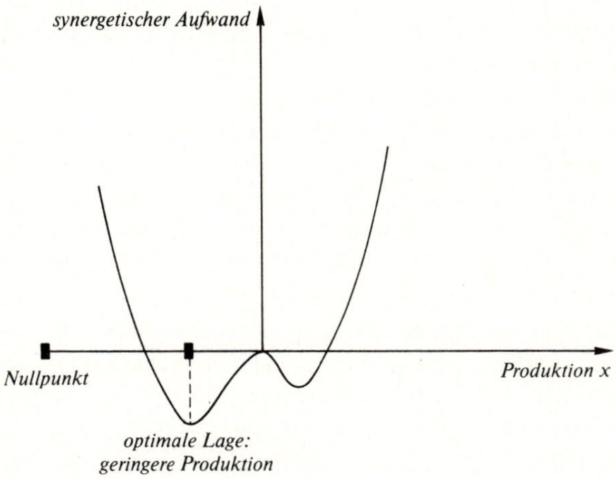

Abb. 14.5: Bei reduzierten produktionserweiternden Investitionen bei gleichzeitigen Rationalisierungsmaßnahmen wird eine Lage für die Firmen günstiger, bei der die Produktion x gedrosselt ist.

der Markt eine erhöhte Produktion aufnimmt. Diese beiden Möglichkeiten, verringerte wie auch erhöhte Produktion, lassen sich mit Hilfe der synergetischen Kurve von Abbildung 14.3 wiedergeben und sind dem Leser nichts Neues. Unser Bild zeigt ganz offensichtlich, daß wir die These von *nur einer* möglichen Gleichgewichtslage der Wirtschaft verlassen müssen. Es sind hier zwei stabile Zustände möglich, die vom rein Wirtschaftlichen her betrachtet völlig gleichberechtigt sind. Stabil heißt ja, daß sich die Zustände nicht wesentlich ändern, wenn wir sie von außen her stören. Bei diesem Verlauf der Dinge könnte man natürlich versuchen, die Symmetrie von vornherein durch Eingriffe von außen zu brechen, indem der synergetische Aufwand nun künstlich verschieden gemacht wird, wie dies in Abbildung 14.4 dargestellt ist. Wie dies zu erreichen ist, werden wir sogleich besprechen.

Es kommt aber nun bei der Wirtschaft ein Umstand erschwerend hinzu, nämlich daß nur eine begrenzte Menge von Investitionskapital zur Verwirklichung von Innovationen zur Verfügung steht. Die Verringerung der Investitionen führt aber zu einer Verschiebung der Kurve in Richtung einer kleineren Produktion. Nehmen wir nun Rationalisierungsmaßnahmen und diese verringerte Investition zusammen, so ergibt sich das in Abbildung 14.5 dargestellte Bild. Wir erkennen darin, daß die Wirtschaftslage nun eindeutig durch das linke Minimum, das heißt geringere Produktion und damit indirekt auch geringere Beschäftigung, bestimmt ist.

Diese Darstellung machte eine Schlußfolgerung klar, zu der auch bereits Gerhard Mensch gelangte. Um nämlich die Rationalisierung im Hinblick auf eine größere Produktion und damit Vollbeschäftigung zu nutzen, müßten zugleich auch Investitionen vorgenommen werden, die zu einer erhöhten Produktion führen, so daß dann die Kurve der Abbildung 14.4 realisiert ist (Abb. 14.6). Die erhöhte Produktion wird aber nur dann vom Markt aufgenommen werden, wenn sich damit Innovationen, die auf neuartige Produkte gerichtet sind, verbinden.

Mit diesen Ausführungen, die schon ziemlich fachspezifisch geworden sind, wollte ich dem Leser vorführen, wie mit Hilfe der Denkweisen der Synergetik sich schon kompliziertere Sachverhalte in relativ einfacher Weise darstellen lassen und die Auswirkungen sehr deutlich zutage treten. Andererseits dürfen wir uns genausowenig wie bei den anderen Kapiteln darüber hinwegtäuschen, daß eine vollständige Theorie derartiger Vorgänge natürlich für sich schon jeweils einen ganzen Band füllen würde, was aber hier nicht unsere Absicht sein kann. Vielmehr soll dieses Buch nur dazu dienen, zu weiterem Nachdenken anzuregen und zu erkennen, wie man auch komplizierte Vorgänge modellieren kann.

Man muß sich dabei bewußt sein, daß neben der Mathematisierung auch die Interpretation der Voraussetzungen und der Ergebnisse eine

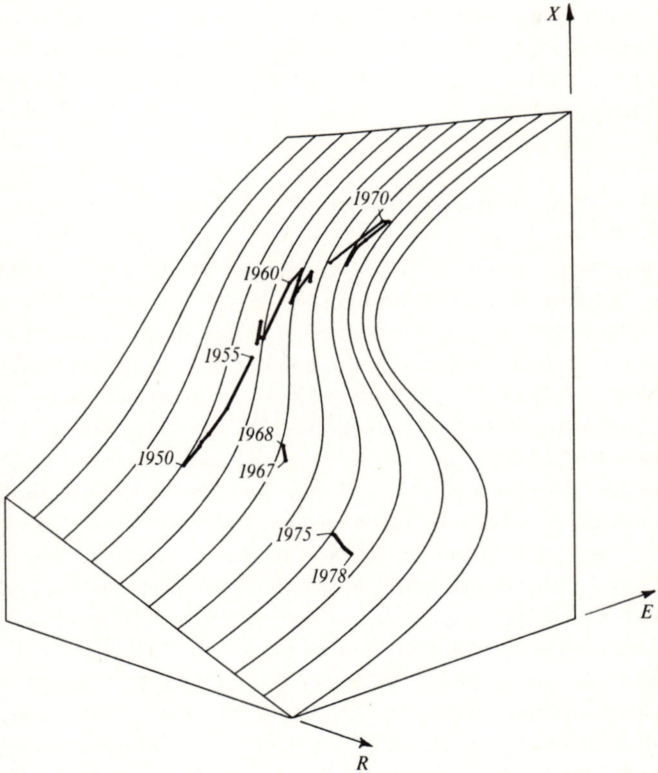

Abb. 14.6: Dieses Schaubild faßt die Ergebnisse von Gerhard Mensch und seinen Mitarbeitern zusammen. Es zeigt, wie sich die «optimale» Größe der Produktion ändert, wenn Investitionen bezüglich Rationalisierung (R) und bezüglich Erweiterung (E) vorgenommen werden. Die Jahreszahlen beziehen sich auf die Produktion in der Bundesrepublik Deutschland. Zu beachten sind die ausgeprägten Sprünge zu einer Unterproduktion.

Rolle spielt. So sprachen wir im Zusammenhang mit dem geringer werdenden Gewinn davon, daß hierfür auch höhere Löhne verantwortlich sein können. Umgekehrt beruhen höhere Löhne, zumindest zum Teil, darauf, erfolgte Preissteigerungen aufzufangen, und diese wiederum auf erhöhten Herstellungskosten und damit auf höheren Löhnen. Wir haben hiermit das bekannte Spiel der Lohn-Preis-Spirale vor uns. Weil aber ein Phänomen das andere bedingt, ist es vom Standpunkt der Synergetik aus ziemlich müßig, nach einem Schuldigen zu suchen. Was man lernen muß, ist, daß zum Beispiel die Lohn-Preis-Spirale eine Parameteränderung bewirkt, die selbst wieder ein schlagartiges Umkippen von Wirtschaftsvorgängen zur Folge haben kann, wie wir diese gerade besprochen haben.

Plötzliche, kollektive Änderungen im Wirtschaftsleben

Wie ein Vergleich der eben besprochenen synergetischen Aufwandskurve mit empirischen Daten zeigt, ist die Wirtschaft offenbar in der Lage, die Entstehung eines tieferen Minimums dieser Aufwandskurve zu spüren und darauf zu reagieren, indem sie in dieses neue Minimum «springt» (Abb. 14.7). Interessanterweise erfolgt allerdings dieses «Springen» oft mit einer Verspätung. Oft auch bleibt in den Wirtschaftswissenschaften unklar, was dieses Springen verursacht. Meist werden hierfür äußere Ursachen, zum Beispiel eine Ölpreiserhöhung, gesucht. Bei dem oben betrachteten Investitionsverhalten der Firmen dürften aber eher innere Ursachen maßgebend sein. Die Wirtschaftslage hatte sich schon so verändert, daß dieses Springen längst überfällig war, aber niemand traute sich, es durchzuführen. Es handelt sich hier um Effekte, wie wir sie auch in der Physik von unterkühltem Wasser her kennen. Das Wasser ist bereits unter dem Gefrierpunkt und hätte längst zu Eis frieren müssen. Trotzdem ist es aber, wie man sagt, in einem metastabilen Zustand. Erst durch eine spontane Schwankung oder einen ganz geringfügigen Anstoß von außen gefriert das Wasser dann schlagartig.

Auch in der Wirtschaft ist es ähnlich. Es kann sich also durchaus um Vorgänge handeln, die nunmehr von innen heraus hervorgerufen werden, zum Beispiel indem sich *eine* Firma dazu entschließt, doch diesen Schritt etwa im Hinblick auf eine stärkere Rationalisierung zu tun.

Weil aber die Zeit hierfür schon überreif ist, folgen ihr alle anderen Firmen ebenfalls. Die Handlung dieser Firma war wie eine Fluktuation und hatte Signalwirkung. Wie es scheint, werden derartige Handlungsweisen oft mit dem Hinweis auf andere «äußere» Ursachen verbrämt. Die äußeren Ursachen sind aber viel zu geringfügig, als daß sie derartige schwerwiegende neue Entscheidungen wirklich selbst begründen könnten. Die eigentliche Ursache war die *allgemeine* Wirtschaftslage, die jetzt die Rolle des «Kontrollparameters» übernimmt. Diese «äußeren» Ursachen sind im wahrsten Sinne des Wortes nur der Anstoß, der die Kugel von Abbildung 4.16 die synergetische Aufwandskurve hinunterrollen läßt, aber die «inneren» Ursachen, nämlich die allgemeine Wirtschaftslage, hatte schon längst dafür gesorgt, daß die synergetische Aufwandskurve verbogen wurde. Die Kugel sitzt dann gar nicht mehr an der «richtigen», stabilen Stelle. Zuweilen wird eine scharfe Trennung in äußere Ursachen (oder Anstöße) und innere Ursachen nicht möglich sein. So kann es durchaus geschehen, daß fortgesetzte Ölpreiserhöhungen eine systematische «Verbiegung» der synergetischen Aufwandskurve verursachen und so eine völlig veränderte Wirtschaftslage herbeiführen – hier ist dann der Ölpreis selbst zum Kontrollparameter geworden.
Unsere obigen Betrachtungen erklären auch, warum oft viele Firmen

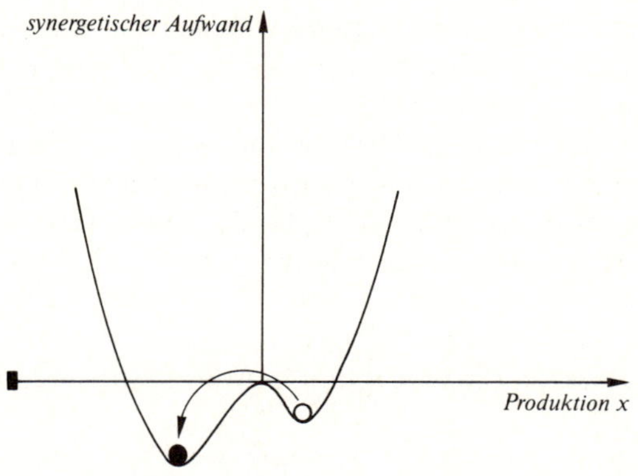

Abb. 14.7: Springen der Wirtschaft von einer relativ günstigen Lage in eine für die Firmen absolut günstige Lage bezüglich des Gewinns beziehungsweise synergetischen Aufwands, jedoch nicht bezüglich des allgemeinen Beschäftigungsstandes.

der gleichen Branche in kürzester Zeit in ganz ähnlicher Weise handeln. Wenn eine aus dieser Handlungsweise ausschert, so würde sie selbst entgegen dem allgemeinen Wirtschaftstrend handeln und sich damit auf einen für sie höchst ungünstigen Punkt der synergetischen Aufwandskurve begeben.

Wie wir sehen, müssen scheinbar kollektive Entscheidungen von Firmen nicht notwendig auf Absprachen beruhen, wie dies vom Kartellamt schnell geargwöhnt wird. Hiermit soll natürlich andererseits nicht behauptet werden, daß solche Absprachen nie erfolgen.

Rationalisierungen (und andere Maßnahmen) müssen aber nicht nur eine *Folge* der Wirtschaftslage sein. Firmen können auch rationalisieren in *Erwartung* eines schrumpfenden Marktes, eines härter werdenden Konkurrenzkampfes. Die Rationalisierung kann dann selbst wieder zu einem schrumpfenden Markt führen, da zum Beispiel Arbeitskräfte entlassen werden und damit die allgemeine Kaufkraft sinkt. So sind dann Ursache und Wirkung nicht mehr zu unterscheiden.

Hieraus ergibt sich zugleich, daß die Antwort auf die Frage, wie die Wirtschaft aus einem Unterbeschäftigungsgleichgewicht herausgeführt werden kann, nicht eindeutig sein muß, sondern wiederum von komplexen Vorgängen abhängt. Die Schlußfolgerung von Gerhard Mensch, daß nämlich erhöhte Investitionen, die produktionserweiternd wirken, zur anderen stabilen Lage mit Vollbeschäftigung führen, ist nicht zwingend; sie verliert ihre Gültigkeit, wenn die erhöhte Produktion nicht vom Markt aufgenommen werden kann. Die Ankurbelung der Wirtschaft kann deshalb auch über die Erhöhung der Kaufkraft erfolgen, was zum Beispiel durch Steuersenkung möglich wird.

Wie der Leser bemerkt, sind wir hier schon tief in die Wirtschaftstheorie hineingeraten. Wir erkennen aber das grundlegende Prinzip, daß auch bei geringfügigen Bedingungsänderungen ganz verschiedene Gleichgewichtslagen auftreten können.

Die Wirtschaft ist schwieriger, als Adam Smith dachte

Bereits unsere bisherigen Überlegungen und Beobachtungen widersprechen Dogmen der althergebrachten Theorie der freien Marktwirtschaft, die auf Adam Smith zurückgeht. Er ging davon aus, daß bei freiem Lauf des Wettbewerbs sich stets eine und, wie wohl allgemein angenommen wurde, einzige Gleichgewichtslage einstellt. Wir haben aber bereits als Gegenbeispiel den Fall zweier möglicher Gleichgewichtslagen kennengelernt. Hierbei fällt es der Gesamtwirtschaft äußerst schwer, von sich aus von einer Gleichgewichtslage in die andere zu springen, da dies meist nur durch ein gemeinschaftliches Handeln möglich ist. In Wahrheit ist das wirtschaftliche Verhalten jedoch noch weit komplizierter. Zum Beispiel kann eine Wirtschaft ständig zwischen den gleichgewichtsartigen Zuständen hin und her pendeln. Vollbeschäftigung wechselt sich periodisch mit Unterbeschäftigung ab. Man spricht hier vom Schumpeter-Zyklus, benannt nach dem österreichischen Nationalökonomen Josef Alois Schumpeter, der derartigen Zyklen zugrundeliegende Mechanismen eingehend studiert hat.

Staatliche Kontrollen: Fluch oder Segen?

Nachdem, wie wir gesehen haben, im Wirtschaftsleben bestimmte Automatismen auftreten, die auch zu unerwünschten Erscheinungen wie etwa Unterbeschäftigung führen können, erhebt sich unmittelbar die Frage, ob nicht äußere, das heißt staatliche Kontrollen möglich sind, um derartige Erscheinungen zu verhindern. Nun muß man sich darüber im klaren sein, daß wir unter Kontrollen ein ganz breites Spektrum verschiedenartigster Maßnahmen verstehen können. Denken wir ganz konkret an den Fall eines physikalischen Systems, etwa den Laser. Wie wir gesehen haben, können wir durch Änderung eines einzigen Umgebungsparameters, nämlich der zugeführten Stromstärke, erreichen, daß die Atome sich selbst zur kohärenten Lichtausstrahlung organisieren. Wir haben also eine sehr unspezifische Kontrolle ausgeübt, die alle Atome gleichermaßen betraf und die trotzdem ein sehr detailliertes Ordnungsverhalten des Lasers hervorrief. Die andere Möglichkeit wäre, daß wir zum Beispiel mit Hilfe spezieller Lichtfelder jedes der *einzelnen* Atome so von außen steuern, daß diese dann ebenfalls im gleichen Takt abstrahlen. Das letztere würde zweifellos einen enormen Aufwand erfordern. Wir müßten ja direkt und gezielt jedes einzelne Atom steuern und kontrollieren. Im wirtschaftlichen Bereich ist die Möglichkeit der Kontrolle einerseits und deren Auswirkungen auf die Wirtschaft andererseits ganz ähnlich gelagert. Wie man sehr schnell an Modellbeispielen zeigen kann, ist es enorm aufwendig, einzelne Vorgänge zu kontrollieren und zu steuern, so daß die Kontrollen teurer würden als das, was hinterher eingespart wird, indem Vorgänge zum Beispiel aufeinander abgestimmt werden. Es ist dies eine Einsicht, die gerade manchen staatlichen Stellen und insbesondere der Bürokratie nach wie vor verschlossen geblieben ist.

Das Geniale beim Laser ist ja gerade, daß wir mit sehr wenig Aufwand, das heißt, ohne überhaupt über den Zustand des Lasers im einzelnen informiert zu sein, durch eine ganz simple Maßnahme die Laseratome zur Selbstorganisation bringen können. Es besteht auch gar kein Zweifel darüber, daß gerade die einsichtigen Wirtschaftsexperten in ihrem Fach diesen Standpunkt vertreten, daß nämlich *möglichst wenig aufwendige* Kontrollen angewandt werden sollen, um das Wirtschaftsleben zu steuern. Wie wir uns leider leicht klarmachen können, überfällt uns der Staat mit einer Fülle verschiedenartigster Kontrollen in Form sehr differenzierter Steuern sowie detaillierter Gesetze auf der einen Seite und gezielten Subventionen und gießkannenartig verteilten Vergünstigungen auf der anderen Seite. Greifen wir hier zwei Beispiele heraus, von denen das zweite von erheblicher politischer Brisanz ist.

Wegen der Verheerungen durch den Krieg mußte es die Aufgabe der Regierung sein, den Wohnungsbau zu unterstützen. Interessanterweise finden wir hier gerade beide Kontrollmöglichkeiten, von denen ich vorhin sprach, verwirklicht. Bei der einen bringt der Staat das ganze Geld auf, um Wohnungen zu errichten. Der andere Weg besteht in der Steuerung mit Hilfe eines Kontrollparameters, wobei der Kontrollparameter selbst gar kein großes finanzielles Gewicht darstellt, aber den Kapitalfluß in die richtige Richtung lenkt. Diese Kontrollparameter sind die Steuererleichterungen für Privatleute, die Wohnungen errichten wollen. Die Kapitalanlage der Privatleute wird auf diese Weise in die gewünschte Richtung gelenkt, ohne daß der Staat, das heißt die Gemeinschaft aller, hierzu das ganze Kapital aufbringen muß.

Das zweite, politisch hochbrisante Thema sind die Mieterschutzgesetze. Diese dienen vor allem dem sozialen Bedürfnis «Schutz des Mieters vor Kündigung». Zugleich bringen es diese Gesetze durch ihre Konstruktion mit sich, daß die Mieten – wie man sich leicht klarmachen, aber auch mathematisch streng beweisen kann – auf einem bestimmten Preisniveau festgefroren werden. Damit geht aber zugleich der Anreiz für Vermieter verloren, neue Häuser zu bauen, da diese sehr schnell unrentabel werden. Es kommt schließlich und endlich zu einer

erheblichen Verknappung des Wohnraums, weil private Anleger ihre Mittel in andere, ihnen gewinnbringender erscheinende Wirtschaftszweige haben fließen lassen.
Dieses Beispiel weist deutlich auf eine Konfliktsituation im Sinne einer Verzweigung hin, wobei die Gesetzgebung sich für den einen oder den anderen Fall entscheiden muß. Hier muß also der Gesetzgeber Prioritäten setzen, und wir erkennen deutlich, wie Gesetzgebungen von direktem Einfluß auf wirtschaftliches Geschehen sind, auch wenn dies anfänglich vom Gesetzgeber gar nicht so geplant war.
Nun werden wahrscheinlich viele erwarten, daß wir hier aus der Sicht der Synergetik ein universelles Rezept zur Beseitigung derartiger Schwierigkeiten hätten. Das ist aber keineswegs so, und zwar nicht deshalb, weil die Synergetik noch nicht weit genug entwickelt wäre, sondern ganz im Gegenteil. Im Rahmen der Synergetik haben wir an unzähligen Beispielen erkannt, daß es prinzipiell Konfliktsituationen gibt, bei denen die eine Lösung die andere Lösung gerade ausschließt. Das einzige, was man eventuell tun kann, ist, durch größere Differenzierungen Konflikte zu mildern. Dies kann aber auch wieder einen derartigen äußeren Aufwand bedeuten, daß es sich dann nicht mehr lohnt.
Ein letztes Beispiel staatlichen Eingreifens, das weitreichende Folgen haben kann, sei hier noch erwähnt. Wie wir immer wieder in diesem Buch gesehen haben, können selbst kleine Änderungen von Umweltbedingungen drastische Änderungen des Gesamtsystems bewirken. Eine solche Umweltbedingung, die hier als Lebensbedingung in Erscheinung tritt, ist für den Bürger die schon erwähnte Besteuerung. Hier können sehr leicht Verhältnisse eintreten, bei denen eine auch nur geringfügig höhere Besteuerung das Konsumverhalten der Bevölkerung nachhaltig ändern kann, so daß sich sehr rasch völlig neue gesamtwirtschaftliche Situationen, zum Beispiel stärkere Arbeitslosigkeit, ergeben können. Wie mir persönlich scheint, ist das Bewußtsein, daß eben kleine Umweltänderungen (gleich Änderungen der Lebensbedingungen) drastische Zustandsänderungen eines ganzen Systems bewirken können, bei einer ganzen Reihe von Politikern noch nicht durchgedrungen.

Wirtschaftschaos durch Kontrollen ohne Verständnis

Schließlich sei noch ein Punkt angeführt, der sich in den Ohren vieler Wirtschaftsfachleute geradezu blasphemisch anhört, der aber mathematisch fundiert ist und zweifellos in absehbarer Zeit auch Eingang in die Wirtschaftswissenschaften finden wird. Von den Beispielen aus Physik und Chemie her wissen wir, daß gerade auch kontrollierte Vorgänge chaotisch ablaufen können. Zum Beispiel gibt es, wie wir gesehen haben, chemische Reaktionen, die rein periodisch ablaufen mit einem Farbumschlag der Substanz von Rot nach Blau nach Rot usw. Nun kann man natürlich sagen, dieser Farbumschlag geht hier zu langsam vor sich. Ich gebe, etwa im Sinne einer Kontrolle, periodisch eine Substanz hinzu, aber so, daß damit die Periode des Farbumschlags verkürzt werden soll. Wie sowohl experimentell als auch theoretisch nachgewiesen wurde, kann dann das Verhalten des Systems völlig umschlagen. Statt einer regelmäßigen periodischen Farbumwandlung tritt nun eine völlig irreguläre chaotische Farbänderung ein.
Bei den hochkomplexen Systemen der Wirtschaft ist dies nicht anders. Vielmehr müssen wir erwarten, daß Kontrollmaßnahmen, die nicht auf die Eigenheiten des Systems Rücksicht nehmen, zu ausgesprochen chaotischen Verläufen führen können.
Es gibt in den Naturwissenschaften und auch in der Biologie eine ganze Literatur über chaotisches Verhalten, und Wirtschaftsfachleute werden gut daran tun, sich mit dieser Problematik zu befassen.*

Wird der Friede durch engere Wirtschaftsbindungen sicherer?

Wie wir sahen, lassen sich eine ganze Reihe von Phänomenen der Wirtschaft mit solchen physikalischer Systeme in Analogie setzen. Dies beruht darauf, daß sich zumindest in gewissem Umfang die Wirtschaft mit Hilfe mathematischer Gesetze beschreiben läßt und daß dann aufgrund der Ähnlichkeiten der mathematischen Beziehungen die Analogien in den Aussagen folgen. In diesem Sinne haben wir auch die Mo-

* Dies ist inzwischen geschehen. Ein typisches Beispiel steht im Abschnitt «Der Chaosforscher als Prophet» (S. 162 ff).

delle betrachtet, die eine Frage von erheblichem aktuellem Interesse behandeln, nämlich: Wird der Weltfriede durch engere Wirtschaftsbindungen sicherer?

Es herrschen in der Welt vielerorts Tendenzen vor, gerade zwischen antagonistischen politischen Systemen enge wirtschaftliche Bindungen zu knüpfen mit dem Ziel, den Weltfrieden dadurch sicherer zu machen. Die mathematische Formulierung derartiger Vorgänge führte mich zu einem Resultat, das mich zunächst sehr überraschte. Es zeigte sich nämlich, daß es nicht nur den Fall einer größeren Stabilität durch engere Bindungen gibt, sondern daß sogar ein Zustand, der vor Verstärkung der Bindungen stabil war, plötzlich instabil wird und in eine Katastrophe mündet.

Die Deutung des Stabilerwerdens ist heute schon fast politisches Allgemeingut. Jeder der Partner sieht, daß er durch die engen wirtschaftlichen Beziehungen für den eigenen Wohlstand profitiert, und er möchte deshalb auch die Beziehungen nicht gefährden, sondern möglichst noch weiter ausbauen.

Versagt daher nun das mathematische Modell im zweiten Fall, nämlich der Instabilität, oder stecken hier noch tiefere Gründe dahinter?

Wir haben in diesem Buch immer wieder gesehen, daß Instabilitäten erst dann wirksam werden, wenn irgendwelche Fluktuationen auftreten. Fluktuationen sind zum Beispiel im Zusammenleben der Völker durch verschiedenartige Krisen, seien sie wirtschaftlicher, politischer oder militärischer Natur, gegeben. Diese Krisen können zum Teil ganz lokal sein. Als Folge einer solchen Fluktuation kann es aber zu Maßnahmen der Gegenseite in Form von wirtschaftlichen Repressalien kommen, die dann entsprechend erwidert werden, und es ergibt sich somit ein explosionsartiger Anstieg des Konflikts.

Wie aus diesem Modellbeispiel zumindest hervorgeht, müssen stärkere wirtschaftliche Bindungen nicht automatisch zu einer größeren politischen Stabilität führen.

Es erscheint vielmehr notwendig, und damit verlassen wir die rein mathematischen Aspekte, die Stabilität auf einer tieferen Basis zu verwirklichen. Dies kann wohl nur durch erhöhtes gegenseitiges Vertrauen geschehen.

Über Sinn und Unsinn von Synergie-Effekten

An unsere kritischen Bemerkungen über die Auswirkungen stärkerer wirtschaftlicher Bindungen zwischen verschiedenen Staaten können wir gleich solche über Synergie-Effekte in der Wirtschaft anschließen. Der Synergie-Effekt ist ja zu einem Schlagwort geworden, das man sogar häufig in den Anzeigentexten großer Firmen findet. Dem «Synergie-Effekt» liegt die Idee zugrunde, daß durch den Zusammenschluß von Firmen (wie auch das Aufkaufen der einen durch die andere) deren Zusammenwirken verstärkt und damit deren gemeinsame Effizienz erhöht wird. Zum Beispiel können diese dann bestimmte Teile gemeinsam und damit, etwa wegen der größeren Stückzahl, rationeller produzieren. Die ganze Angelegenheit kann aber ihre Fallstricke haben: Durch den Zusammenschluß können beispielsweise erhöhte Kommunikationsprobleme auftreten, die zu inneren Reibungsverlusten führen und sogar die Effizienz beider Firmen verringern. Die Frage der Synergie-Effekte ist also äußerst subtil und bedarf einer sorgfältigen Analyse: Mit Schlagworten ist hier wenig geholfen.

Synergetische Gesetze erkennen zum Wohle des Menschen

Im vorangegangenen haben wir an einer Reihe konkreter Beispiele gesehen, daß Wirtschaftsvorgänge oft verblüffende Ähnlichkeiten mit solchen ganz anderer Gebiete, wie etwa der Physik oder Chemie, aufweisen können. In diesen Fällen spielt das kollektive Verhalten eine ausschlaggebende Rolle. Aufgrund des kollektiven Verhaltens können aber Erscheinungen auftreten, die von der klassischen Wirtschaftstheorie im Sinne von Adam Smith, seinem Postulat eines Gleichgewichts, ganz entscheidend abweichen. Zweifellos wird sich die Wirtschaftstheorie der Zukunft in erheblichem Umfang mit diesen neuartigen Phänomenen und Methoden der Synergetik befassen müssen, um mit ihrer Hilfe das Wirtschaftsgeschehen besser verstehen und schließlich auch besser gestalten zu können. Hierbei dürfen wir aber den folgenden Umstand nicht übersehen. Wie jede andere Theorie der Wirtschafts- und besonders auch der Sozialwissenschaften sieht sich die Synergetik mit dem Problem der *Interpretation* ihrer mathematischen Resultate konfrontiert, was vor allem darauf zurückzuführen ist, daß alle Wirtschaftsvorgänge weitgehende soziale Implikationen besitzen: Sie greifen tief in das Leben jedes einzelnen ein, im Beruf wie im Privatleben. Dies hat zum Teil zur Folge, daß Mathematisierungen von vornherein abgelehnt werden. Zugleich begegnen wir dem meist abwertend gemeinten Wort «Technokraten», denen wohl deshalb zuweilen die Zustimmung verweigert wird, weil sie mit ihren Schlußfolgerungen manchmal ideologischem Wunschdenken widersprechen. Man muß sich aber darüber klar werden, daß es bei einer ganzen Reihe von Vorgängen in komplexen Systemen, und die Wirtschaft ist ein solches, Zwangsläufigkeiten gibt, denen man auch durch ideologisches Wunschdenken nicht entrinnen kann. Man muß vielmehr lernen, wie diese Automatismen ablaufen, damit man sie von einem höheren Standpunkt aus zum Wohl jedes einzelnen Menschen verwenden kann.

15

Sind Revolutionen vorhersagbar?

In seinem Zukunftsroman *Foundation (Der Tausendjahresplan)* schildert der bekannte amerikanische Schriftsteller Isaac Asimov einen Wissenschaftler, Dr. Seldon, der das Verhalten von Menschenmassen auf viele Hunderte von Jahren im voraus berechnen kann. Insbesondere ist er also in der Lage, Revolutionen vorherzusagen. Dieses Problem beschäftigt natürlich nicht nur Zukunftswissenschaftler. Oft wäre es für uns selbst, von den Politikern ganz zu schweigen, sehr wertvoll, wenn wir eine solche Voraussage auch nur für wenige Jahre machen könnten. Revolution bedeutet Umwälzung, bei der eine Staatsordnung durch eine andere ersetzt wird. Das hier auftretende Wort «Ordnung» weist uns sogleich auf die Kernfrage der Synergetik hin. Wie entsteht Ordnung durch das Zusammenwirken der Teile eines Systems? Auf das Thema dieses Kapitels bezogen: Wie entsteht eine Staatsordnung durch das Zusammenwirken der einzelnen Bürger?

Öffentliche Meinung als «Ordner»

Sogleich stoßen wir wieder auf die eigentümliche Wechselbeziehung zwischen Individuen und dem Ordnungszustand. Der Ordnungszustand versklavt die einzelnen, umgekehrt halten diese aber wieder den Ordnungszustand aufrecht. Wir wollen diese Wechselbeziehung an einem brennenden Thema der Soziologie näher untersuchen, nämlich an der Bildung der «öffentlichen Meinung».
Unsere These lautet: Die vorherrschende öffentliche Meinung spielt die Rolle des Ordners, der die individuellen Meinungen der einzelnen versklavt, also eine weitgehend einheitliche öffentliche Meinung erzwingt und auf diese Weise selbst wieder am Leben erhalten bleibt.*

* Das Wort «versklaven» hatte ich im Rahmen der Synergetik als ein Fachwort eingeführt, um den Zusammenhang zwischen Ordnern und Teilen eines Systems zu

Die These, daß der einzelne in seiner Meinung versklavt wird, muß natürlich näher begründet werden, und ich will zeigen, daß die soziologische Literatur eine Fülle derartiger Hinweise enthält. Allerdings sind die Verhältnisse im soziologischen Bereich, verglichen mit denen etwa im Laser oder der Flüssigkeit, komplizierter, weil hier noch andere Kräfte am Werke sind, andere Teilsysteme gewissermaßen, nämlich die Massenmedien einerseits und die Regierung andererseits. Trotzdem werden wir gleich sehen, wie die Begriffsbildungen der Synergetik es uns ermöglichen, einen Pfad durch den Dschungel der verschiedenartigen Verflechtungen zu schlagen, so daß wir ein ziemlich klares Bild der Wechselbeziehungen dieser einzelnen Teile einer Gesellschaft erhalten.
Die Thesen, die wir hier vertreten werden, lauten wie folgt:

1. Menschen sind durch eine vorherrschende Meinung beeinflußbar und tendieren dazu, sich dieser anzuschließen.
2. Den Menschen stehen im Prinzip zwei Wege offen, die Meinung anderer zu erschließen, nämlich durch direkte Kontakte untereinander oder über Massenmedien.
3. Die Massenmedien bringen eine eigene Dynamik mit sich.
4. Unter den Massenmedien ist die Presse einer kollektiven Einflußnahme durch die Bürger zugänglich, nämlich durch das Kaufverhalten ihrer Leser.
5. In demokratischen Staaten wird die Regierung in entscheidendem Maße durch die öffentliche Meinung geprägt.

Im Rahmen der Synergetik ist es möglich geworden, eine Reihe dieser Wechselbeziehungen zwischen Ordner und versklavtem System durch mathematische Modelle zu behandeln und etwa die Dynamik der Meinungsbildung auf diese Weise nachzuvollziehen. Wir wollen nun sehen, wie das Konzept des Ordners einerseits und der Versklavung andererseits es uns ermöglicht, die einzelnen Wechselbeziehungen zwi-

kennzeichnen. Dieses Wort ist aber, wie ich inzwischen feststellen mußte, zu einem ausgesprochenen Reizwort für Soziologen geworden, die erbittert dagegen ankämpfen, daß sich Menschen «versklaven» ließen. Ob Reizwort, so oder so, ich halte dieses Wort für wichtig, nicht zuletzt um uns aufzurütteln, nicht kollektiven Mechanismen anheimzufallen (siehe hierzu auch weiter unten). Übrigens sind inzwischen statt «Versklavung» auch andere Ausdrücke vorgeschlagen worden, wie Einbindung oder Konsensualisierung (letzteres von Henning Balck).

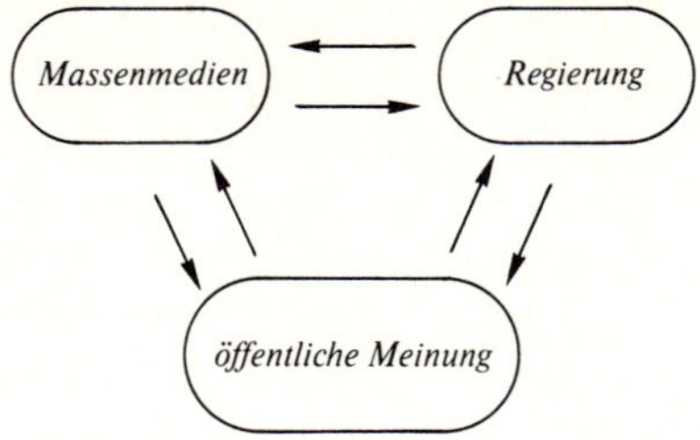

Abb. 15.1: Die Wechselbeziehung zwischen Regierung, Massenmedien und öffentlicher Meinung

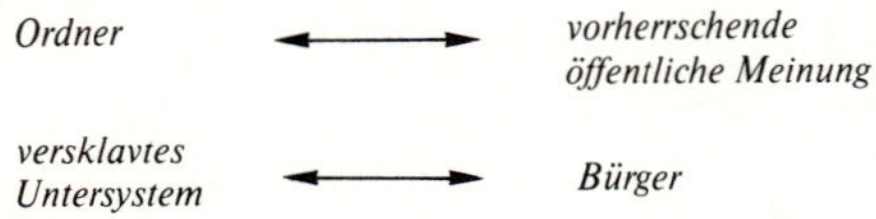

Abb. 15.2: Die Meinungsbildung des einzelnen wird durch die vorherrschende Meinung versklavt.

schen den verschiedenen gesellschaftlichen Kräften zu durchleuchten. Dazu betrachten wir Abbildung 15.1, die diese einzelnen Wechselbeziehungen als Diagramm darstellt. Die Pfeile des Diagramms deuten Beeinflussungen an, und wir wollen nun diese einzelnen Beziehungen genauer unter die Lupe nehmen.

Die Behauptung, daß der Ordner die Untersysteme versklavt, nimmt in der Soziologie eine schockierende Dimension an. Sie besagt nämlich, daß die Meinungsbildung eines einzelnen durch die vorherrschende Meinung versklavt wird (Abb. 15.2). Diese Behauptung ist so provozierend, daß man schnell versucht, sie als eine unerlaubte Extrapolation vom naturwissenschaftlichen auf den soziologischen Bereich zurückzuweisen. Urteilen wir aber nicht zu schnell, sondern befragen wir hierzu die Soziologen selbst. In ihrem Buch *Die Schweigespirale* (Piper 1980) hat die bekannte Meinungsforscherin Elisabeth Noelle-Neumann die Beobachtungen führender Soziologen zusammengetragen, die diese These erhärten. Wenn wir an die zahlreichen Beispiele des vorliegenden Buches denken, wo wir immer neue Arten von Ordnern einerseits und versklavten Untersystemen andererseits kennenlernten,

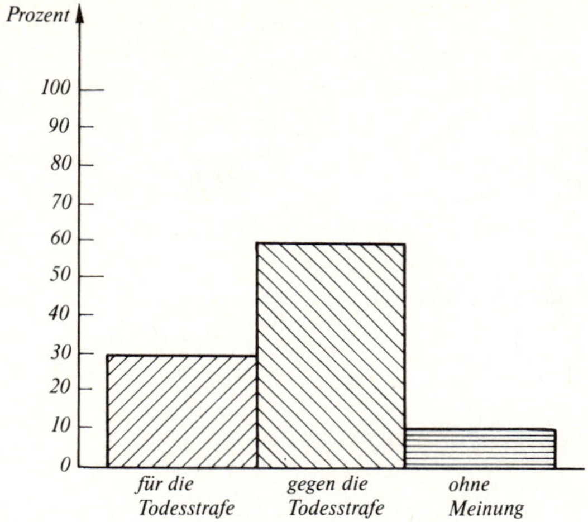

Abb. 15.3: Beispiel für die Verteilung von Meinungen (Meinungsstruktur)

so müssen wir uns zunächst einmal fragen, wie wir den Begriff des Ordners präzise fassen können. Da wir den Ordner mit vorherrschender politischer Meinung identifizieren wollen, müssen wir uns also fragen, was überhaupt öffentliche Meinung ist.

In der soziologischen Literatur gibt es Dutzende von Begriffsbestimmungen. Im Sinne unseres Buches mit seiner naturwissenschaftlichen Grundtendenz soll es uns darauf ankommen, möglichst mit meßbaren Größen umzugehen und diffuse Vorstellungen auszuschließen. Hier können wir unmittelbar an das Vorgehen derjenigen Institutionen anknüpfen, die die Meinung des Volkes erforschen, eben die Meinungsforschungsinstitute.

Diese überlegen sich einen Katalog von Fragen zu brennenden Problemen der Gegenwart. Typische Beispiele sind: «Sind Sie für die Todesstrafe?» – «Welche Partei würden Sie im gegenwärtigen Moment wählen?» usw. Die Meinungsforscher zählen dann die Stimmen für die eine beziehungsweise andere Partei und erhalten so ein Bild über die Verteilung der Meinungen. Aus einem derartigen Diagramm läßt sich dann sofort ablesen, welche politische Meinung überwiegt. Dies kommt der Untersuchung einer Struktur im traditionellen Sinn der Wissenschaft gleich (Abb. 15.3).

In der Synergetik handelt es sich aber darum, das *Zustandekommen* von Strukturen zu verstehen, also die Dynamik. Wir müssen uns daher fragen, wie es überhaupt zu einer festgestellten Verteilung von politischen Meinungen kommt. Zwei Extremfälle sind hier denkbar. Der Fall des völlig mündigen Bürgers, der unbeeinflußt sich sein eigenes politisches Urteil bildet und dieses dann voll und ganz vertritt, oder derjenige, der bei seiner Meinungsbildung sich von der Meinung anderer beeinflussen läßt. Im letzteren Fall spielen gerade die Wechselbeziehungen, mit anderen Worten, die synergetischen Effekte eine entscheidende Rolle.

Sind Menschen beeinflußbar?

Wir werden sogleich, gestützt auf soziologisches Material, sehen, daß wir immer mit einer Beeinflußbarkeit der Menschen bei der Meinungsbildung rechnen müssen. Dies hat einmal seine Ursache in der psychologischen Veranlagung des Menschen selbst, wie wir gleich zeigen werden, zum anderen aber ist dies eine natürliche Reaktion auf die Umwelt. Die moderne Zivilisation hat für den Menschen eine äußerst verwickelte Umwelt geschaffen, in der sich zurechtzufinden ihm oft nicht leichtfällt. Er wird von einer Konfliktsituation in die nächste gedrängt, wo es ihm schwergemacht wird, eine eindeutige Antwort aus eigener Kraft zu finden. Dies läßt ihn dazu tendieren, auf die Handlungen und Meinungsbildungen der anderen zu schauen. Darüber hinaus gibt es aber Experimente von Sozialpsychologen, die zeigen, daß ein nicht unerheblicher Prozentsatz von Menschen sich sogar einer Meinung anschließt, die diese Menschen selbst als objektiv falsch erkennen müßten und vielleicht sogar erkennen.

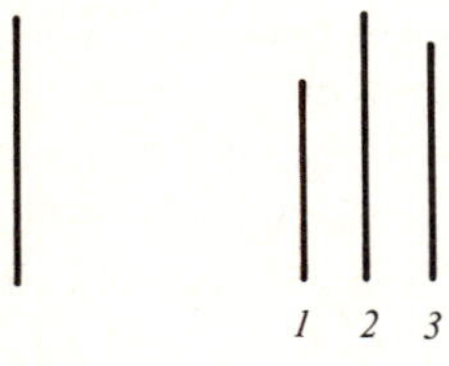

Abb. 15.4: Zum Asch-Experiment (vgl. Text)

Das wohl schlagendste Beispiel beruht auf Experimenten des amerikanischen Sozialpsychologen Solomon E. Asch. Diese Experimente sind in trefflicher Weise in dem Buch von Elisabeth Noelle-Neumann wie folgt geschildert:

«Anfang der fünfziger Jahre erschien in den Vereinigten Staaten der Bericht über ein Experiment, das der Sozialpsychologe Solomon Asch über 50mal durchgeführt hatte. Bei diesem Experiment bestand die Aufgabe der Versuchspersonen darin, die Länge verschiedener Linien im Verhältnis zu einer Vergleichslinie abzuschätzen. Von drei vorgegebenen Linien entsprach jeweils eine in der Länge genau dem vorgegebenen Muster (Abb. 15.4). Es war eine leichte Aufgabe – so schien es auf den ersten Blick –, denn man konnte leicht erkennen, welches die übereinstimmende Linie war. Jeweils acht bis neun Personen nahmen an dem Experiment teil, das dann folgendermaßen verlief: Sobald neben der Musterlinie die drei Vergleichslinien aufgehängt waren, sagte, in der Reihenfolge von links nach rechts, jede Person, welche der drei Linien ihrer Meinung nach der Musterlinie entspräche. Zu jedem Experiment gehörten zwölf Durchgänge, zwölf Wiederholungen.

Und nun wurde folgendes erprobt: Nachdem bei den ersten beiden Durchgängen alle Teilnehmer übereinstimmend die richtige Linie erkannt hatten, veränderte der Versuchsleiter die Situation. Seine Gehilfen, die den Sinn des Experiments kannten, nannten übereinstimmend eine zu kurze Linie als dem Muster entsprechend. Eine naive Versuchsperson, die einzig nichtsahnende Person, die am Ende der Reihe saß, wurde nun beobachtet, wie sie sich unter dem Druck einer überwiegend anderen Meinung verhalten würde. Würde sie selbst schwankend werden? Würde sie sich dem Mehrheitsurteil anschließen, sosehr es auch ihrem eigenen Urteil widersprach? Oder würde sie zu ihrem eigenen Urteil stehen?

Ergebnis: Von je zehn Versuchspersonen blieben zwei unverrückbar bei ihrem Eindruck, zwei schlossen sich nur ein- bis zweimal unter zehn sie auf die Probe stellenden Durchgängen an, sechs von zehn aber gaben mehrmals als eigene Meinung die offensichtlich falsche Meinung der Majorität an. Das bedeutet: Selbst in einer harmlosen Frage und in einer für sie ziemlich gleichgültigen, ihre realen Interessen nicht berührenden Situation schließen sich die meisten Menschen der Majoritätsmeinung an, auch wenn sie keinen Zweifel daran haben können, daß sie falsch ist.»

Im Sinne der Synergetik ist diese Beeinflußbarkeit die Wurzel aller kollektiven Effekte bei der Bildung der öffentlichen Meinung. Wie diese Beeinflussung im einzelnen vor sich geht und selbst wie wir sie im einzelnen mathematisch formulieren, spielt dabei gar keine Rolle. Aufgrund ganz allgemeiner Gesetzmäßigkeiten, die der Synergetik zugrunde liegen, kommt es automatisch zum Wettbewerb zwischen den verschiedenen Meinungen, wobei die eine schließlich dominiert und den Wettbewerb gewinnt.

Dies wird besonders augenfällig in der Mode, die auch nichts anderes als ein Ausdruck öffentlicher Meinung ist. Hier wird übrigens ganz besonders deutlich, daß es bei derartigen kollektiven Effekten oft gar nicht auf objektive Maßstäbe ankommt, sondern daß eine subjektive Richtung schließlich im Kollektiv bevorzugt wird. Ob etwa die Damen lange oder kurze Röcke oder die Herren enge oder weite Hosen tragen, ist ausschließlich eine Frage des Geschmacks und nicht Folge tiefsinniger Überlegungen (es sei denn, die Modeschöpfer wollen das Geschäft beleben, und es gelingt ihnen in geschickter Weise, das kollektive Verhalten der Menschen für ihre Zwecke zu benutzen). Dies gilt nicht nur für die Modeschöpfer, es ist wohl auch das Geheimnis eines erfolgreichen Politikers, der es versteht, derartige kollektive Strömungen für sich zu nutzen. Doch darauf kommen wir später noch zurück

Wenn die synergetischen Effekte bei der Meinungsbildung tatsächlich vorhanden sind, so wäre es natürlich höchst verwunderlich, wenn diese Effekte den Soziologen entgangen wären, und tatsächlich finden wir in der soziologischen Literatur oder der soziologischen Geschichtsschreibung eine Fülle von Hinweisen. Der Begriff «öffentliche Meinung», «l'opinion publique», tauchte wohl erstmalig bei Jean-Jacques Rousseau (1712 – 1778) auf, in dem Sinne, daß öffentliche Meinung eine Urteilsinstanz ist, vor deren Mißbilligung man sich hüten soll. Im Sinne unserer jetzigen Definition müßten wir wohl besser von der «herrschenden öffentlichen Meinung» sprechen.

Die Beeinflußbarkeit des Menschen kommt deutlich bei James Madison (1751 – 1836), einem der Väter der amerikanischen Verfassung, zum Ausdruck, wenn er feststellt: «Wenn es auch zutrifft, daß alle Herrschaft, Regierung durch öffentliche Meinung legitimiert ist, sich darauf stützt, so ist doch auch wahr, daß bei jedem einzelnen die Kraft seiner Überzeugungen, Meinungen und der Grad, in dem seine Meinungen sein *praktisches* Verhalten, sein Handeln prägen, erheblich davon abhängen, was er glaubt, *wie viele* andere Menschen auch so denken. Die Vernunft des Menschen, der Mensch überhaupt ist furchtsam und vorsichtig, wenn er sich *allein* gelassen fühlt, und er wird kräftiger und zuversichtlicher in dem Maße, in dem er glaubt, daß *viele andere* auch so denken wie er.»

Elisabeth Noelle-Neumann faßt diese Beziehung in die Worte:

«Seine soziale Natur veranlaßt den Menschen, die Absonderung zu fürchten, unter anderen Menschen geachtet und geliebt sein zu wollen.» Oder an anderer Stelle:

«Nur wenn wir eine sehr große Isolationsfurcht annehmen, können wir die enorme Leistung erklären, die Menschen zumindest im Kollektiv vollbringen, wenn sie mit großer Treffsicherheit und ohne irgendwelche demoskopischen Hilfsmittel jeweils sagen können, welche Meinungen zu- und welche abnehmen.»

«Die Anspannung, die Umwelt zu beobachten, ist anscheinend das geringere Übel, verglichen mit der Gefahr, plötzlich das Wohlwollen seiner Mitmenschen zu verlieren, plötzlich isoliert zu sein.»

Schon wesentlich früher hatte Alexis de Tocqueville (1805–1859) ebenfalls diese Beeinflußbarkeit erkannt und in die Worte gekleidet: «In den demokratischen Völkern erscheint die öffentliche Gunst ebenso nötig wie die Luft, die man atmet, und mit der Masse nicht im Einklang sein heißt gewissermaßen nicht leben. Diese braucht nicht die Gesetze anzuwenden, um die Andersdenkenden zu bändigen. Die Mißbilligung genügt. Das Gefühl ihrer Vereinsamung und ihrer Ohnmacht übermannt sie alsbald und raubt ihnen jede Hoffnung.»

Die Möglichkeit der Beeinflussung sagt natürlich zunächst nichts aus über das Zustandekommen eines makroskopischen Ordnungszustandes, hier also, daß eine Meinung schließlich vorherrscht. Dies kann erst durch die mathematischen Methoden der Synergetik bewiesen werden. Die gegenseitige Beeinflußbarkeit hat einen Verstärkungseffekt zur Folge, ganz genau so, wie wir es beim Laserlicht kennengelernt haben. Herrschte dort eine bestimmte Welle, die wir übrigens nicht ohne Hintergedanken eine Mode nannten, vor, so gewann diese schließlich das Wettrennen mit allen anderen. Immer mehr Atome gerieten in ihren Bann. Ähnlich verhält es sich mit der Bildung der vorherrschenden öffentlichen Meinung. Immer mehr Menschen geraten in ihren Bann und unterstützen sie schließlich.

Auch das in der Synergetik herrschende Prinzip der Versklavung wurde von Tocqueville klar erkannt. Tocqueville hebt hervor, wie die demokratischen Völker erst einmal jene Mächte überwunden haben, die den «Aufschwung der individuellen Vernunft maßlos hinderten oder verzögerten», wie sie der geistigen Freiheit eine Bahn brechen. Wenn aber nun «unter der Macht gewisser Gesetze» – Tocqueville meint die Autorität der Zählmehrheit – «die geistige Freiheit ersticken würde... so hätte das Übel nur ein anderes Aussehen bekommen; die Menschen hätten nicht das Mittel eines unabhängigen Lebens gefunden; sie hätten nur... eine neue Art der Knechtschaft entdeckt.»

Noch deutlicher drückt James Bryce diesen Sachverhalt in einem 1888 veröffentlichten Artikel aus, in dem er von der Tyrannei der Majorität spricht.

Es ist deshalb nicht verwunderlich, wenn das, was wir als Endresultat dieser Prozesse als «*vor*herrschende» öffentliche Meinung bezeichnet haben, von Meinungsforschern, insbesondere von Elisabeth Noelle-Neumann, direkt als *öffentliche Meinung* selbst identifiziert wird. Dementsprechend definiert sie als «öffentliche Meinung solche Meinungen im kontroversen Bereich, die man öffentlich äußern kann, ohne sich zu isolieren». Die herrschende öffentliche Meinung und die Meinung der einzelnen bedingen und stabilisieren sich im Sinne der Synergetik gegenseitig.

Meinungsumschwung: wie und wodurch?

Wie kann es nun aber überhaupt noch zu einem Umschwung von Meinungen kommen? Auch hier wieder ist die Analogie zu den Erscheinungen der Naturwissenschaften nützlich. So hatten wir gesehen, daß Flüssigkeitsrollen sich bilden, wenn wir die Temperaturdifferenz erhöhen. Auf den soziologischen Bereich übertragen heißt dies: Umweltänderungen, etwa Veränderungen der wirtschaftlichen Lage, Überhandnehmen eines innenpolitischen Drucks usw., können das Vertrauen in eine bisherige Meinung erschüttern, mit anderen Worten, das System wird destabilisiert. Auch die Handlungen von Terroristen gehören hierzu, nämlich der Versuch, das Vertrauen in die Gesellschaftsordnung, in die Justiz usw. zu schwächen und ins Wanken zu bringen, so daß ein Meinungsumschwung vorbereitet wird. Gerade in den Zeiten des Umbruchs erscheint es für den einzelnen besonders

wichtig, auf das Verhalten der Mitmenschen zu achten, um bei sich ändernden Verhältnissen nicht selbst in eine Isolation zu geraten. Im Sinne der Synergetik werden Meinungsumschwünge durch äußere Gegebenheiten vorbereitet. Ist aber die Destabilisierung erfolgt, so bedeutet dies, daß sich unter den Menschen die Ansicht ausbreitet, daß etwas Neues geschehen müsse.
Sehr oft aber ist die Frage, in welche Richtung man fortschreiten soll, ungeklärt. Hier hängt es gerade immer nur von wenigen ab, die den neuen Weg vorzeichnen. Eine einzelne Gruppe von Menschen, von Avantgardisten oder aktiven Revolutionären, ja sehr oft eine einzelne Person kann dabei zum Kristallisationspunkt einer neuen Richtung werden. Es sind hier gerade die Fluktuationen, die den Ausschlag geben und die uns an unzähligen Stellen dieses Buches immer wieder begegnet sind. Unvorhersehbare scheinbar lokale Ereignisse bekommen bei einem Zustand der Instabilität eine enorme Ausstrahlungskraft, die sie in normalen Zeiten nie gehabt hätten. In jenen Zeiten wäre die Aktion derartiger einzelner Gruppen eine schnell vergessene Episode geblieben, eine kleine Schwankungserscheinung, die rasch wieder abgeklungen wäre.

Massenmedien: Ordner unter Selektionsdruck

Bisher hatten wir so getan, als wäre das Auftreten des Ordners, nämlich «vorherrschende öffentliche Meinung», und die Meinung des einzelnen Bürgers ein in sich abgeschlossener Kreislauf, etwa wie Laseratome das Laserlicht erzeugen und von diesem wieder versklavt werden. Obgleich dieser Grundgedanke durchaus richtig ist, muß er doch in wichtiger Weise ergänzt werden. Öffentliche Meinung entsteht nämlich nicht nur durch direkte Kontakte der Menschen untereinander, sondern auch über Massenmedien. Nun wäre es naiv – und das wäre wohl ein Fehler, in den mancher verfällt – zu sagen, die Massenmedien seien nichts anderes als ein bloßes Abbild der öffentlichen Meinung. Das Gegenteil ist der Fall: Sie besitzen eine eigene Dynamik, und diese ist wieder eng mit den Grundfragen der Synergetik verknüpft.
Der französische Schriftsteller Guy de Maupassant (1850 – 1893) hat im 19. Jahrhundert in seinen Romanen nicht nur pikante amouröse Abenteuer beschrieben, sondern er war auch ein scharfer und kritischer

Beobachter seiner Zeit. So schildert Maupassant, der selbst einmal Journalist war, in seinem Roman *Bel ami* einen Verleger, der am Abendtisch die eingegangenen Neuigkeiten wie Waren auf ihren Wert taxiert. Hier tritt uns, nur in neuem Gewande, eine Reihe von Prinzipien entgegen, die wir schon längst in diesem Buch kennengelernt haben. Zum einen ist es das Problem der beschränkten Möglichkeiten. Eine Zeitung kann nicht alles bringen. Sie darf einen bestimmten Umfang nicht überschreiten, um nicht zu teuer zu werden. Darüber hinaus hat der Leser auch nur eine beschränkte Zeit zur Verfügung, etwa fünfzehn Minuten pro Tag, wie Soziologen herausgefunden haben. Die Journalisten müssen daher aus der Fülle des Materials eine Auswahl treffen. Aber nach welchen Gesichtspunkten? Natürlich gibt es hier eine ganze Reihe. Aber nehmen wir die Gesichtspunkte, die sich vom Standpunkt der Synergetik aus betrachtet am überzeugendsten anbieten.

Zeitungen, Magazine oder Journale können ja nur dadurch existieren, daß sie vom Käufer gekauft werden, mit anderen Worten, sie müssen von den Käufern gewissermaßen wie von einem Nahrungsvorrat leben. Aber dieser Nahrungsvorrat selbst ist wieder begrenzt. Es kommt notwendigerweise zur Konkurrenz und damit wieder zu einem Ausleseprozeß. Eine Zeitung oder eine Zeitschrift ist daher aus Konkurrenzgründen einerseits und aus Mangel an Platz andererseits gezwungen, eine Vorauswahl zu treffen in einer Weise, die ihr eigenes Weiterbestehen am besten garantiert. In diesem Sinne geraten Zeitungen und Zeitschriften in eine Doppelrolle, deren eine Seite wie folgt aussieht. Sie selbst treten wieder als Ordner auf, indem sie in der Lage sind, durch die geäußerten Meinungen die Meinungen ihrer Leser zu beeinflussen. Dieser Einfluß wird zuweilen als drückend und bedrükkend empfunden.

So schreibt Elisabeth Noelle-Neumann: «Die Massenmedien verkörpern Öffentlichkeit, eine weit ausgebreitete, anonyme, unangreifbare, unbeeinflußbare Öffentlichkeit.» Oder auch: «Die Massenmedien sind einseitige, indirekte, öffentliche Kommunikation, sie sind der natürlichsten menschlichen Kommunikation, dem Gespräch, entgegengesetzt. Das ist es, was dem einzelnen gegenüber den Massenmedien ein Gefühl der Machtlosigkeit gibt; bei jeder Umfrage, wer in der heutigen Gesellschaft zuviel Macht habe, rangieren die Massenmedien mit an der Spitze.»

Die Machtlosigkeit des einzelnen offenbart sich dabei in zweierlei Weise. Ihm wird Öffentlichkeit vorenthalten, mit anderen Worten, es gelingt ihm nicht, seine Meinung über die Medien anderen mitzuteilen, und der einzelne kann an den Pranger gestellt werden, ohne daß er sich in adäquater Weise dagegen wehren kann. Auch ein Prozeß gegen eine Zeitung oder eine Zeitschrift kann dieser in ihrer Publizität helfen, ihren Umsatz steigern und ihr dadurch zugute kommen, selbst wenn sie am Schluß diesen Prozeß verlieren sollte.

Die andere Seite der oben erwähnten Doppelrolle von Zeitungen und Zeitschriften besteht in folgendem: Sosehr es auch zutreffen mag, daß der einzelne den Massenmedien hilflos ausgeliefert ist, so sind diese doch auch wieder verletzbar und sogar tödlich zu treffen, nämlich durch das kollektive Verhalten der Leser. So könnte ich mir nicht vorstellen, daß es einer bestimmten Zeitung gelänge, sich ohne Unterstützung von außen längere Zeit wirtschaftlich am Leben zu erhalten, wenn sie ständig eine Meinung vertritt, die im Gegensatz zur Meinung ihrer Leser steht.

Allerdings trifft dies nur mit einer Einschränkung zu. Zeitungen und Zeitschriften bringen ja nicht nur rein politische Meldungen. (Auch muß der politische Teil nicht immer das Hauptanliegen der Zeitung oder Zeitschrift sein.) Gerade um sich vor den Reaktionen, ja auch Launen des Publikums zu schützen, haben sie meist den Weg der Generalisierung eingeschlagen. Sie bieten ein relativ breites Angebot aus den verschiedenartigsten Bereichen der Politik, Wirtschaft, Kunst usw. Darüber hinaus erfährt die Presse eine Stabilisierung durch lokale Nachrichten, die oft von Bagatellnatur sein können, zum Beispiel wann die nächste Müllabfuhr ist oder welche Veranstaltungen stattfinden. Andererseits sind diese Dinge nicht für die eine oder andere Zeitung spezifisch, was bedeutet, daß diese Lokalnachrichten den lokalen Konkurrenzkampf nicht ausschalten. In der Tat beobachten wir häufig, daß in kleineren Orten nur noch eine Zeitung vorhanden ist oder daß in den Einzugsgebieten größerer Orte das überregionale Nachrichtenprogramm von einer zentralen Redaktion einer einzelnen Zeitung geliefert wird und die einzelnen örtlichen Zeitungen nur noch ihren Lokalteil hinzugeben.

Es ist nicht zu verkennen, daß hier ein Meinungswettkampf unter den Zeitungen nicht mehr existiert, sondern daß die betreffende zentrale Zeitung ein Meinungsmonopol errungen hat. Dieses Meinungsmonopol ist auch wirtschaftlich kaum mehr durch kollektives Verhalten der Leser zu brechen, weil diese eben auf die lokalen Nachrichten nicht verzichten können oder verzichten wollen. Hierbei ist es durchaus möglich, daß sich im Laufe der Entwicklung der jeweiligen Zeitungen zunächst nur wenig ausgeprägte Vorzugstendenzen durch den schon oft besprochenen Rückkopplungsmechanismus immer mehr verstärkt haben. Es wäre eine interessante Aufgabe für Soziologen, herauszufinden, ob die Wahlergebnisse in der Bundesrepublik, die ja offensichtlich eine Nord-Süd-Gliederung aufweisen, nicht mit derartigen Mechanismen zusammenhängen könnten.

Wie können wir als einzelne Bürger dieser Versklavung, die ja fast unvermeidbar scheint, entgehen? Wenn wir unsere eigene Beeinflußbarkeit in Rechnung stellen, so können wir dieser nur dann entrinnen, wenn wir die äußeren Einflüsse sich gewissermaßen gegenseitig aufheben lassen – so wie wir in der sich drängenden Menge aufrecht stehenbleiben können, weil wir eben von allen Seiten in gleicher Weise gestoßen und gedrückt werden. Dies kann nur dadurch geschehen, daß wir auch überregionale Zeitungen und wenn möglich auch ausländische Zeitungen verschiedener Couleur lesen.

Das heißt natürlich nicht, daß wir zwanzig Zeitungen nebenbei abonnieren müßten. Es genügt ja vollkommen, wenn wir uns ab und zu die eine oder andere Zeitung zu Gemüte führen. Vielen wird es dann ähnlich ergehen wie mir auf meinen Auslandsreisen, wo die Probleme in der Bundesrepublik in einem völlig anderen und neuen Licht und Zusammenhang erscheinen.

Übrigens gehen Zeitungen und erst recht Zeitschriften nicht nur den Weg der oben besprochenen Generalisierung, sondern auch den der Spezialisierung, indem sie sich zum Beispiel an bestimmte Lesergruppen wenden. So gibt es Zeitungen mit anspruchsvollem Inhalt, deren Lektüre ein intellektueller Genuß ist, während andere ihre Leserschaft durch Herabschraubung der geistigen Ansprüche zu gewinnen suchen.

Darüber, ob eine Zeitung gelesen wird oder nicht, entscheidet nicht allein ihr Inhalt, sondern zumindest in gewissem Umfang auch ihr Preis. Auch hier sind wieder Effekte am Werke, die zur Bevorzugung einer einzigen Zeitung führen. Wird nämlich eine Zeitung mehr gekauft, so kann sie aus wirtschaftlichen Gründen, die leicht einsichtig sind, billiger werden. Dadurch wird sie aber wieder mehr gekauft, und der Prozeß kann so weit gehen, daß nur dieses eine Organ den Wettkampf überlebt. Selbst wenn man mit der politischen Meinung einer solchen Zeitung, die den Wettkampf gewonnen hat, übereinstimmt, so hat man sich damit schon wieder automatisch einem Meinungsmonopol ausgesetzt. Selbst wenn man auf seiner eigenen Meinung beharren wollte (was keineswegs immer ein Zeichen von Intelligenz ist, genausowenig wie ein Meinungswechsel eine Charakterlosigkeit bedeuten muß), so kann die Zeitung selbst im Laufe der Zeit einen Meinungswechsel erfahren, und wir werden vielleicht von einer Meinung unbemerkt versklavt.

Wir müssen uns vor Augen halten, daß die Herausbildung einer Meinung oder einer dominanten Zeitung Akte sind, die sich oft über viele Jahre erstrecken, so daß wir uns gar nicht mehr daran erinnern, wie Vorzugsmeinungen oder, härter ausgedrückt, Meinungsmonopole entstanden sind. Dies gilt auch für politische Systeme, die ja nichts anderes als eine bestimmte Manifestation oder in Staatsform gegossene öffentliche Meinung darstellen. In extremen, aber leider sehr realen Fällen schreitet man unmerklich Schritt für Schritt gemeinsam, wie eine ineinander Arm in Arm verhakte Kolonne, immer tiefer in den Sumpf hinein. Wenn der einzelne ausbrechen möchte, so tun es seine Nachbarn gerade nicht, und am Schluß sind alle versunken. Zweifellos erscheint die Frage der Kollektivschuld unter einem solchen Aspekt völlig neu. Eigentlich hat keiner das «Endziel» so gewollt, und trotzdem sind alle gemeinsam miteinander hineingeschlittert. Wir werden dieser Frage, wenn wir über Diktaturen sprechen, später noch einmal begegnen.

Die Reduktion der Welt

Kehren wir aber nochmals zur Frage der Bildung von Meinungen im Sinne von Ordnern zurück. Im naturwissenschaftlichen Bereich sahen wir, daß die Ordner ganz prägnant in Erscheinung treten und mit wenigen Worten beschrieben werden können, etwa die «dominierende Laserwelle» oder die «Bienenwabenstruktur». Durch die Verstärkungsprozesse gelingt es der Natur, am Schluß ganz scharfe Ordnungszustände zu erhalten. Grund hierfür sind der Wettbewerb und die Auslese zwischen verschiedenen möglichen Ordnungszuständen. Die Begründung für ein ähnliches Verhalten bei der Bildung ganz ausgeprägter geistiger Ordnungsstrukturen können wir anhand von Untersuchungen des amerikanischen Journalisten Walter Lippmann zurückverfolgen. Es sind vornehmlich zwei Dinge, die das Auftreten von Ordnern, das heißt einheitlicher Auffassungen, begünstigen. Das eine sind die beschränkten Ressourcen, also die beschränkte Anzahl von Meldungen oder Trends, die überhaupt mitgeteilt werden können. Dies führt notwendigerweise zu einer starken Reduktion der komplexen Wirklichkeit auf eine Scheinwelt, wie dies klar von Niklas Luhmann ausgesprochen wurde. Walter Lippmann drückte dies so aus: «Jede Zeitung, wenn sie den Leser erreicht, ist das Ergebnis einer ganzen Serie von Selektionen.» Wie Lippmann bemerkt, wird hierdurch für den Leser eine passende Umwelt, wie wir sagen könnten, eine Scheinwelt geschaffen, oder, um es noch schärfer auszudrücken, was nicht berichtet wird, existiert nicht.

Auf diese Weise entsteht ein vereinfachtes Bild der Wirklichkeit, das uns aber als die Wirklichkeit schlechthin erscheint. Dies ist also der eine Grund, der das Auftreten von Ordnung begünstigt: der naturgegebene Zwang zur Auswahl. Der andere Grund liegt darin, daß die ausgewählten Themen im geistigen Bereich genauso prägnant erfaßt werden können, wie wir es in den Naturwissenschaften bei den Ordnern kennengelernt haben. Dies geschieht durch Schlagworte oder, um das von Walter Lippmann benutzte Wort aufzunehmen, durch *Stereotype*. Dieser Begriff ist aus der Zeitungsdruckerei bekannt. Hier wird der Text in einer Abteilung, der Stereotypie, in starre Form gegossen, um dann beliebig oft vervielfältigt werden zu können. Stereotype sind also Schlagworte, die mit Absicht geprägt worden sind, um bestimmte Sachverhalte darzustellen. Oft ist damit gleichzeitig eine bestimmte Meinung verknüpft, zum Beispiel bei dem Schlagwort «Berufsverbote». Dieses Stereotyp ist dann die in Umlauf gebrachte Münze, die immer wieder benutzt wird und mit deren Hilfe sich schließlich eine bestimmte Meinung gegen die Konkurrenz durchsetzt. Um mit Walter Lippmann zu sprechen: «Wer sich aber der Symbole bemächtigt, die für den Augenblick das öffentliche Gefühl beherrschen, beherrscht hierdurch in starkem Maße den Weg zur Politik.»

Dieser Wettkampf der Ordner, der uns immer wieder in den Naturwissenschaften begegnet, ist im soziologischen Bereich den Wissenschaftlern nicht entgangen. Wir brauchen nur als Beispiel für viele Elisabeth

Noelle-Neumann zu zitieren: «Die Aufmerksamkeit ist knapp, gegen starke Konkurrenz müssen sich die Personen oder Themen hereindrängen. Pseudokrisen und Pseudoneuigkeiten werden in den Massenmedien erzeugt, um die Konkurrenz anderer Themen aus dem Feld zu schlagen.»

Was wir aber nun mit den Methoden der Synergetik erkennen können, sind die allgemeinen Gesetzmäßigkeiten, die all diesen Vorgängen zugrunde liegen. Meinungsbildungen oder Publikationen unterliegen allgemeinen Gesetzmäßigkeiten, die als notwendige Konsequenz eine enorme Reduktion verschiedenartiger Meinungen auf einige oder wenige zur Folge haben. Aber gerade in Kenntnis dieser Gesetze können wir auch gegensteuern, wie wir es schon oben besprochen haben.

Hier kommt aber noch ein Gesichtspunkt hinzu, der zu den Prozessen im physikalisch-chemischen Bereich kein Analogon besitzt, hingegen durchaus im Bereich der belebten Natur, nämlich der evolutionäre Charakter. Wir leben in einer sich ständig verändernden Umwelt. Zugleich werden stets neue Ideen geboren, und andere sterben wieder ab. Wir haben hier ein enorm dynamisches Geschehen vor uns, das sich auch in der Presse widerspiegelt. Es genügt, in diesem Zusammenhang auf einige Gesichtspunkte aus soziologischer Sicht hinzuweisen.

So werden von der Presse neue Themen aufgegriffen, um einen Prozeß der öffentlichen Meinungen in Gang zu setzen. Hierzu ist es, um mit Niklas Luhmann zu reden, nötig, Worte und Formeln zu finden. Schließlich wird ein Thema verhandlungsfähig, wobei oft wieder in unserem Sinne synergetische Prozesse maßgebend sind. Es wird von den verschiedensten Richtungen oder Zeitungen her aufgegriffen. Später tritt eine Sättigung der Leserschaft ein. Alles ist zum Thema gesagt, oder, im Fachjargon der Journalisten, das Thema ist gestorben. Interessant ist aber eine Feststellung amerikanischer Kommunikationsforscher, die untersucht haben, ob die Ansichten der Bevölkerung oder die thematischen Schwerpunkte der Massenmedien zeitlich vorn sind. Diese Forscher fanden heraus, daß in der Regel die thematischen Schwerpunkte der Medien den tatsächlichen Entwicklungen der Ansichten der Bevölkerung voraus waren.

Im vorangegangenen kam es uns darauf an, einige Grundgedanken der gegenseitigen Einflußnahme aufzuzeigen. Insbesondere erkannten wir, daß auch Medien keineswegs absolute Diktatoren sind, sondern daß sie wieder ihre eigenen Probleme des Überlebens haben. Es herrscht hier ein Kommen und Gehen, wie es sich im Gründen neuer Zeitschriften oder Verlage einerseits, im Fusionieren und im Verschwinden von Zeitschriften andererseits deutlich manifestiert.

Das Fernsehen – von ungeheurer Ausstrahlungskraft

Aus dem Gesagten geht aber zugleich hervor, daß für das Fernsehen andere Mechanismen gelten, insbesondere für das staatliche Fernsehen, bei dem es ja keine direkte Rückkopplung von Konsumentenverhalten auf wirtschaftliche Existenz oder gar auf das Überleben selbst gibt. Andererseits unterliegt auch das Fernsehen den Zwangsbedingungen, die durch beschränkte Ressourcen, das heißt nur eine endliche Sendezeit, gegeben sind. Im allgemeinen ist es eben dann nicht möglich, etwa die Reden aller Politiker ungekürzt zu bringen. Mit der notwendigen Reduktion, das heißt mit den gewählten Redeausschnitten, muß notwendigerweise eine Vorauswahl getroffen werden, die die Bildung einer Vorzugsmeinung fördern kann, wobei dahingestellt bleiben soll, ob diese vom jeweiligen Fernsehredakteur gewollt oder nicht gewollt war. Setzen wir die Beeinflußbarkeit des Zuschauers in Rechnung, so ergeben sich im Sinne der Synergetik interessante Fragen, die in ihrer Fülle wohl erst noch ausgelotet werden müssen. Nehmen wir etwa an, daß die gesendeten Meinungen in dem Maße vertreten sind, wie sie der Verteilung der verschiedenen Meinungen in der Bevölkerung entsprechen, so wird nach den Grundgesetzen der Synergetik im allgemeinen zu erwarten sein, daß sich schließlich eine einzige Meinung immer mehr verstärkt und durchsetzt und nur noch diese herrscht, sofern dem nicht ganz eklatante Widersprüche in unserer Umwelt entgegenstehen. Werden aber andererseits alle Meinungen – welcher Couleur auch immer – gleich stark vertreten, so wird auch hier wieder das Bild verzerrt. Randgruppen erhalten ein überdimensionales Gewicht und viele einen Zulauf, der nicht wünschenswert sein kann.

Es mag sein, daß der Ausweg aus diesem Dilemma nur darin besteht, es zu ertragen, daß eine Zeitlang die eine Meinung vorherrscht und dann wieder durch eine andere ersetzt wird, wobei man aber im Sinne der Meinungsfreiheit dafür Sorge tragen muß, daß die Meinung nicht festgefroren wird.

Regierung und öffentliche Meinung

Wie wir von der Synergetik her wissen, hat der Ordner ein doppeltes Gesicht oder eine doppelte Funktion. Einerseits versklavt er die Untersysteme, zum anderen wird er selbst wieder von den Untersystemen aufrechterhalten. Wir haben gesehen, daß der Ordner «öffentliche Meinung» diesem Prinzip unterliegt, aber er erfüllt noch weitere Funktionen – eine Erkenntnis, die sich erst im Laufe der Zeit herausgebildet hat. Er beeinflußt nämlich nicht nur die Volksmeinung, sondern die öffentliche Meinung wirkt auch auf die Regierung. Wir zitieren hierzu die Gedanken des 1711 geborenen David Hume:
«Nichts erscheint denen, die sich mit politischer Philosophie befassen, erstaunlicher als die Leichtigkeit, mit der die *vielen* von den *wenigen* regiert werden, und die Bereitwilligkeit, mit der Menschen ihre eigenen Empfindungen und Wünsche den Empfindungen und Wünschen der Regierung unterordnen. Wenn wir zu analysieren versuchen, auf welche Weise ein solches Wunder zustande kommt, finden wir, daß die Regierenden… sich auf nichts anderes stützen können als auf Meinung, auf Zustimmung. Regierung ist allein auf Meinung gegründet; und dies trifft zu für die despotischsten und militärischsten Regierungen ebenso wie für die freiesten und populärsten.»
Die deutlichste Einflußnahme der öffentlichen Meinung auf die Regierung erfolgt in den demokratischen Staaten bei den Wahlen. Hier tritt nun ein merkwürdiges Phänomen auf, das uns zunächst wie ein Widerspruch zu dem zuvor Gesagten erscheinen mag. In vielen Staaten kommt es immer häufiger zu einer Art Patt. Es gibt annähernd gleich viele Wähler, die für die Regierung oder die entsprechende Koalition stimmen wie auch dagegen. Es ist interessant, möglichen Gründen hierfür nachzugehen, handelt es sich doch um ein Phänomen, das uns in der Synergetik bereits begegnet ist, nämlich um verschiedene Antworten auf dieselbe Frage oder, deutlicher ausgedrückt, um verschiedenartige Lösungen zum selben Problem.
Das Verhalten der Parteien erinnert oft an das der Eisverkäufer am Strand, das wir uns in unserem Kapitel über Wirtschaft vor Augen geführt haben. Die Parteien selbst unterliegen wieder dem Konkurrenzkampf, wobei es zum Teil sogar um das Überleben einer einzelnen Partei gehen kann, während es sich bei einer anderen Partei darum handelt, ob sie an die Macht gelangt oder sie beibehalten kann. Nun

sollte man meinen, daß eine Partei jeweils bestimmte Idealvorstellungen hat, die sie im Sinne ihrer Wähler durchsetzen will. Hierbei stellt sie aber sehr bald fest, daß sie zur Durchsetzung ihrer Ziele erst die Macht haben muß, und diese erreicht sie nur, wenn sie genügend Wähler hat. Sie wird daher ihre Wahlstrategie darauf abstellen müssen, Wähler anderer Parteien abzuziehen.

Das entspricht aber dem Verhalten der Eisverkäufer, die sich jeweils auf den anderen zu bewegen, bis schließlich, zumindest äußerlich, eine Position bezogen ist, die von dem Außenstehenden gar nicht mehr in ihren Unterschieden ohne weiteres wahrgenommen werden kann (zumindest vor dem Eiskauf). Erst nachdem er das gleiche Eis vier Jahre lang essen mußte, kann er dann vielleicht einen Unterschied verspüren. Dieses äußere Gleichwerden, das sich schon dadurch manifestiert, daß die Parteien oft völlig gleichlautende Schlagworte wie Friede, Freiheit, Gerechtigkeit verwenden, läßt erkennen, daß Entscheidungskriterien gerade in einer komplexen Umwelt nur schwer zu beschaffen sind. Hinzu kommt, daß es zuweilen auch, objektiv gesehen, durchaus gleichberechtigte, jedoch völlig verschiedenartige Lösungen für bestimmte wirtschaftliche oder gesellschaftliche Probleme geben kann. Dabei wird jeweils eine bestimmte Gruppe hart getroffen, während die andere profitiert, und umgekehrt.

Aus all diesen Gründen und wahrscheinlich aus noch vielen anderen wird der «synergetische Aufwand» oder die synergetische Kurve, die wir schon mehrfach angetroffen haben, mehrere lokale Vorzugspositionen besitzen. Die eine Gruppe sieht die eine als die bessere an, die andere Gruppe die andere. Wir erhalten so eine symmetrische Lage, wie sie uns immer wieder begegnet. Wir wissen auch, was dann passiert. Ganz kleine Schwankungen oder im politischen Falle ganz kleine Gruppen oder Parteien können dann den Ausschlag geben und die Symmetrie brechen. Behält dabei ständig die eine Konfiguration das Übergewicht, so kann damit durchaus eine immer stärker werdende Verengung der Meinungen eintreten.

Es macht wohl das Charakteristikum einer Demokratie aus, daß sie wenigstens im Prinzip die Möglichkeit in sich birgt, auch die andere Seite zum Zuge kommen zu lassen. Insofern beinhaltet eine Demokratie eine größere Symmetrie als eine Diktatur, wobei größere Symmetrie heißt, daß ein viel breiteres Spektrum von Meinungen und individuellen Entfaltungsmöglichkeiten besteht; mit anderen Worten, die Demokratie vermag eine pluralistische Gesellschaft zu garantieren. Damit ist zugleich die höhere Anpassungsfähigkeit einer Demokratie an Veränderungen der Umwelt, etwa an wirtschaftliche Gegebenheiten, verknüpft. Es sind gewissermaßen latent schon alle möglichen Reaktionsfähigkeiten vorhanden und müssen nur noch in geeignetem Maße verstärkt werden, um einer neuen Situation zu begegnen. Daß auch hier nicht immer ein neuer *Gleichgewichtszustand* erreicht werden kann, machen schon unsere Betrachtungen über Wirtschaftsvorgänge klar.

Allgemein läßt sich eine Demokratie wohl dadurch kennzeichnen, daß hier zwar eine Ordnung im Grundsätzlichen vorliegt, die Strukturierung und Selbststeuerung aber den einzelnen Bürgern oder Gruppierungen überlassen bleibt. Wir haben dann eben nicht die Ordnung eines Friedhofs vor uns, sondern die Ordnung in einem höheren Sinne, die die Freiheit der einzelnen und die damit verknüpfte Meinungsvielfalt garantiert.

In diesem Kapitel haben wir das Phänomen öffentliche Meinung in den Mittelpunkt unserer Betrachtungen gestellt. Wir untersuchten, wie öffentliche Meinung entsteht, wie sie auf den einzelnen und auf die Regierung wirkt. Wenden wir uns nun der Frage zu, inwieweit wir von einer öffentlichen Meinung in Diktaturen sprechen können.

Diktaturen

Leute, die in Diktaturen gelebt haben, wissen, daß es hier so etwas wie ein doppeltes Meinungsklima gibt. Dieses Phänomen wird übrigens auch in einem demokratischen Staat wie der Bundesrepublik beobachtet und von Elisabeth Noelle-Neumann untersucht und beschrieben. In einer Diktatur besagt «doppeltes Meinungsklima» folgendes:

Die von der Regierung kontrollierten Nachrichtenorgane sprechen ganz einheitlich uniforme Meinungen aus, die durch entsprechend ausgewählte Nachrichten untermauert werden. Daneben hält sich aber offensichtlich eine private und trotzdem in gewissem Sinne einheitliche und daher als öffentlich zu bezeichnende Meinung. Diese Haltung, die stark von der offiziellen Meinung abweicht, äußert sich im geflüsterten Wort oder besonders im politischen Witz. Die Maßnahmen, die totalitäre Regierungen gegen die Verbreitung dieser inoffiziellen und doch als öffentlich zu wertenden Meinungen ergreifen, zeigen deutlich, daß die direkte Kontaktnahme zwischen Menschen ein Meinungsklima hervorrufen kann, das der Regierung oder der regierenden Klasse gefährlich zu werden droht. Hierzu gehört nicht nur, daß in derartigen Staaten oft das Abhören ausländischer Sender verboten oder durch Störsender unterbunden wird. Hierzu gehört auch die Einschränkung von Vervielfältigungsmöglichkeiten wie Xerox-Verfahren oder die genaue Registrierung von Druckereien und deren Arbeiten. Dies würde immer noch darauf hindeuten, daß erst vervielfältigte Meinung gefährlich werden kann. Wir wissen aber aus derartigen Staaten, daß dort Geheimpolizei und Denunziantentum zu allgemeiner Furcht führen, sich öffentlich kritisch über das Regime zu äußern. Auch jede Äußerung individueller Meinung wird auf diese Weise durch Einschüchterung unterdrückt. Trotzdem kann der Ausbruch kollektiver Verhaltensweisen nicht immer unterbunden werden. Deshalb schaffen Diktatoren Ventile für den Volkszorn, oft in Form der Verfolgung von Minderheiten, etwa rassischer, religiöser oder auch andersdenkender, die von der Norm abweichen.

Die Synergetik gibt durch ihre Untersuchung kollektiver Effekte auch eine Antwort darauf, warum Diktaturen so stabil sind, obwohl das für die meisten in einem demokratischen Land lebenden Bürger völlig unverständlich ist. Die Antwort liegt in der sich selbst stabilisierenden Wirkung eines großen Systems. Damit der betreffende Ordnungszustand zusammenbricht, müßten eben *gleichzeitig* alle oder ein sehr großer Teil der Bürger aus dem sogenannten Ordnungszustand der Diktatur ausbrechen. Aber weil die Diktaturen die Kommunikationsmöglichkeiten unter den einzelnen Mitgliedern so stark eingeschränkt haben und kontrollieren, können die Mitglieder nur jeweils unabhängig voneinander Ausbruchversuche unternehmen, die scheitern müssen, weil die anderen Mitglieder der Gesellschaft gerade in diesem Moment an dem alten System festhalten oder aber in die verschiedensten Richtungen drängen und sich so in ihren Handlungen gegenseitig im Wege stehen.

Vorbedingung für einen Umsturz (Revolution) ist daher entweder eine Lockerung der Regierungsmaßnahmen, durch die ein Meinungsaustausch erleichtert wird, oder der Aufbau eines geheimen Untergrundnetzes. Auch hier haben aber «effektive» Diktatoren Gegenmaßnahmen ergriffen, zum Beispiel in Gestalt des «agent provocateur», der

sich als aktives Mitglied in eine Untergrundgruppe einschleicht, in Wirklichkeit aber schließlich die Untergrundmitglieder der Polizei ausliefert.
Trotzdem kann es in einem derartigen Land zur öffentlichen Manifestation einer Meinung kommen, obwohl dies völlig nichtssagend zu sein scheint. Als ich einmal in einem solchen Land ein Flugzeug bestieg, fiel mir ein interessanter Vorfall auf. Die Stewardeß verteilt ja in einem Flugzeug Zeitungen. Die Leute ließen sich die Zeitungen geben, schlugen aber sogleich die letzte Seite auf. Zunächst dachte ich, dort müßte etwas besonders Aktuelles stehen, bis ich feststellte, daß alle die Sportseite aufgeschlagen hatten. Eine deutlichere, zugleich aber in keiner Weise angreifbare Ablehnung des Regimes kann man sich wohl kaum vorstellen.*

Öffentliche Meinung und Minderheiten

Wie wir immer wieder sahen, kommt es aufgrund synergetischer Gesetzmäßigkeiten in den verschiedensten Bereichen der Natur, aber auch der Gesellschaft, zu einem Selektionsdruck, der zum immer ausgeprägteren Zusammenschluß von Gruppen führt, etwa zu Gruppen gleicher Meinung. Diese Tendenz kann bis zur Ächtung oder Verfolgung Andersdenkender gehen, besonders solcher Gruppen, die sich ohnehin durch äußere Merkmale (wie Rasse) oder Religionszugehörigkeit von der Masse unterscheiden. Nicht immer genießen diese Gruppen in allen Ländern den Schutz des Staates. Um zu überleben, reagieren die einen mit Assimilation, indem sie sich möglichst ununterscheidbar von den anderen verhalten. Es gibt aber noch einen zweiten Weg, nämlich den der Profilierung. Diese Minderheitengruppe wird dann zu immer höheren Leistungen angespornt und erringt ihre allgemeine Achtung und damit auch ihre Lebenssicherung durch erhöhte Leistungen.
Auch das soziale Verhalten einer solchen Gruppe wird von dem der breiten Bevölkerung abweichen. Bei dieser Gruppe kommt es wegen

* Mit dem Land hatte ich übrigens Polen gemeint, doch herrschten in den anderen Ostblockländern ganz ähnliche Verhältnisse. Wie mir inzwischen ein Kollege aus der ehemaligen DDR erzählt hat, waren obige Bemerkungen einer der Gründe, warum mein Buch dort verboten war.

des Problems des Überlebens darauf an, sich gegenseitig zu fördern. Nur durch Kooperation bleibt eine solche Gruppe stark. Das Verhalten der übrigen Bevölkerung ist zumeist anders. Hier sieht jeder in dem anderen einen ausgeprägten Konkurrenten. Für die letzteren gelten die folgenden Worte Rousseaus in seiner Preisschrift, die ihn 1755 berühmt machte. Ihr Titel lautet «Über den Ursprung der Ungleichheit unter den Menschen». Rousseau stellt fest: «Ich würde sichtbar machen, wie sehr dieser allgewaltige Drang nach Ruf, Ehre und Auszeichnungen, der uns alle verzehrt, Talente und Kräfte einübt und sich messen läßt, wie sehr er die Leidenschaften aufreizt und vervielfältigt, wie sehr er alle Menschen zu Konkurrenten, Rivalen oder vielmehr Feinden macht.»

Revolutionen

Revolutionen, auf deutsch Umwälzungen, greifen immer tief in das Leben aller Bürger ein. Im Sinne der Synergetik ändert sich der makroskopische Zustand, also die Staatsform, drastisch. Mehrfach hatten wir in unserem Buch von derartigen drastischen Umwälzungen bei physikalischen, chemischen oder biologischen Vorgängen gesprochen. Immer wieder treten bei diesen Vorgängen ganz besonders deutlich Analogien zutage. Dies läßt uns erwarten, daß Revolutionen im politischen oder soziologischen Bereich durch die Methoden der Synergetik erfaßt werden können. Revolutionen erscheinen in diesem Sinne wie Phasenübergänge, etwa vom unmagnetischen zum magnetischen Zustand eines Eisenmagneten oder vom ungeordneten Licht einer Lampe zum geordneten Laserlicht. Allerdings müssen wir uns hüten, voreilig zu enge Parallelen zu ziehen, etwa in der Interpretation, was Ordnungszustände im soziologischen Bereich bedeuten. Sehr schnell würden wir berechtigten Widerspruch hervorrufen. Wir werden daher den Begriff «Ordnungszustand» nur in einem ganz losen Sinn verwenden, um eine Staatsform zu kennzeichnen, wobei verschiedene Staatsformen gewissen Phasen entsprechen.

Ähnlich wie in der unbelebten Natur, etwa in der flüssigen oder festen Phase des Wassers, die Beziehungen der Einzelmoleküle untereinander in bestimmter Weise geregelt sind und andererseits dadurch wieder den makroskopischen Zustand Wasser oder Eis bestimmen, so unterscheiden sich auch die Verhaltensweisen der Mitglieder einer menschlichen Gesellschaft bei verschiedenen Staatsformen. Ähnlich wie es in der unbelebten Welt Übergänge zwischen verschiedenen Ordnungszuständen gibt, zum Beispiel fest-flüssig, treten uns auch Revolutionen in verschiedenem Gewande entgegen. Es kann Umwälzungen von einer Monarchie zur Demokratie geben, wie beispielsweise in der Französischen Revolution. Es kann Umwälzungen von der Demokratie zur Diktatur geben, wie bei der Machtübernahme Hitlers. Es kann Revolutionen geben, die von einer Form der Diktatur zu einer anderen führen, wie etwa der Übergang von der Zarendiktatur in die Diktatur Stalins.

Der Übergang von einer Diktatur in eine Demokratie scheint in unseren Tagen ein seltenes Ereignis zu sein, der von einer Diktatur in die andere dagegen ist weit häufiger. Glücklicherweise hat sich dieser seltene Übergang inzwischen in der ehemaligen Sowjetunion ereignet, und es bleibt zu hoffen, daß sich der neue Zustand als stabil erweist, was angesichts der dortigen wirtschaftlichen Schwierigkeiten keineswegs als garantiert angesehen werden kann. Hier ist zum Beispiel äußere wirtschaftliche Hilfe, in sinnvoller Weise eingesetzt, dringend vonnöten. In unserer Liste fehlt offensichtlich der Übergang von Demokratie zur Demokratie. Tatsächlich ist es aber gerade die Eigenschaft einer Demokratie, ihren grundsätzlichen Charakter beizubehalten, selbst wenn die Regierungspartei wechselt.

Welche Mechanismen sind nun für eine Revolution maßgebend? Wir sind heute wohl in der Lage, diese im Sinne der Synergetik sowohl durch mathematische Modelle zu erfassen als auch durch Beobachtungen von Historikern zu belegen. Einer Revolution scheint immer eine Destabilisierung vorauszugehen, eine Phase, in der die breite Masse der Bürger nicht mehr oder nicht mehr stark für das jeweils herrschende System einzutreten bereit ist. Hinzu kommt, und das ist wohl das entscheidende Moment, die gegenseitige Beeinflußbarkeit und Einflußnahme. Die negative Haltung dem herrschenden System gegenüber wächst auf diese Weise, wie sich auch mathematisch zeigen läßt, lawinenartig an. Dieses lawinenartige Anwachsen wird zum anderen dadurch gestützt, daß die Anhänger des herrschenden Systems sich immer mehr selbst isolieren, schweigen und damit dem System ihre Unterstützung teils absichtlich, teils unabsichtlich versagen, ein Sachverhalt, der seine treffende Charakterisierung in dem von Elisabeth

Noelle-Neumann geprägten Begriff der Schweigespirale findet. Diese Erscheinung war schon früher beobachtet und beschrieben worden. Erwähnt sei nur die 1856 von Alexis de Tocqueville veröffentlichte Geschichte der Französischen Revolution, in der er den Niedergang der französischen Kirche in der Mitte des 18. Jahrhunderts schildert, etwa mit den Worten: «Leute, die noch am alten Glauben festhielten, fürchteten, die einzigen zu sein, die ihm treu blieben, und da sie die Absonderung mehr als den Irrtum fürchteten, gesellten sie sich zu der Menge, ohne wie diese zu denken. Was nur die Ansicht eines Teils der Nation [noch] war, schien auf solche Weise die Meinung aller zu sein und drückte eben deshalb diejenigen unwiderstehlich, die ihr diesen trügerischen Anschein gaben.»

Es handelt sich hier also um einen Verstärkungseffekt, der aber dann noch ausgeprägter ist, wenn die meisten Anhänger des Systems schon von sich aus innerlich von diesem abgefallen sind.

Was sind aber nun die Gründe für eine derartige Destabilisierung? Dies kann in einer wirtschaftlichen Verelendung durch einen langen Krieg (zum Beispiel Bauernkriege), durch geistige Unfreiheit, durch große Arbeitslosigkeit oder drückende Steuerlast, eine heutzutage nicht mehr unrealistische Zukunftsvision, hervorgerufen werden. Daneben gibt es, wie wir schon früher erwähnten, die Versuche kleinerer Gruppen, die Destabilisierung des Staatswesens herbeizuführen, indem sie Bürger durch Terrorakte verunsichern. Auch hier kann es zu einer Spirale kommen, wenn nämlich die Justiz ins Wanken gerät, deren Beamte nicht mehr durch den Staat in ihren Entscheidungen unterstützt werden und so die Verfolgung der Straftaten immer weniger überzeugend wirken muß.

Die Theorie der Phasenübergänge ermöglicht es, viele der in den Naturwissenschaften aufgefundenen Effekte in dem Mechanismus der Revolutionen wiederzufinden. Wie wir wissen, ist die beim Phasenübergang zu beobachtende Destabilisierung des alten Zustands mit starken Schwankungserscheinungen verknüpft. Dort waren es zum Beispiel beim Verdampfen von Wasser starke Dichteschwankungen. Hier, im soziologischen Bereich, ist es die Anhäufung von ungewöhnlichen Vorgängen, die in der normalen Staatsform selten auftreten und auch dann ohne nachhaltige Wirkung bleiben. Dies können im politischen Bereich die rapide Zunahme von Terroranschlägen sein, Massenschlägereien konkurrierender politischer Gruppen, wilde Streiks mit verheerenden

Folgen für die Volkswirtschaft, Demonstrationen, öffentliche Versammlungen, die nach den Gesetzen, die im jeweiligen System gelten, an sich verboten wären. Diese Manifestationen sind Ausdruck der aus den Fugen geratenen Staatsordnung, wobei oft, und das zeigen auch gerade wieder die mathematischen Modelle, der Weg in die neue Ordnung, in die neue Staatsform, noch keineswegs vorgezeichnet ist. Ein Beispiel der neueren Geschichte ist der Sturz des Schahs, als nach dessen erzwungener Abdankung verschiedene Richtungen in Konkurrenz traten. Hier kann aus der Sicht der Synergetik eine einzelne, sehr aktive Gruppe den Ausschlag geben, um die Richtung zu bestimmen, in die nun das ganze Volk gedrängt wird. Im Sinne der Synergetik ist eine Revolution zumeist eine symmetriebrechende Instabilität. Besonders bei den Massendemonstrationen ist die gegenseitige Anheizung der Meinung der einzelnen, deren Wille zum Umsturz als kollektiver Effekt deutlich zu beobachten. Die Menge steigert sich in einen kollektiven Erregungszustand hinein, der zu dem unwiderstehlichen Drang führt, etwas zu tun, nämlich Gewalt anzuwenden, zum Beispiel Schaufenster zu zertrümmern, Autos anzuzünden oder wie bei der Französischen Revolution die Bastille zu erstürmen. In diesen kollektiven Erregungszuständen scheint das eigene logische Denken weitgehend ausgeschaltet. Der einzelne erscheint wie versklavt von einem Ordner, nämlich der oft zufällig entstandenen Parole.

Damit kommen wir schließlich zu der anfänglich gestellten Frage zurück, ob sich Revolutionen vorhersagen, ja sogar vorausberechnen lassen. Schon heute scheinen Meinungsforschungsinstitute in gewissem Umfang in der Lage zu sein, festzustellen, wann in der Bevölkerung eine zu große Diskrepanz zwischen den Auffassungen darüber vorliegt, wie die Lage tatsächlich ist und wie sie sein sollte. Es scheint nicht unmöglich zu sein, daß sich eines Tages durch die Anwendung der Methoden der Synergetik einerseits und durch die Verfeinerung demoskopischer Methoden andererseits das Ausbrechen einer Revolution vorhersagen läßt.

Allerdings müssen wir hier einige grundsätzliche Einschränkungen machen, und das ist gerade eine der entscheidenden Erkenntnisse. Wie wir immer wieder an den einzelnen Beispielen der Synergetik erkennen konnten, ist die weitere Entwicklung eines Systems an seinen Instabilitätspunkten oft nicht mehr eindeutig voraussagbar. Hier können bereits kleine Fluktuationen den entscheidenden Ausschlag geben. Insofern lassen sich nur Wahrscheinlichkeitsvoraussagen machen. Des weiteren erscheint es schwierig, gerade wegen der Notwendigkeit des Auftretens von auslösenden Fluktuationen, den Zeitpunkt einer solchen Revolution oder Volkserhebung genau vorherzusagen.

Diese Erkenntnisse sind natürlich auch für Leute, die bewußt Revolutionen herbeiführen wollen und dabei eine neue Diktatur anstreben, von Wichtigkeit, und es besteht wohl kein Zweifel, daß diese Methodik auch von Großmächten bei der Einmischung in die Angelegenheiten anderer Staaten verwendet wird: Das herrschende politische System, sei es Demokratie oder Diktatur, muß erstens destabilisiert werden, und es muß zweitens eine entschlossene Gruppe von Revolutionären bereitstehen, das Volk im destabilisierten Zustand in die neue Richtung zu drängen.

Den oben dargestellten Erkenntnissen werden wohl die meisten Leser aus ihren eigenen Überlegungen und Beobachtungen heraus zustimmen. Dagegen scheint es ketzerisch zu sein, auf eine andere Konsequenz hinzuweisen, die sich aus den mathematischen Modellen ableiten läßt. Hier zeigt sich nämlich deutlich, daß das Auftreten bestimmter makroskopischer Phasen (ich vermeide hier das Wort Ordnungszustand) nicht nur eine Eigenschaft des Systems im makroskopischen Sinne ist, sondern daß auch die Eigenschaften der individuellen Bestandteile wesentlich sein können. Zum Beispiel kann man sich alle Mühe geben, einen Laser zu bauen, der grünes Licht aussendet, das von Atomen stammen soll, die sonst ohne Lasertätigkeit nur rotes Licht aussenden. Dies wird nie gelingen. In ähnlichem Sinne muß man sich die Frage vorlegen, ob nicht das Auftreten bestimmter Staatsformen durch den Volkscharakter zumindest im einen Fall begünstigt, im anderen hingegen erschwert wird. Hier scheint noch ein weites Feld soziologischer und sozialpsychologischer Forschung vor uns zu liegen.*

* Bereits die Frage, ob man von Volkscharakter sprechen und wie man diesen charakterisieren kann, ist eine Studie wert. So hat zum Beispiel während des Zweiten Weltkrieges der amerikanische Anthropologe Gregory Bateson hierüber eine kleine, aber hochinteressante Arbeit veröffentlicht, wobei er den Volkscharakter jeweils durch Paare gegensätzlicher Eigenschaften charakterisierte, wie etwa herrschsüchtig versus gehorsam. (Den in der Psychiatrie bewanderten Leser wird dies insofern nicht sehr überraschen, als Bateson auch der Vater der «Double-bind»-Idee ist.)

Lassen sich allgemeine Prinzipien des Handelns angeben?

Aus den zahlreichen verschiedenartigsten Beispielen aus den Naturwissenschaften und der Soziologie sowie aus der mathematischen Behandlung lassen sich einige allgemeine Schlüsse ziehen, die zum Teil desillusionierend wirken. Einige der wichtigsten Schlüsse sind die folgenden.

Durch kollektives Handeln allein, bei dem der eine dasselbe wie der andere tut, *weil* es der andere tut, können oft ganz verschiedenartige makroskopische Zustände, im politischen Fall Staatsformen, oder Handlungsweisen hervorgerufen werden, wobei nicht einmal kollektive Verbrechen ausgeschlossen sind. Unterdrückung und Ermordung von Minderheiten können hier ebenso zum staatspolitischen Ritual gehören wie andere Arten der Tötung von Leben. Hinzu kommt ein zweiter Gesichtspunkt. Bei wirtschaftlichen und politischen Entscheidungen sind die Lösungen oft keineswegs eindeutig, es treten mehrere gleichberechtigte Lösungen auf. Dabei bedeutet hier Lösung nicht, daß ein neuer optimaler Zustand gefunden wurde. Die Nachteile und Vorteile der einen Lösung stehen denjenigen der anderen Lösungen gleichberechtigt gegenüber. Diese Verzweigungslösungen sind aufs engste mit den ineinander verzahnten kollektiven Verhaltensweisen verbunden. Weil der eine so handelt, glaubt der andere, so reagieren zu müssen. Angesichts dieser Lage muß man sich fragen, wie man das Abgleiten einer Gesamtheit in Handlungen, die man als einzelner als verbrecherisch beurteilen würde, verhindern kann und wie man im Falle der Verzweigungslösungen eventuell (nicht immer) zu eindeutigen Lösungen kommen kann.

Die einzige Antwort, die ich persönlich darauf geben kann, ist, hier höhere Gesichtspunkte, deutlicher gesagt, moralische, humanitäre oder religiöse, heranzuziehen. Dies bedeutet zugleich den Verzicht auf opportunistisches Handeln und darauf, immer zu warten, daß der andere den ersten positiven Schritt tut. Wenn der einzelne es nicht selbst tut, kann er nicht erwarten, daß es sein Nächster tut.

Gerade wegen der jeweiligen Verzweigungsmöglichkeit von Lösungen kann bei kollektiven Handlungen, bei denen der einzelne nicht von einer höheren Einsicht gelenkt ist, ein Irrweg in die Katastrophe nicht vermieden werden. Jeder einzelne steht aber für sich selbst vor einer solchen Verzweigung in seinen Entscheidungen. Soll er ethische Gesichtspunkte walten lassen, oder fühlt er sich lediglich als Bestandteil eines Kollektivs im Kampf ums Leben und ums Überleben?

Einige Gedanken zur Bürokratie

Eine Erscheinung, der sich die Synergetik erst jetzt zuzuwenden beginnt, ist die Bürokratie oder, genauer gesagt, das ständige Anwachsen der Bürokratie. Dieses Anwachsen, verbunden mit immer höherem finanziellem Aufwand an Personalkosten, scheint in einem völligen Widerspruch zum Verhalten bei wirtschaftlichen Vorgängen zu stehen, bei denen immer wieder effiziente Rationalisierungen vorgenommen werden. Es sollen hier einige Gesichtspunkte der Frage, wie es zu einem solchen Anwachsen kommen kann, schlaglichtartig beleuchtet werden.

Wie wir schon im Kapitel über Wirtschaft sahen, ist ein entscheidender Motor beim Verhalten der Firmen die Frage nach dem Gewinn, eine Frage, die unmittelbar mit dem Überleben der Firma selbst verknüpft ist. Diese Erfolgsrückkopplung über den Gewinn fehlt bei sehr vielen Verwaltungsstellen. Da sie selbst nichts produzieren außer viel beschriebenem Papier, ist es zum einen schwierig, die Arbeit einer Verwaltung mit Maßstäben des wirtschaftlichen Erfolges zu messen. Zum andern wächst, vor allen Dingen im staatlichen Bereich, der Verwaltungsapparat immer mehr an, wobei diese Ausdehnung selbst wieder größere innere Reibungsverluste mit sich bringt. Dazu kommt es allein schon deshalb, weil bei einem größer gewordenen Apparat immer mehr Mitarbeiter oder Chefs mit einer Frage befaßt sind und die Zahl der Wechselbeziehungen zwischen den einzelnen quadratisch mit der Zahl der Mitarbeiter steigt. Dies gilt aber nicht nur für Stellen im staatlichen Bereich. Das Anwachsen der Verwaltungen bei größeren Firmen ist nicht zu übersehen und dürfte zuweilen die Konkurrenzfähigkeit von Firmen erheblich schwächen.

Ein Gesichtspunkt der Analyse von Verwaltungsvorgängen zeigt bald, daß hier grundlegende Prinzipien der Selbstorganisation, die uns ja immer wieder in der Natur begegnen, völlig vernachlässigt werden. Es findet ein gewaltiger Strom von Informationen von den leitenden in die unteren Stellen und auch umgekehrt statt, der einem bei einer naturwissenschaftlichen Betrachtungsweise als völlig absurd erscheinen muß. Einerseits werden die Handlungen der untergeordneten Stellen immer mehr bis ins einzelne reglementiert, was einen enormen Aufwand an Vorschriften und Regeln erfordert. Dabei kann aber selbst der beste Jurist oder Verwaltungsfachmann die im einzelnen auftretenden Probleme gar nicht voll und ganz übersehen – es sei denn, er wäre der liebe Gott. Auf diese Weise werden Regeln, die zu starr angelegt sind, widersinnig und können zu unmenschlichen Entscheidungen führen. Nicht zu verkennen ist allerdings dabei, daß eine zu lose Formulierung der Regelungen Anlaß zu Willkürakten, zum Beispiel im juristischen Bereich, geben könnte, wo dann etwa der eine freigesprochen wird, während der andere für das gleiche Delikt ins Gefängnis muß. Die Frage, die man aber zu prüfen hätte, ist, ob viele Verwaltungsabläufe nicht doch wesentlich Arbeitszeit sparen und auch die menschlichen Beziehungen erleichtern würden, wenn man größere Spielräume schüfe.

Der andere noch weit größere Aufwand besteht darin, untergeordnete Stellen im einzelnen zu kontrollieren und jegliche Art einer eigenen Verantwortung dieser Stellen auszuschalten. Dies bedeutet natürlich einen mehrfachen Arbeitsaufwand, weil die höhergeordneten Stellen alles, was bereits unten kontrolliert worden ist, nochmals, oft sogar mehrmals, nachvollziehen. Auf diese Weise kann die Kontrolle mehr kosten als das, was in einem unteren Bereich durch fahrlässiges oder selbst in einzelnen Fällen durch vorsätzliches schädliches Handeln verursacht werden kann.

Schließlich haben wir an zahlreichen Beispielen synergetischer Systeme feststellen können, daß Kontrollvorgänge, bei denen aktiv in die Handlungen vom oberen ins untere Niveau eingegriffen wird, zu chaotischen Zuständen führen können, das heißt zu Funktionsabläufen, die ihrer tatsächlichen Wirkung nach dem ursprünglich Bezweckten diametral entgegengesetzt sind. Jeder, der mit Verwaltungsvorgängen zu tun hat, wird diese Feststellungen nur bestätigen können.

Die Antwort aus der Sicht der Synergetik ist hier relativ einfach.

Ob man aber Bürokraten findet, die bereit sind, diese zu akzeptieren, bleibt zweifelhaft.

Wenn wir an die Vorbilder aus der belebten und unbelebten Natur denken, so werden wir sehr schnell dazu geführt, viel mehr Selbstorganisation auf den unteren Niveaus zuzulassen*, das heißt nur allgemeine Rahmenvorschriften zu geben, die die einzelnen unteren Stellen dann jeweils nach den örtlichen Bedingungen durch Eigeninitiative ausfüllen können. Zugleich kann damit der Nachrichtenfluß erheblich eingeschränkt werden. Wie wir nämlich von der Natur her wissen, kommt es nicht auf die Übersendung aller Nachrichten an, dies ist sogar im Gegenteil ganz hinderlich, sondern nur auf die Übersendung der relevanten Nachrichten. Zum Beispiel braucht der Chef einer chemischen Fabrik keineswegs über die Details der chemischen Prozesse informiert zu sein, die zur Herstellung seiner Produkte nötig sind. Für ihn sind ganz andere Kenngrößen maßgebend, zum Beispiel die damit verbundenen Kosten. Dafür, daß neue Herstellungsprozesse eingeführt werden, hat er gerade seine Mitarbeiter, und diesen kann und darf er nicht hineinreden. Wie diese im einzelnen bei der Auffindung neuer Verfahren oder neuer Stoffe vorzugehen haben, ist ja gerade deren Spezialität.

Ich will nicht verschweigen, daß ich skeptisch bin, ob sich je ein Anwachsen der Bürokratie verhindern läßt. Es sei denn durch den Zusammenbruch der ganzen Firma oder des Staates, worauf das Spiel von neuem beginnen kann.

* Diese Idee «mehr Selbstorganisation» auf der unteren Ebene findet sich inzwischen in einer Reihe von Managementtheorien, die auch zum Beispiel von Beraterfirmen angewendet werden. Hier wird dafür plädiert, die vertikale, hierarchische Organisation durch eine horizontale, selbstorganisierte Struktur zu ersetzen. Der Idealfall wäre dann ein Betrieb mit Mitarbeitern auf einer einzigen Ebene, die sich ihren (abstrakten!) Ordner, etwa in Form bestimmter Ziele, selbst schaffen. Wie auch immer, die ideale Lösung liegt wohl in der Mitte und hängt auch von vielen einzelnen Faktoren ab (vgl. hierzu auch das Literaturverzeichnis).

16

Beweisen Halluzinationen Gehirntheorien?

Das wohl komplexeste System überhaupt und zugleich das faszinierendste, das die Natur hervorgebracht hat, ist unser menschliches Gehirn. Öffnet der Chirurg die Gehirnschale, so trifft er auf eine scheinbar weitgehend homogene graue Masse, die von feinen Äderchen durchzogen ist. In Wahrheit handelt es sich um ein unvorstellbar kompliziertes Netz von Nervenzellen.

In der zweiten Hälfte des 19. Jahrhunderts gelang es dem Italiener Camillo Golgi, die einzelnen Nervenzellen sichtbar zu machen, indem er sie anfärbte. Unter hundert Zellen absorbiert eine das Färbemittel und nimmt eine Kupferfarbe an. Wir sehen dann einen Knoten, von dem zahlreiche Verästelungen ausgehen (Abb. 16.1). Allerdings braucht man ein Mikroskop, um diese Zellen sehen zu können, da die Nervenzellen, auch Neuronen genannt, nur ein tausendstel Millimeter Durchmesser haben. Auf etwa 100 Milliarden Neuronen schätzt man deren Zahl im Gehirn, gerade soviel, wie die Milchstraße Sonnen enthält. Neben den Nervenzellen gibt es im Gehirn noch die sogenannten Gliazellen, die den Neuronen selbst Halt, Stütze und Nahrung geben. (Neueren Forschungen zufolge sollen die Gliazellen auch in der Lage sein, Nervenfunktionen auszuüben, doch ist hierüber noch wenig bekannt.) Oft sind die Nervenzellen in Schichten angeordnet. Einige Forscher glauben neuerdings auch, daß es innerhalb der Schichten und sogar von Schicht zu Schicht säulenartige Anordnungen gibt, in denen die Zellen besonders «verdrahtet» sind und so funktionelle Einheiten bilden.

Wenn wir von Verdrahtung sprechen, so meinen wir damit die vielen Verbindungen zwischen den Neuronen, die Telefonkabeln oder Drähten gleich das Gehirn durchziehen. Einige zu benachbarten Zellen hin, andere wieder, wie Überseekabel, zu weit entfernten Gehirnregionen reichend (Abb. 16.2). In der Tat haben diese Verbindungen die Funk-

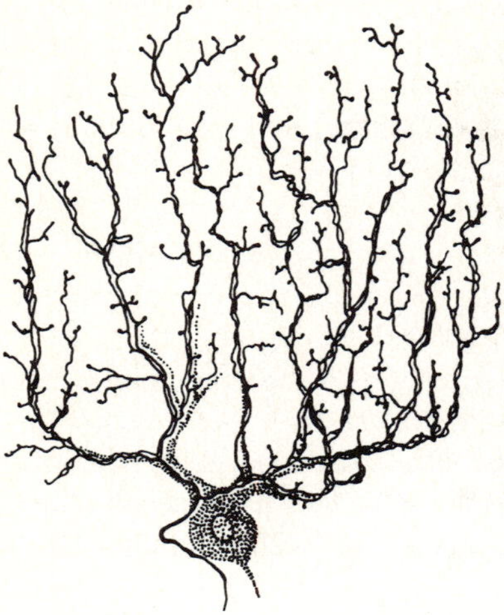

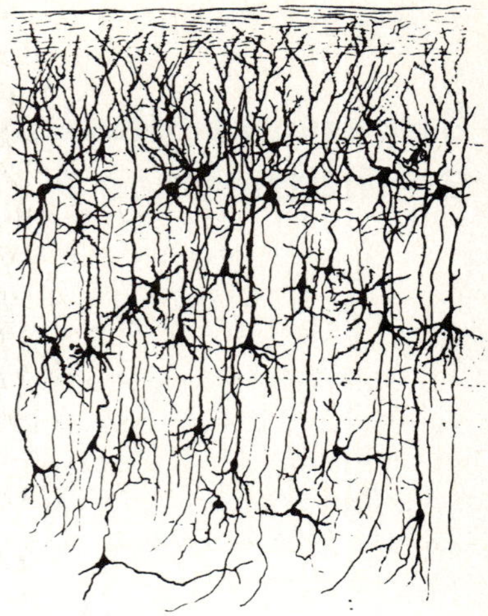

Abb. 16.1: Beispiel einer Nervenzelle
Abb. 16.2: Beispiel für ein Netz von Nervenzellen

tion von Telefonleitungen. Genau wie diese übertragen sie elektrische Signale mit einem eigenen Morseapparat. Während aber das menschliche Morsealphabet aus Punkten und Strichen besteht, ist das Morsealphabet des Gehirns nur aus Punkten zusammengesetzt. Daß trotzdem Nachrichten verschiedenen Inhalts übertragen werden können, bewältigt die Natur so, daß sie die Punkte in schnellerer oder langsamerer Reihenfolge sendet. Die Neuronen sind offenbar in der Lage, die ankommenden Nachrichten zu verarbeiten und wieder an andere Neuronen weiterzugeben.
In die Neuronen lassen sich feine elektrische Drähte (Elektroden) von außen her einführen, wodurch der Gehirnforscher die elektrischen Vorgänge innerhalb einer einzelnen Nervenzelle abtasten kann.

Gibt es die Großmutterzelle?

Von einer Aufklärung von Denkvorgängen ist die Wissenschaft sicher noch weit entfernt. Doch gibt es interessante Experimente, die uns Aufschluß über die Wirkungsweise zumindest einiger Zellen oder auch Zonen des Gehirns geben. So führten David H. Hubel und Torsten N. Wiesel Experimente an Schimpansen durch, wobei sie vor deren Augen Objekte (etwa Streifen oder Balken) zeigten oder diese Objekte bewegten. Die entsprechenden Lichteindrücke werden vom Auge des Schimpansen aufgenommen und an das Gehirn in eine bestimmte Zone, die für das Sehen verantwortlich ist, weitergegeben. In diese Zone führten die Forscher ihre Elektroden ein und untersuchten nun, wie die einzelnen Nervenzellen auf bestimmte, dem Auge vorgeführte Gegenstände reagieren. Dabei machten sie eine überraschende Entdeckung. Sie stellten fest, daß es jeweils ganz bestimmte Zellen gibt, die auf bestimmte äußere Eindrücke reagieren. So gibt es Zellen, die nicht nur auf einen Balken ansprechen, sondern sogar verschieden stark, je nach Orientierung des Balkens. Das heißt, eine Zelle sendet sehr viele Morsepunkte oder, in der Fachsprache, «feuert viele Nervenimpulse ab», wenn der Balken eine bestimmte Orientierung hat. Wird er etwa um 90 Grad gedreht, so reagiert diese Zelle praktisch nicht mehr (Abb. 16.3). Es wurden auch Zellen gefunden, die sogar auf die Bewegung von Balken in bestimmter Weise ansprechen. Dabei scheint es, als ob diese Nervenzellen einer höheren Schicht des Gehirns angehören und die von dem Auge eingehenden Nachrichten schon in vorgeschalteten Nervenzellen so vorbereitet und verarbeitet werden, daß schließlich in den eigentlich untersuchten Nervenzellen diese speziellen Reaktionen festgestellt wurden.

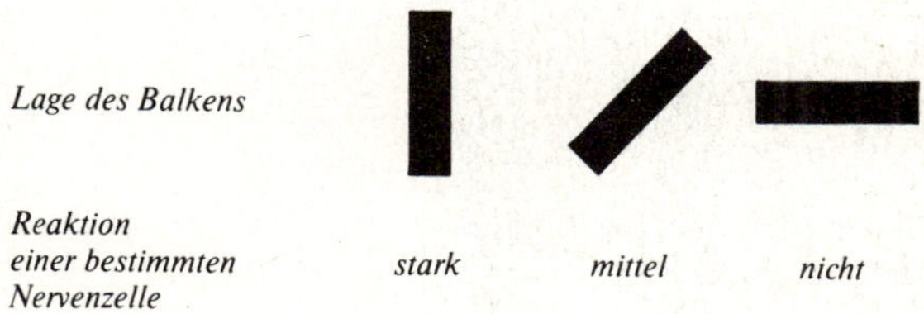

Abb. 16.3: Reaktion einer bestimmten Nervenzelle auf die Lage eines Balkens im Gesichtsfeld

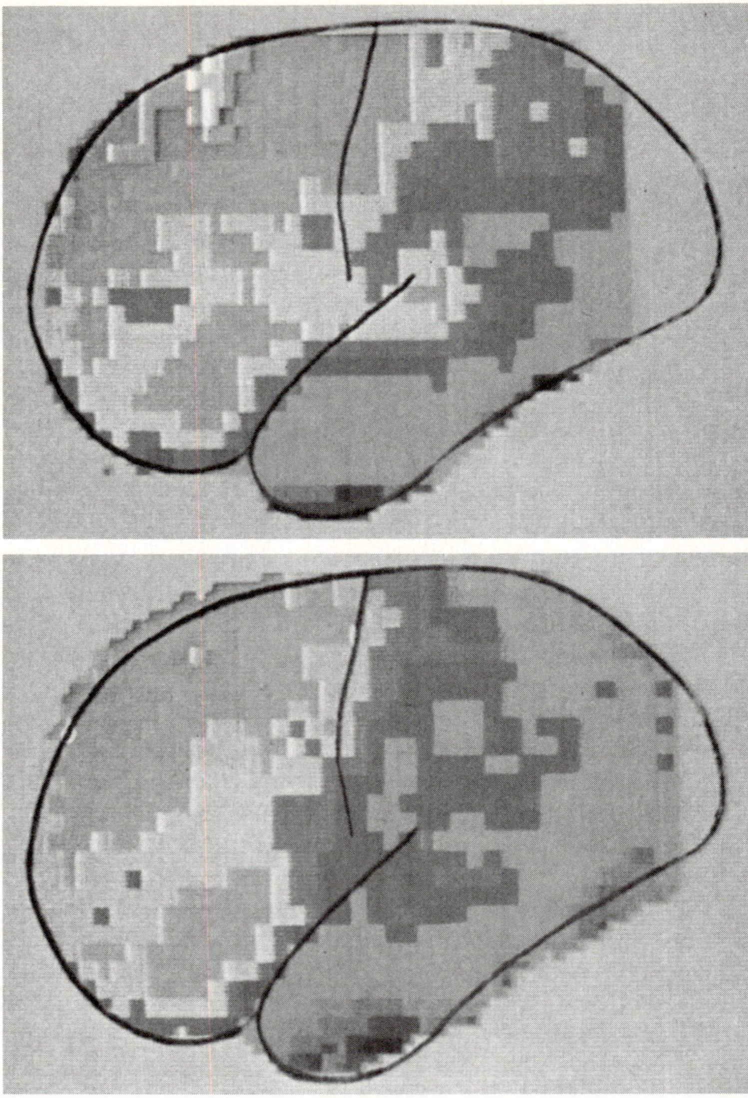

Abb. 16.4: Das blockartige Einschalten des Gehirns bei verschiedenen Tätigkeiten wie Bewegungen, Sprechen usw. ist deutlich aus der Stärke der Durchblutung einzelner Gehirnteile abzulesen.

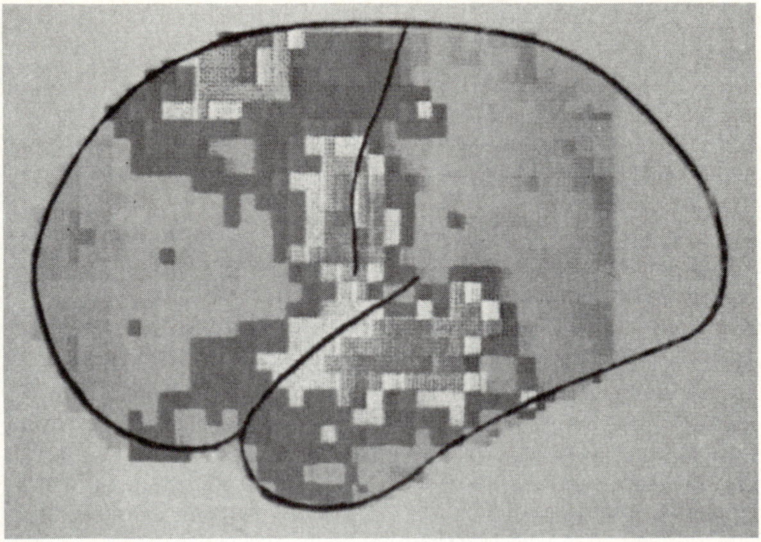

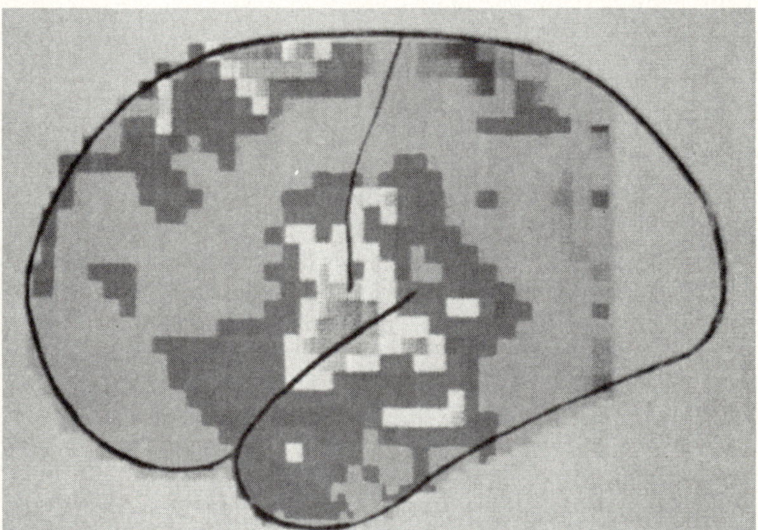

Mit anderen Worten, es scheint so, als würden gewissermaßen Rechenvorgänge ausgeführt, deren Endprodukt dann in den untersuchten Zellen erscheint. Diese Aussage lautet dann in Worten «Der Balken liegt senkrecht» oder «Dieser Balken liegt waagerecht».

Diese Befunde können dazu verleiten, eine schon früher aufgestellte Hypothese über das Funktionieren des Gehirns zu stärken, die sich auf die Frage bezieht, wie es das Gehirn fertigbringt, Muster zu erkennen. Nach diesen Vorstellungen sollte es im Gehirn spezielle Zellen geben, in denen nicht nur ein Balken als solcher erkannt werden kann, sondern zum Beispiel auch ein ganzes Gesicht. Diese hypothetischen Zellen wurden in der Literatur spaßhafterweise «Großmutterzellen» genannt. Sie sollten zum Beispiel in der Lage sein, jemanden seine Großmutter erkennen zu lassen. Die Mehrzahl der Wissenschaftler ist von dieser Hypothese wieder abgerückt. Einerseits ist es trotz intensiven Suchens nicht gelungen, Zellen etwa beim Schimpansen aufzufinden, die nun beispielsweise aus Balken zusammengesetzte Muster erkennen. Zugleich ist auch aus der Gehirnforschung durch Untersuchungen von Hirnläsionen, etwa nach Verletzungen bei Unfällen, bekannt, daß Denk- und Gedächtnisleistungen nicht streng lokalisiert im Gehirn sitzen, sondern auf größere Bereiche verteilt sind. Die Wissenschaft tendiert heute dazu, anzunehmen, daß es sich bei den Wahrnehmungs-, Gedächtnis- und Denkleistungen um ausgesprochen kollektive Effekte handelt, an denen jeweils eine größere Zahl von Neuronen beteiligt ist. Wenn aber viele Neuronen in kollektiver Weise Funktionen ausüben, so müssen wir natürlich fragen, wie man dies in irgendeiner Weise nachweisen kann, und damit werden wir uns bald beschäftigen.

Zunächst aber noch eine Zwischenbemerkung, um einem Mißverständnis vorzubeugen. Aus dem Gesagten könnte geschlossen werden, daß die einzelnen Fähigkeiten etwa des Sehens, des Hörens oder auch der Sprache über das ganze Gehirn verteilt wären. Dies ist keineswegs der Fall. Es ist schon lange bekannt, zum Beispiel aus der Unfallforschung, daß jeweils bestimmte Gehirnbereiche für bestimmte Funktionen, wie Sehen, Hören, Riechen, aber auch Sprechen, zuständig sind. Übrigens ist auch das Sprachzentrum keineswegs nur ein Block, sondern besteht aus zweien, von denen der eine anscheinend für die Form oder Grammatik verantwortlich ist, der andere hingegen mehr für den Inhalt des Gesprochenen. Durch neue medizinisch-physikalische Hilfsmittel ist es möglich geworden, die Funktion der einzelnen

Teile des Gehirns sichtbar zu machen. Arbeiten diese nämlich aktiver, so müssen sie stärker mit Blut versorgt werden. Die Blutzufuhr kann aber mit physikalisch-chemischen Hilfsmitteln, die wir hier nicht näher besprechen wollen, markiert werden, so daß man schließlich analog zu einem Röntgenapparat (obwohl es sich hier um andere physikalische Vorgänge handelt) sichtbar machen kann, wo die Durchblutung stärker wird. Man erkennt so, daß bei verschiedenartigen Tätigkeiten des Menschen jeweils ganz bestimmte Zonen des Gehirns blockartig angeschaltet werden (Abb. 16.4). Auch hier wieder ein hochinteressantes Geschehen, bei dem sehr viele Einzelsysteme in synergetischer Weise wirken.

Hier wollen wir uns aber der Frage zuwenden, was sich in einem einzelnen Teil des Gehirns, etwa dem, der sich mit der optischen Wahrnehmung befaßt, abspielt. Für das Funktionieren solcher Teile liegen nun einige mathematische Modelle vor, zum Beispiel solche, denen die Annahme zugrunde liegt, daß es nur zwei Arten von Neuronen gibt. Dabei greift man auf experimentelle Ergebnisse zurück, die zeigen, daß die einen Neuronen Nervenimpulse verstärken, andere jedoch wieder eine Art Gegenfunktion haben, also, mit anderen Worten, Signale unterdrücken. Die Wirkung der hemmenden Neuronen verwundert zunächst. Sie haben aber eine wichtige Funktion – ohne sie würden wir von Erregungszuständen überschwemmt werden.

Befassen wir uns nun mit der Frage, wie solche Gehirnmodelle im Prinzip getestet werden können. Das Wichtigste bei all den Systemen, die wir in diesem Buch betrachten, ist das kollektive Zusammenwirken der einzelnen Bestandteile, zum Beispiel der Knoten des Nervennetzes – der Neuronen.

Erregungsmuster im Gehirn – Hypothesen und Experimente

Nun haben wir im Rahmen dieses Buches, besonders in den Kapiteln über physikalische und chemische Prozesse, gezeigt, daß die verschiedensten Systeme ganz gleichartige Muster bilden können. Zum Beispiel treten in Flüssigkeiten und Luft die gleichen Rollenbewegungen der Moleküle auf, die sich makroskopisch anordnen. Dabei haben wir immer wieder gesehen, daß es auf die einzelnen Wechselbeziehungen zwischen den Bestandteilen eines Systems gar nicht so ankommt. Es treten

Abb. 16.5: Zur Theorie der Halluzinationen von Cowan. Links: Beispiele für Wahrnehmungsmuster von Personen nach Drogeneinnahme. Rechts: Die streifenförmig angeordneten Erregungsmuster im Gehirn nach der Cowanschen Hypothese.

stets die gleichen makroskopischen Muster auf, wenn wir an die Instabilitätspunkte des Systems kommen.

Als der amerikanische Biomathematiker Jack Cowan an einem unserer Symposien über Synergetik teilnahm und von diesen Analogien, insbesondere von den Rollenbildungen bei Flüssigkeiten, hörte, kam er auf eine kühne Idee. Er brachte nämlich Halluzinationen in Verbindung mit der Bildung makroskopischer Erregungsmuster im Gehirn. Menschen, die Drogen eingenommen haben (zum Beispiel LSD), berichten von ganz typischen Wahrnehmungen. So sehen sie etwa konzentrische Kreise oder nach außen laufende Strahlen oder Spiralen (Abb. 16.5). Nun hatte Cowan schon früher eine mathematische Theorie entwickelt, wie das von der Retina aufgenommene Bild auf eine flache Schicht des Gehirns, die für die optische Wahrnehmung verantwortlich ist, übertragen wird. Derartige Abbildungen kann man sich folgendermaßen veranschaulichen. In der Retina sitzen einzelne Nervenzellen, auch Empfänger genannt (Rezeptoren), die das einfallende Licht auffangen und in Nervensignale transformieren. Wir lassen hier außer acht, ob dies von einer einzelnen Zelle oder von einem ganzen Komplex solcher Zellen bewerkstelligt wird. Jedenfalls sendet dieser Punkt mit Hilfe eines Nervenstrangs die Signale an einen ganz bestimmten Punkt im

Gehirn. Benachbarte Punkte in der Retina haben ihre speziellen «Telefonleitungen» zum Gehirn und erreichen dort wieder benachbarte Punkte. Zieht man nun aber die Cowansche Vorschrift, wie das Runde der Retina auf die viereckige Schicht des Gehirns abgebildet wird, heran, so macht man eine überraschende Entdeckung. Die in den Halluzinationen gesehenen Bilder entsprechen nämlich geraden Streifen im Gehirn, also Erregungsmustern von Nervenzellen, wobei sich die Muster lediglich in ihrer Orientierung unterscheiden (siehe Abb. 16.5). Cowan ist es sogar gelungen, auch kompliziertere Wahrnehmungen bei Halluzinationen auf ihre ursprünglichen Muster im Gehirn zurückzuführen, und zwar diesmal auf die uns schon wohlvertrauten Bienenwaben.

Wie ist das Ganze zu verstehen? Durch die Einnahme von Drogen wird offenbar die Gehirnfunktion destabilisiert, das heißt der alte Ruhezustand wird in eine Lage gedrängt, wo er einem neuen makroskopischen Zustand, hier einem Erregungsmuster, Platz machen soll. Dies ist ganz ähnlich wie bei den Flüssigkeiten, die zunächst in Ruhe sind, dann aber – wenn sie von unten erhitzt werden – plötzlich einen makroskopischen Bewegungszustand einnehmen. Jenseits derjenigen Drogenkonzentration, bei der das Gehirn destabilisiert wird, beginnen die Neuronen wie wild zu feuern. Interessanterweise aber nicht wild *durcheinander*, sondern wieder *völlig geordnet*. Natürlich behaupten wir hier nicht, daß sich das Gehirn im physikalischen Sinne wie eine Flüssigkeit bewegt. Wir haben hier nur versucht, eine rein mathematisch begründete Analogie anschaulich darzulegen.

Zur Zeit müssen diese Gedanken noch als eine reine Spekulation angesehen werden. Es ist nicht ausgeschlossen, daß man sie experimentell nachprüfen kann, aber offensichtlich muß man von den bisherigen Untersuchungsmethoden der Gehirnforschung weiterschreiten. Bisher untersuchte man ja nur das Feuern einer einzelnen Zelle, indem man eine einzelne Elektrode einführte. Um derartige gleichzeitige Erregungen verschiedener Nervenzellen nachzuweisen, muß man offenbar ein ganzes Netz von Elektroden verwenden. Wie es scheint, eröffnen sich hier faszinierende neue Wege für die Gehirnforschung.*

* Einige dieser Wege sind inzwischen beschritten worden, wobei ich hier auf die Arbeiten von Charles M. Gray, Wolf Singer und Mitarbeitern sowie von R. Eckhorn und Mitarbeitern hinweisen möchte. Im vorangegangenen Abschnitt «Gibt es die

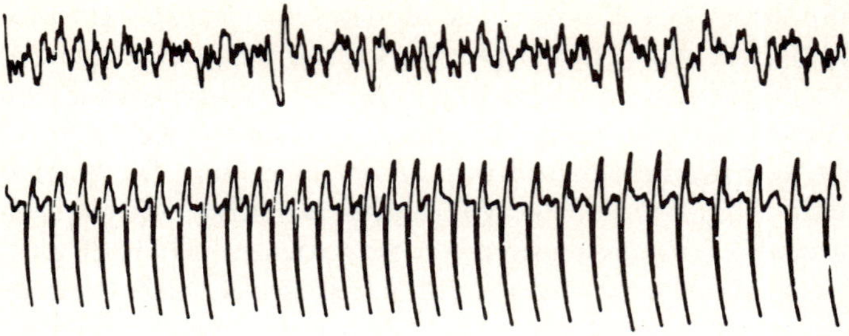

Abb. 16.6: EEG (Elektroenzephalogramm) von Gehirnströmen bei normaler Hirntätigkeit (oben) und bei einem epileptischen Anfall (unten)

Wenn hier angenommen wird, daß viele Neuronen gleichzeitig in ganz bestimmten Mustern ihre Nervenimpulse abfeuern, so mag dies sehr hypothetisch erscheinen. Es gibt aber ein Phänomen in der Gehirnforschung, bei dem das korrelierte Feuern vieler Neuronen tatsächlich beobachtet wird. Es handelt sich um die Entstehung elektromagnetischer Wellen im Gehirn, die mit dem Elektroenzephalogramm und dem Magnetoenzephalogramm gemessen werden können. Ganz bestimmte Gehirnwellen treten bei epileptischen Anfällen auf (Abb. 16.6). Regelmäßige Erregungsmuster (in diesem Fall die zeitliche Oszillation) sind also mit einem krankhaften Vorgang verknüpft. Von diesem Gesichtspunkt aus stellen die zeitlichen Oszillationen bei epileptischen Anfällen ein Analogon zu den bislang hypothetischen räumlichen Mustern im Gehirn bei Halluzinationen dar. Interessanterweise bedeutet Gleichschaltung vieler Nervenzellen pathologisches Verhalten. Wir dürfen allerdings daraus nicht schließen, daß Denken nicht mit Korrelationseffekten verknüpft ist – im Gegenteil. Veranschaulichen wir uns die

Großmutterzelle?» hatten wir von Zellen gesprochen, die auf die optisch wahrgenommene Bewegung und Orientierung von Balken ansprechen, indem die Zellen feuern, das heißt eine Folge von Nervenimpulsen aussenden. Nehmen nun zwei Nervenzellen oder Gruppen von Nervenzellen die Bewegung *desselben* Balkens wahr, geschieht, wie die obengenannten Forscher bei Katzen fanden, etwas sehr Merkwürdiges: Die Neuronen, die auch einige Millimeter weit voneinander entfernt sein können, senden – ganz ähnlich wie Laseratome – ihre Impulse völlig aufeinander abgestimmt, das heißt synchron, ab.

Neuronen durch Lämpchen, die bei ihrer Erregung aufleuchten, so würden wir ständig die verschiedensten Lämpchen aufleuchten und verlöschen sehen, wobei es für uns ein Puzzlespiel bleibt, zu erkennen, wie sich das Blinken der einzelnen Lämpchen zu einem sinnvollen Gesamtbild zusammensetzt, ähnlich dem Bild auf einem Fernsehschirm. Zur Zeit müssen wir uns noch mit relativ indirekten Hinweisen auf dieses gleichzeitige Wirken vieler Neuronen begnügen.

Denken in Blöcken

Vieles spricht nämlich dafür, daß das Denken in ganzen Blöcken erfolgt. Erlernen wir eine fremde Sprache dadurch, daß wir in einem fremden Land leben, so wird uns deutlich, daß wir oft ganze Sätze in der Form von Redewendungen erlernen. Daneben aber auch einzelne Wörter. Durch Abwandlung und Austausch von Wörtern sind wir dann in der Lage, neue Sätze mit neuen Inhalten zu bilden. Trotzdem soll hier nicht der Ganzwort- oder Ganz-Sätze-Methode das Wort geredet werden. Beim Erlernen der Rechtschreibung kommt es nämlich gerade auf den umgekehrten Effekt an, nämlich auf das Analytische, wo jedes Wort von Anfang an als in seine Bestandteile zerlegt erscheint. Dies aber nur am Rande.

Das Denken in ganzen Blöcken ist auch von Schachmeistern her bekannt. Auf dem Schachbrett stehen sich ja je sechzehn weiße und schwarze Figuren, die zum Teil verschiedene Bedeutungen haben (Läufer, Bauer, Springer, König, Dame, Turm), gegenüber. Ein Anfänger im Schachspiel lernt nun die einzelnen Bewegungsmöglichkeiten der Figuren, probiert beim Spiel in Gedanken die einzelnen Schritte aus und überlegt sich die jeweiligen Folgen, ob er seinen Turm verteidigen oder die gegnerische Dame schlagen kann. Schachmeister denken hingegen in ganzen Anordnungen. Sie sehen die Figuren in ihrer gegenseitigen Anordnung vor sich und erkennen anhand dieser Konfiguration schon, was ihre nächsten Züge sein müssen, ohne daß sie in das Detail der Bewegungen der einzelnen Figuren zurückgehen müssen. Umgekehrt kann es vorkommen, daß sich ein Schachmeister sehr schwer tut, wenn er durch irgendwelche ganz neuen Gegebenheiten gezwungen wird, wieder an einzelne Figuren zu denken. In diesem Denken in Blöcken besteht ein wichtiger Unterschied zwischen einem Schachmeister und einer Schachrechenmaschine. Wie wir wissen, gibt es in jedem Kaufhaus Rechenmaschinen, gegen die man Schach spielen und dabei auch noch zwischen verschiedenen Schwierigkeitsgraden wählen kann. Die besten Schachcomputer können heute nur noch von den ersten Schachmeistern, etwa den Großmeistern, geschlagen werden. Man könnte daher denken, daß diese Maschinen weitaus intelligenter seien als menschliche Gehirne. Aber die Art, wie sie ihr Ziel erreichen, den Gegner zu schlagen, ist überraschend primitiv. Diese Maschinen probieren in einer größeren Zahl von Schritten einfach alle Möglichkeiten durch und berechnen dann, wie sie die Zahl der Figuren des Gegners, die noch mit bestimmten Gewichten belegt sind, am effektivsten dezimieren können. Offenbar ein ganz stures Vorgehen, im Gegensatz zu der Denkweise in ganzen Konfigurationen. Dieses Beispiel macht bereits deutlich, daß zwischen Rechenmaschinen und dem Gehirn fundamentale Unterschiede bestehen. Ein weiterer Gesichtspunkt für das Funktionieren des Gehirns erscheint wichtig. Indem immer mehr Neuronen in einem Netz zugeschaltet werden, gehen wir im Sinne einer Organisation zu einem immer höheren Niveau von Komplexität über. Trotzdem ist es dem Gehirn anscheinend möglich, direkt von einem solchen *kollektiven* Niveau wieder auf das einzelner Zellen zurückzugehen, indem zum Beispiel ein Neuron ganz spezifisch angesprochen und herausgegriffen wird.

Vom Standpunkt der Synergetik aus erscheinen schöpferische Leistungen in einem neuen Licht. Ähnlich wie bei einem Puzzle entsteht ein ganz neues zusammenhängendes Bild vor unserem Auge. In unserem Gehirn findet eine Art Phasenübergang des Bewußtseins statt, vieles vorher Unzusammenhängende erscheint plötzlich als etwas sinnvoll Geordnetes, das quälende Nachdenken macht plötzlich einer befreienden Gewißheit Platz. Lange schon hat die neue Erkenntnis in uns geschlummert, und plötzlich kommt sie wie eine Erleuchtung über uns. Man kann sich des Eindrucks nicht erwehren, daß hier ähnliche Vorgänge am Werke sind, wie wir sie von anderen Bereichen der Synergetik her kennen. Durch eine Fluktuation («die Erleuchtung») entsteht ein neuer Ordner (also die neue Idee), dem es dann gelingt, sich die einzelnen Aspekte unterzuordnen und sie zu korrelieren, zu versklaven. Dies alles geschieht aber wieder völlig selbstorganisiert – auch unsere Gedanken organisieren sich selbst zu neuen Einsichten und Erkenntnissen.

Vielleicht verdanken wir es gerade diesem Umstand, daß uns viele Selbstorganisationsprozesse in der Natur verständlich werden.

Körper und Geist

Die Betrachtungsweise der Synergetik gestattet es auch, einen neuen Zugang zum Körper-Geist- oder Leib-Seele-Problem zu finden. Nehmen wir zur Erörterung dieser Frage als Ausgangspunkt die Auffassung des berühmten Gehirnforschers Sir John Eccles (* 1903), die er auf der Nobelpreisträger-Tagung in Lindau 1980 vertrat. Er sieht eine Möglichkeit, das Körper-Geist-Problem dadurch zu lösen, daß alle Körperteile nur auswechselbares Zubehör zu sein scheinen. Der Mensch könnte dadurch in seinem Wesen auf bestimmte Bereiche des Gehirns reduziert werden. Dabei wäre nach Eccles das Ich der Programmierer und das Gehirn der Computer, also nur noch das ausführende Organ.

Die Synergetik kommt hier zu einem anderen Schluß. Ihre Auffassung, die wir hier in diesem Buch vertreten, kann sich wieder auf den Begriff des Ordners und der versklavten Einzelteile oder «Untersysteme» berufen, wobei sich Ordner und Untersysteme gegenseitig bedingen. In dieser Interpretation wären die Ordner unsere Gedanken, die Untersysteme hingegen die elektrochemischen Vorgänge im Neuronennetzwerk des Gehirns. Wir haben an vielen Beispielen in diesem Buch gesehen, daß sich Ordner und Untersysteme in ihrer Existenz und Funktion gegenseitig bedingen. In diesem Sinne bedingen sich nach der Auffassung der Synergetik also letztlich Körper und Geist gegenseitig.

Ein letztes Wort sei noch zur Interpretation der Gehirnfunktion durch Gehirnmodelle gesagt. Wie es scheint, wird immer der letzte Stand der Wissenschaft auf *anderen* Gebieten herangezogen, um die dort erzielten Ergebnisse auf das Gehirn übertragen zu können. Früher waren es die elektrischen Netzwerke oder gar die mechanischen Räderwerke, so daß man vom «Schaltwerk der Gedanken» sprach. Heutzutage sind es natürlich die Computer, die als Analogie herangezogen werden. Was wird es morgen sein?

Wächst das Gehirn nach einem Bauplan?

Nachdem es so ungemein schwierig ist, Aufschluß über die komplexen Vorgänge im Gehirn zu erlangen, haben sich die Forscher nach einem weiteren Weg umgesehen. Sie untersuchten nämlich die Frage, wie das

Gehirn wächst. Liegt hier ein bestimmter Bauplan von vornherein vor? Was man heute weiß, ist kurz gefaßt folgendes. Bei der Entwicklung des Embryos bildet sich zuerst das sogenannte Neuralrohr, ein röhrenförmiges Gebilde aus Zellen. In der Gegend dieser Röhre bilden sich die Nervenzellen. Sie werden gewissermaßen wie in einer Fabrik am Fließband hergestellt, doch bleiben sie nicht an diesem Ort, sondern werden an andere Plätze des Gehirns geliefert. Sie diffundieren in ihre neuen Plätze ganz ähnlich, wie wir das etwa bei den einzelnen Zellen des Schleimpilzes beobachtet haben. Dort sammeln sie sich dann in Schichten und bilden zunächst so etwas wie einen Ameisenhaufen, wie sich einmal ein amerikanischer Forscher ausdrückte.
Woher wissen aber die einzelnen Zellen, wo sie sich einzufinden haben? Hierüber ist noch wenig bekannt. Es gibt aber Hinweise darauf, daß sich die einzelnen Nervenzellen an den zuvor gebildeten Gliazellen «entlanghangeln» und so zu ihrer endgültigen Position gelangen.
Aber auch ein anderer Hinweis, der wieder stark an das Verhalten des Schleimpilzes erinnert, existiert. Es gibt, ähnlich wie bei den Zellen des Schleimpilzes, eine Art Lockstoff, der die einzelnen Zellen, in diesem Fall die einzelnen Neuronen, anlockt. Es handelt sich um den sogenannten neuralen Wachstumsfaktor, der in bestimmten Bereichen erzeugt wird und durch das Gewebe diffundiert.* Spüren gewisse Nervenzellen diesen Stoff, so wandern sie in Richtung seiner Quelle. Bei diesen Wanderungen kann es durchaus vorkommen, daß einige der Zellen sich verlaufen. Diese sterben dann später zuweilen ab. In Einzelfällen kann es aber aufgrund falsch eingebauter Zellen zu einer Erkrankung des Gehirns kommen. Befassen wir uns jedoch mit dem weiteren Wachstum des gesunden Gehirns. Aus den einzelnen Nervenzellen wachsen die Verästelungen hervor. Einige suchen andere Zellen in der Nähe auf und stellen Kontakte her. Andere wieder wachsen weit zu anderen Zellen des sich entwickelnden Gehirns hin. Ganz zweifellos ist der Aufbau des Neuronen-Netzwerks im Gehirn selbstorganisiert. Die Verbindungen knüpfen sich, nach allem, was wir wissen, von selbst, ohne daß eine übergeordnete Instanz da wäre, die diese Verknüpfungen vornimmt. Um die Wirkungsweise dieser Selbstorganisation zu erklären, sind im wesentlichen zwei verschiedene Ansichten vorgebracht worden, die vielleicht beide richtig sind und nur jeweils auf verschie-

* Inzwischen ist noch eine Reihe weiterer solcher Stoffe gefunden worden.

dene Gehirnteile oder auf verschiedene Lebewesen zutreffen. Wir stellen sie hier einfach gegenüber.

Die eine Ansicht lautet, daß die wachsenden Verästelungen mit Hilfe besonderer Moleküle erkennen können, mit welchen Zellen sie sich zu verbinden haben. Das wäre gewissermaßen so, als hätten die einzelnen Neuronen Schlösser, die nur von bestimmten Schlüsseln (jeweils den einzelnen Auswüchsen) geöffnet werden könnten. Oft wird beobachtet, daß sich zunächst mehr «Telefondrähte» gebildet haben, als hinterher benutzt werden. Diese werden dann wieder eingezogen oder sterben ab, wie es auch einzelnen Neuronen ergehen kann, die sich nicht richtig in das Netz eingefügt haben.

In diesem Bild wäre das spätere Netzwerk eine ganz bestimmte Verdrahtung, die nach einem vorgegebenen Plan, niedergelegt in den molekularen Schlössern und Schlüsseln, abläuft.

Die andere Vorstellung kommt den Ideen der Selbstorganisation mehr entgegen. Hiernach bilden sich die Verknüpfungen von Zelle zu Zelle wirr durcheinander. Gelangen aber nun Nervenimpulse von den Sinnesorganen auf dieses Netzwerk, so bilden sich je nach Benutzungsgrad, aber sonst selbsttätig, bestimmte Verbindungen mehr aus als andere. Auf diese Weise entsteht das Netzwerk mit seiner Funktionstüchtigkeit erst durch die Benutzung. Die Idee, daß durch die Benutzung, zum Beispiel durch die Verarbeitung von Wahrnehmungen, im Nervensystem Verbindungen gestärkt werden, ist in der Fachliteratur unter dem Schlagwort «Hebbsche Synapse» bekannt. Synapsen sind bestimmte Verbindungsstücke, die wie Schaltstationen zwischen den Nervenzellen eingebaut sind. Diese sollen sich also verstärken, wenn sie häufiger benutzt werden. Leider gibt es bislang keine direkten experimentellen Hinweise darauf, daß etwa oft gebrauchte Synapsen größer werden als die anderen. Gerade die Idee, daß ein Nervennetz sich erst im Laufe der Benutzung ausbildet, ist von großer Faszination für die Konstrukteure von Computern. Könnte man nicht auch Computer bauen, die sich in ihrer Tätigkeit weitgehend eigenständig selbst organisieren? Wir werden diese Frage im nächsten Kapitel wieder aufgreifen.

17

Die Emanzipation des Computers: Wunsch oder Alptraum?

Das Wunderkind des 20. Jahrhunderts

Es liegt im Trend der Zeit, menschliche Arbeitskraft immer mehr durch Maschinen zu ersetzen. Vor gar nicht langer Zeit war es noch der Grundgedanke, dadurch den Menschen von Knechtsarbeiten zu befreien oder zu entlasten. Denken wir nur an die vielen Maschinen im Haushalt, an Waschmaschine, Geschirrspülmaschine oder Staubsauger. In ähnlicher Weise haben Maschinen ihren Einzug in die Fabriken gehalten, wo nun eintönige Arbeit, etwa das Verpacken von Schokolade, schon lange von Maschinen übernommen wird. Erstaunlicherweise wenden sich aber in der neueren Zeit Forschung und Entwicklung immer mehr der Aufgabe zu, auch geistige Fähigkeiten durch Maschinen ersetzen zu lassen. Die Computertechnik ist hierfür ein typisches Beispiel, wobei allerdings die Fähigkeiten des Computers zu echter Denktätigkeit oft weit überschätzt werden. Jeder, der sich mit Computerprogrammierung befaßt, weiß, wie dumm ein Computer ist, der selbst einfache Fehler von sich aus nicht ausmerzen kann, es sei denn, man hätte ihn bereits vorher ausdrücklich darauf programmiert. Angestellte, die in Büros arbeiten, die auf Computerbuchhaltung umgestellt worden sind, wissen hiervon ein Lied zu singen. Plötzlich ist der ganze Buchungsvorgang im Computer verschwunden und einfach nicht mehr aufzufinden. Niemand kann dem Computer nachträglich beibringen, wie er die gewünschte Buchung wieder ans Tageslicht befördert, sofern man ihn nicht vorher genauestens instruiert hatte. Lassen wir aber hier die Frage der Computer-Intelligenz noch etwas beiseite. Wir werden später in diesem Kapitel darauf zurückkommen.
Sehen wir aber einmal von diesem oder jenem Mangel ab, so leisten die Computer Erstaunliches. Wahrscheinlich ist der Computer die größte technische Revolution des 20. Jahrhunderts. Während wir früher von

seinem wissenschaftlichen Einsatz, insbesondere bei der Raumfahrt, hörten, begegnet er uns nun auf Schritt und Tritt. Ob wir Platzkarten bei der Bahn kaufen oder einen Flug buchen, die Hochrechnung von Wahlergebnissen erfahren oder gar einen Partner suchen, immer wieder sind Computer zu Diensten. Sie finden sich in Büros ebenso wie nun immer mehr in unseren Wohnungen, wo unsere Kinder schon nicht mehr auf sie verzichten wollen. Wo früher eine Logarithmentafel nötig war oder lange Zahlenkolonnen addiert werden mußten, genügen heute ein paar Knopfdrücke. Im Auto eingebaut, soll er Benzin sparen helfen oder uns gar den Weg weisen, bei der Telekom sorgt er für eine optimale Auslastung von Leitungen. Er führt die Planung von Konstruktionen von Häusern durch, gibt zum Beispiel an, wo Türen und Elektroanschlüsse hingehören, und er zeichnet die Häuser in den verschiedensten gewünschten Perspektiven, selbst mit Bäumen in ihrer Umgebung. Computer berechnen Brückenkonstruktionen und entwerfen Siedlungen ebenso wie den Aufbau chemischer Raffinerien. Die Computer der «virtuellen Realität» ermöglichen es uns, mit Hilfe spezieller Handschuhe, die unsere Bewegungen fühlen, auf brillenartigen Bildschirmen bewegte dreidimensionale Szenen hervorzurufen und so in eine real erscheinende Kunstwelt «einzusteigen». Sicher wird es bald Programme geben, zu deren Angebot es gehört, sich mit einem auf dem Bildschirm künstlich erzeugten Partner über ein anregendes Thema zu unterhalten oder aber, für die einfacheren Geister, einen Boxkampf auszuführen.

Computer dienen in Flugsimulatoren der Ausbildung von Piloten und Astronauten, sie lenken Raketen zum Mond und zu den äußersten Planeten unseres Sonnensystems. Sie steuern nicht nur Werkzeugmaschinen, sondern ganze komplizierte Fabrikationsvorgänge, und es ist wohl ein Wunschtraum zentralgelenkter Wirtschaftssysteme, daß auch bei ihnen ein Supercomputer alles vorausplanen und steuern möge. Gerade hier werden aber dann Grenzen sichtbar, die sich im Sprachgebrauch der Informatiker jener Länder im Wort «Informationsflaschenhals» ausdrücken. Beginnen wir zur Erläuterung dieses Begriffs mit einem ganz einfachen Beispiel.

In den meisten Wohnungen wird die Zimmertemperatur automatisch geregelt. Dazu stellen wir eine bestimmte Temperatur, den sogenannten Sollwert, am Thermostaten ein. Ein Meßfühler mißt ständig die Zimmertemperatur, den sogenannten Istwert. Weichen die beiden

Werte voneinander ab, so gibt der Thermostat ein entsprechendes Signal an die Zentralheizung, die Warmwassertemperatur zu erhöhen oder zu senken.

Übertragen wir das ganze Prinzip auf einen Fabrikationsvorgang oder gar auf ein kompliziertes Wirtschaftssystem, so ergibt sich folgendes grundsätzliche Problem: Es müssen sehr viele Istwerte gemessen werden, und der Computer muß nun berechnen, welche Steuerungsvorgänge auszuführen sind, damit die Sollwerte erreicht werden. Dies erfordert aber eine sehr schwierige und daher zeitraubende Rechenaktivität. Diese kann so lange dauern, daß der Computer gar nicht mehr rechtzeitig die nötigen Steuerbefehle geben kann – die gesamte Steuerung bricht zusammen. Die Ursache: Die Information konnte – bildhaft gesprochen – nicht schnell genug durch den «Flaschenhals» fließen. Die Antwort auf dieses Problem mögen in Spezialfällen noch schnellere Computer sein, die allgemeine Antwort ist jedoch in der Selbstorganisation von jeweiligen Teilprozessen zu sehen, und nur gewisse relevante Größen müssen diesen vorgegeben werden, um den Vorgang als Ganzes und organisch ablaufen zu lassen.

Wir werden dem Problem der Selbstorganisation auch beim Computer selbst noch begegnen. Um die Möglichkeiten und eventuelle Grenzen von Computern zu erkennen, wollen wir uns ein wenig mit ihm befassen: Wie funktioniert er «im Prinzip», und wie machen wir ihn uns für unsere Zwecke dienstbar, mit anderen Worten, wie programmieren wir ihn? Beginnen wir mit letzterem.

Programmieren

Im Grundprinzip arbeitet ein Großcomputer nicht viel anders als ein kleiner Taschenrechner. Haben wir zum Beispiel die Aufgabe, die Zahl 3 und die Zahl 5 zusammenzuzählen, so müssen wir beim Taschenrechner die 5, das Pluszeichen, die 3 und schließlich das Gleichheitszeichen drücken, damit nämlich der Taschenrechner weiß, daß er nun das Ergebnis anzugeben hat. Allgemeiner ausgedrückt bedeutet dies, daß wir dem Computer Kommandos der folgenden Art geben. Nimm eine Zahl (zum Beispiel 5), eine andere Zahl (zum Beispiel 3) und zähle diese beiden zusammen. Schreibe sodann das Ergebnis auf.

Das ganze Verfahren kann man in zwei große Gruppen teilen, nämlich

in die Auswahl der speziellen Zahlen (zum Beispiel 5 und 3) und in die Rechnung selbst. Die von uns ausgewählten Zahlen kann man sich wie mit Ziffern beschriftete Kugeln vorstellen, die sich in einzelnen Schubladen befinden. In diesem Sinne kann der Rechenvorgang folgendermaßen ausgedrückt werden. Nimm die Zahl 5 aus Kästchen 1 und zähle die Zahl 3 aus Kästchen 2 dazu. Tue das Ergebnis in ein neues Kästchen, zum Beispiel in Kästchen 3. Sodann kann man bei einer schwierigen Rechnung mit diesem Verfahren fortfahren, indem nun etwa die Zahl aus Kästchen 3 mit einer Zahl aus Kästchen 4 multipliziert werden soll usw. Die Grundaufgabe ist also jedesmal sehr einfach, gewinnt aber dadurch eine große Variationsbreite, daß wir die Zahlen aus den Kästchen 1 und 2 variieren oder auch das Verfahren fortsetzen können. Hierbei kann es dazu kommen, daß wir dem Computer sagen: Tue das Ergebnis, das du gewonnen hast, in Kästchen 1 zurück. Auf diese Weise kann man sogenannte Schleifen einbauen, wobei der Rechenvorgang ständig wiederholt wird. Auf diese Weise kann man zum Beispiel $2 \times 2 \times 2 \times 2$ ausrechnen.
Auch bei wissenschaftlichen Computern hat der Programmierer diese zwei verschiedenen Aufgaben. Er muß angeben, welche einzelnen Rechenschritte der Computer vorzunehmen hat (wie Addieren, Subtrahieren, Multiplizieren, Dividieren), und er muß für einen Zahlenvorrat sorgen, so daß der Computer immer wieder die gleiche Folge von Rechnungen durchführen kann, aber jeweils mit neuen Daten.
Die eigentliche Arbeit des Programmierers besteht also in der Aufstellung der Rechenschritte selbst. Die Einfütterung der einzelnen Daten hingegen ist im allgemeinen nicht schwierig. Man braucht ja die einzelnen Zahlenwerte nur in die einzelnen Kästchen zu tun. Für viele Fälle genügt ein kurzes Programm mit relativ wenigen Rechenschritten, aber es können viele Daten verarbeitet werden, zum Beispiel beim Ausrechnen von Zinsen auf der Bank, von Versicherungsbeiträgen, Gehältern usw. Wird die Rechenaufgabe schwieriger, das Programm also länger, so wird der Aufwand an hochqualifizierter Arbeitskraft unter Umständen ganz enorm. Hier entsteht dann die Frage, ob nicht menschliche Arbeitskraft gespart werden könnte, indem man den Computer so konstruiert, daß er sich selbst programmieren kann. Bleiben wir aber zunächst noch ein wenig beim menschlichen Programmieren.
Obwohl die einzelnen Rechenschritte höchst einfach sind, kann man

diese doch auf die verschiedenste Weise kombinieren. Zugleich kann man die oben erwähnten Schleifen einbauen, die zum Beispiel dazu führen sollen, eine Näherungsrechnung so lange zu wiederholen, bis einem das Resultat genau genug erscheint. Ein solcher Rechenvorgang ist zum Beispiel das Wurzelziehen, nur um für den mathematisch interessierten Leser ein Stichwort zu nennen.

Die Computer können aber noch etwas mehr, und hier beginnt die Hoffnung, aber auch die Schwierigkeit. So, wie wir vorhin in den einzelnen Kästchen Zahlen ablagerten, die dann wieder zur weiteren Verarbeitung im Computer bereitstanden, können wir dort auch Signale lagern, die eine bestimmte Rechenvorschrift bedeuten. In dem Fall wird also dem Computer gesagt: Ziehe die nächste Kugel von Kästchen 3 und mache das, was diese Kugel dir sagt. (Natürlich zieht in Wirklichkeit der Computer keine Kugeln wie etwa beim Zahlenlotto. Er hat vielmehr einen Datenspeicher, von dem er von jeweils bestimmten Plätzen elektrische Signale abruft, die dann für ihn den Befehl bedeuten: Tue dieses oder jenes.) Diese «Kugel» kann zum Beispiel die Anweisung enthalten: Multipliziere im nächsten Schritt die beiden Zahlen, die dir jetzt gegeben werden. Sie kann aber auch bedeuten: Führe ein bestimmtes, sehr kompliziertes Rechenprogramm aus. Durch diese Verknüpfung von verschiedenartigen Vorschriften können Computervorgänge sehr kompliziert werden. Dies führt gelegentlich zu einer gewissen «Abart» der Spezies Programmierer, die im englischen Fachjargon «Hacker» heißen. Ein Hacker ist ein Programmierer, der wie ein Bastler immer wieder neue Programme austüftelt, dabei aber schließlich den Überblick verliert und bis tief in die Nacht mit hochrotem Kopf vor dem Computer sitzt, um ihm immer neue Rechentricks abzuluchsen. Dabei verheddert sich der Hacker aber immer mehr, und am nächsten Morgen muß er feststellen, daß im Computer ein völliger Wirrwarr herrscht. Dieses Beispiel macht deutlich, daß die Programmierung eines Computers zweifellos große Tücken birgt.

Die Schwierigkeiten, die den Hackern begegnen, sind durchaus auch den anderen Programmierern bekannt. Eine führende Computerfirma hat deshalb zum Beispiel die Frage des Aufbaus von Großcomputern vom Standpunkt der Architektur aus untersuchen lassen. Allerdings haben diese Untersuchungen zu keinen brauchbaren Ergebnissen geführt, was aus der Sicht der Synergetik kein Wunder ist. Im Computer sind ja nicht nur starre Strukturen vorhanden, sondern es spielen sich hier ständig Vorgänge ab, die aufeinander abgestimmt werden und miteinander wechselwirken müssen. Mit anderen Worten, ein Computer ist ein ausgesprochen synergetisches System.

Computernetze

Heutzutage wird ein Großcomputer von vielen Ein- und Ausgabestellen «angezapft». In vielen einzelnen Räumen stehen Terminals, an denen dem Computer die Befehle eingegeben werden und wo die Ergebnisse dann auf dem Bildschirm erscheinen oder von Druckmaschinen in den Terminals ausgedruckt werden.

Immer mehr setzt sich aber jetzt eine neue Tendenz durch, die ein wichtiges Aufgabengebiet der Synergetik zu werden verspricht. Statt des einen großen Computers will man nämlich miteinander verbunden viele kleine Computer bauen, damit diese die Aufgaben des früheren Großcomputers übernehmen. Hier soll nun gerade kein großer Computer mehr da sein, der wie ein Meister die kleinen Ein- und Ausgabestellen dirigiert, sondern diese sollen sich untereinander «absprechen» (Abb. 17.1). Die Vorteile eines Systems aus vielen kleinen Computern liegen auf der Hand. Diese kleinen Computer lassen sich gut in Serienfertigung herstellen, sie können gegeneinander ausgewechselt und damit leichter gewartet werden, und sie können von vornherein auf die verschiedenen Räume eines Rechenzentrums oder anderer Institutio-

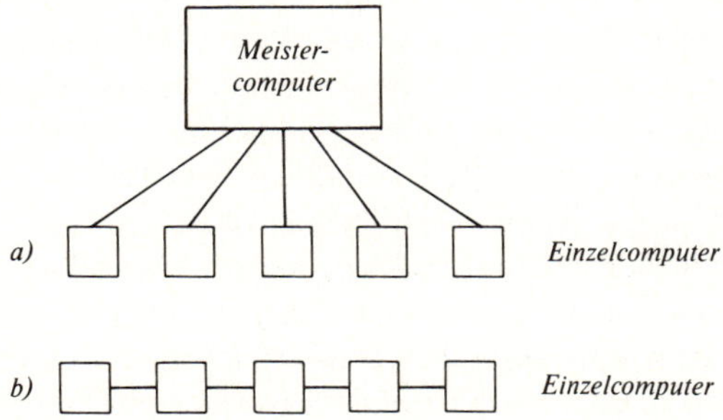

Abb. 17.1: Organisierte beziehungsweise sich selbst organisierende Computer. Oben: Ein Meistercomputer verteilt die Aufgaben: Organisation. Unten: Die einzelnen Computer verteilen die Aufgaben unter sich: Selbstorganisation.

nen verteilt sein. Zum Teil können diese Computer miteinander identisch, zum Teil aber auch für speziellere Aufgaben ausgerüstet sein, so daß einer etwa einen Bildschirm trägt, ein anderer einen Drucker usw. Hierbei treten grundsätzlich neue Probleme auf, die damit zusammenhängen, wieviel Selbstorganisation man diesen Netzen aus kleinen Computern zumuten kann. Einmal könnte man sie natürlich wieder untereinander ganz fest verdrahten, so daß dann doch wieder ein Großcomputer entsteht. Dabei wird die Aufgabenverteilung unter den einzelnen Computern durch die Verdrahtung selbst festgelegt. Eine andere Möglichkeit wäre, daß die Computer selbsttätig neue Verknüpfungen untereinander herstellen. Dann müßte also ein Computer, der Hilfe braucht, Signale an einen anderen Computer schicken. Dieses Signal trägt, wie die Computerfachleute sagen, eine Flagge. Es enthält die Information, woher die Meldung kommt und wohin sie gehen soll, verbunden mit der Frage, ob der andere Computer bereit wäre, die Aufgabe zu übernehmen. Daraufhin findet ein «Protokoll» statt, bei dem der angesprochene Computer dem Sendecomputer mitteilen muß, ob er zur Übernahme der Aufgabe bereit ist. So kommt dann nach einigen Wechselbeziehungen schließlich die Übertragung der Aufgabe zustande. Diese Aufgabenübertragung erfordert natürlich einigen Aufwand, der bei der festen Verdrahtung entfällt. Hier ist es Aufgabe der Computerkonstrukteure, ein Optimum zwischen der starren vorprogrammierten Verknüpfung und der sich selbst organisierenden Aufgabenverteilung zu finden. Bei letzterem steht man allerdings erst am Anfang. So sollen die Computer ihre Aufgaben verteilen und parallel rechnen, um dann wieder zu neuen Aufgabenverteilungen zu kommen usw. Computerfachleute sprechen vom Einbau «tiefliegender Strukturen», die solche Selbstorganisationsvorgänge bewerkstelligen sollen.
Aber was sind solche «tiefliegenden Strukturen»? An dieser Stelle können die Ergebnisse, die uns im Verlauf unserer Erörterungen klargeworden sind, bereits etwas weiterhelfen, ohne daß es sich hier allerdings um die obengenannten tiefliegenden Strukturen handelt. Wie wir immer wieder sahen, kann es etwa in Flüssigkeiten oder bei chemischen Reaktionen zu makroskopischen Mustern kommen, wenn wir äußere Bedingungen ändern, zum Beispiel dem System mehr Energie zuführen. Genau das gleiche können wir bei Computernetzen erwarten. Indem wir dem Computer mehr Aufgaben stellen, etwa die Anzahl der eingegebenen Daten erhöhen, können ganz neuartige Verteilungen der Re-

chenvorgänge in den einzelnen Computern automatisch, das heißt selbstorganisiert erfolgen. Allerdings kann es hierbei auch zu unerwünschten Erscheinungen kommen, die wir ebenfalls aus der Synergetik kennen, nämlich zum Beispiel zu Oszillationen. In diesem Fall schwankt die Aufgabenverteilung zwischen den Computern periodisch, wodurch ein enormer Datenfluß zwischen den einzelnen Computern hervorgerufen wird. Auch hier kann der Computerfachmann Anleihen aus der Synergetik machen, um zu lernen, wie er solche Oszillationen beseitigen kann. Des weiteren sind für ihn Analogien zum Neuronennetzwerk des Gehirns nützlich. So können Aufgabenverteilungen, die immer wieder vorkommen, dazu benutzt werden, daß zunächst lose Verbindungen zu festen Verbindungen heranreifen. Hierbei kommen die Prinzipien des Wettbewerbs, des «Überlebens» der effektivsten Verbindung und der Unterdrückung der übrigen ins Spiel. Das kann dazu führen, daß die Computer – ähnlich wie unser Schachspieler – schließlich anfangen, in Blöcken zu denken. Diese Blöcke sind dabei nicht unbedingt jeweils in einem ganz speziellen Computer lokalisiert. Sie können sich auch über mehrere Computer erstrecken.

Schließlich besteht die Möglichkeit, dem ganzen Computernetz Bedingungen aufzuerlegen, die ähnlich wirken wie das Darwinsche Überlebensprinzip, etwa daß immer wieder dieselbe Aufgabe in verschiedener Weise gelöst werden muß und das Netz am Schluß nur den Lösungsweg beibehält, der zum Beispiel die kürzeste Zeit erfordert hat.*

Wie es scheint, sind wir von der Verwirklichung dieser Ideen keineswegs so weit entfernt, sofern wir die Aufgabenstellungen jeweils nur wenig abändern. Dann kann es, ähnlich wie bei anderen synergetischen Systemen, plötzlich zu neuen «Strukturen» kommen, wobei also eine neuartige Aufgabenverteilung in den Computern verwirklicht wird.

Schwierig hingegen wird es, wenn das Computernetz ein völlig neuartiges Problem lösen soll. Da sollte man keine Wunder erwarten. Wie im menschlichen Leben auch, muß dann das Netz erst verschiedene Lösungsansätze ausprobieren und dabei lernen.

Nachdem Computer so vieles können, wollen wir uns nun fragen, wo

* Inzwischen sind solche Aufgabenlösungen, die sogenannten genetischen Algorithmen, entwickelt worden.

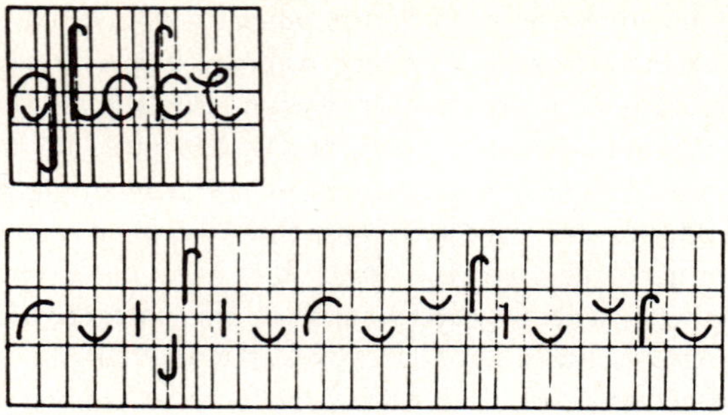

Abb. 17.2: Mustererkennung durch Zerlegung in einfache Bestandteile («Primitive»)

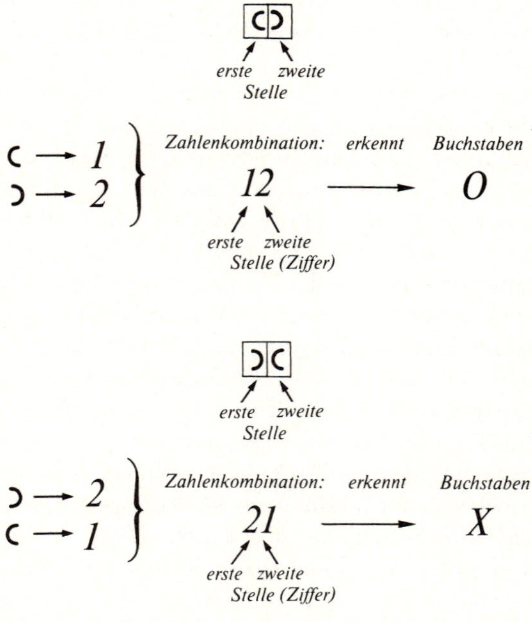

Abb. 17.3: Ein einfaches Beispiel für die Zuordnung von Zahlen zu Primitiven an bestimmten Stellen

denn die Computer noch, verglichen mit dem Menschen, am schwächsten sind. Die Verarbeitung vieler Daten in immer der gleichen Weise ist es sicher nicht, wohl aber das Problem der

Mustererkennung

Diese ist Voraussetzung für viele automatisierte Vorgänge. Beispielsweise muß eine automatische Schweißmaschine herausfinden, an welcher Stelle das entsprechende Werkstück geschweißt werden soll. Noch interessanter wird die Aufgabe aber, wenn die Maschine kompliziertere Gestalten erkennen muß. Ein bekanntes Beispiel hierfür ist die Lesemaschine, die in der Lage ist, Schriften zu entziffern und zu erkennen. Auch hier spielen wieder synergetische Effekte eine ausschlaggebende Rolle. Als einen ersten Schritt denkt man sich einen Buchstaben in bestimmte Einzelteile, sogenannte Primitive oder auch elementare Eigenschaften, zerlegt (Abb. 17.2). Diese primitiven Elemente sind so gewählt, daß sie von der Maschine wahrgenommen werden können, zum Beispiel als ein Strich oder Bogen, der an einer bestimmten Stelle sitzt und in bestimmter Weise gekrümmt ist. Solche «Primitive» können mit Hilfe von Photozellen «abgetastet» und mit Hilfe von verhältnismäßig einfachen Schaltungen «erkannt» werden. Jedem solcher primitiven Elemente an einer bestimmten Stelle läßt sich eine Zahl zuordnen (Abb. 17.3). Genauso wie nur eine bestimmte Zahlenkombination ein Zahlenschloß öffnet, wird durch eine bestimmte Zahlenkombination, die allen Primitiven eines Buchstabens entspricht, dieser Buchstabe bestimmt. Die Maschine muß also nachprüfen, ob sich in ihrem Register eine Zahlenkombination findet, die gerade zum Beispiel den Buchstaben «A» repräsentiert. Die Problematik bei dieser Erkennung besteht darin, daß das ganze Verfahren mit Irrtümern verknüpft sein kann, daß beispielsweise eines der primitiven Elemente nicht einwandfrei identifiziert werden konnte und etwa ein senkrechter Strich mit einem nach rechts geöffneten Bogen verwechselt wurde. Wir kommen dann auf das alte Problem zurück, wie ein fehlerhafter Satz korrigiert werden kann. Derartige Vorgänge sind uns schon beim Laser oder bei Flüssigkeiten begegnet. Hier bestand ja auch durchaus die Möglichkeit, daß anfänglich einige Untersysteme aus der Reihe tanzten. Zum Beispiel konnten einige der Laseratome zu Beginn noch «falsche» Wellen ausstrahlen,

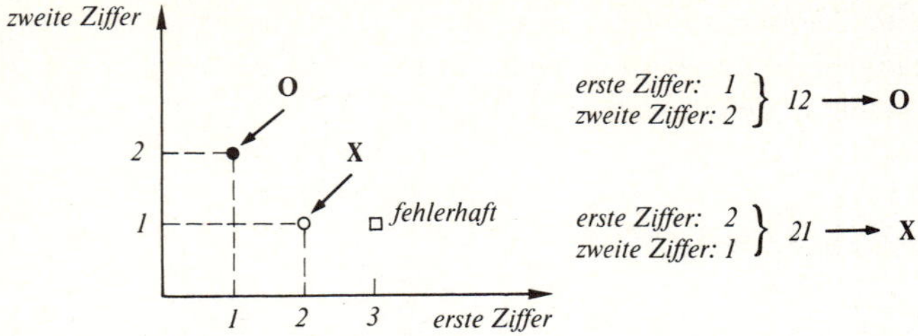

Abb. 17.4: Beispiele für die Darstellung von Zahlen in einem Koordinatensystem. Im ersten Fall wird O identifiziert, im zweiten Fall X. Würde hingegen die Zahlenkombination 3,1 lauten, so wäre dies ein fehlerhafter Buchstabe. In der Praxis muß man mit einem hochdimensionalen Koordinatensystem arbeiten.

oder noch nicht alle Flüssigkeitsmoleküle nahmen an der Rollenbewegung teil. Diese wurden dann aber durch den Ordner sehr schnell in die allgemeine Ordnung hineingezogen. Bei einer Maschine bedeutet dies, daß sie bei fehlerhaften Angaben, die natürlich nicht in ihrem Verzeichnis stehen, diejenige richtige Angabe suchen muß, die der falschen am nächsten kommt. Hierzu kann man einzelne Verfahren mathematischer Natur entwickeln. Sie bestehen, anschaulich ausgedrückt, darin, daß man den Zahlenangaben wie in einem Koordinatensystem Punkte zuordnet (Abb. 17.4) und dann die Abstände zwischen solchen Punkten mißt. Hierbei kann übrigens auch wieder der Prozeß der Symmetriebrechung stattfinden (Abb. 17.5). Eine falsche Kombination kann gleich weit entfernt sein von zwei richtigen. In diesem Fall ist die Maschine dann hilflos, es sei denn, man läßt sie neue Entscheidungskriterien heranziehen. Wenn ein geschriebenes Wort oder ein geschriebener Satz von der Maschine gelesen werden sollte und sie nicht entscheiden kann, ob es sich bei einem Buchstaben etwa um O oder X handelt, so kann, wie wir aus Erfahrung wissen, die Entscheidung nur dadurch herbeigeführt werden, daß wir das Wort oder sogar den Satz als Ganzes ansehen. Grammatikalische Regeln oder oft erst die Bedeutung, die aus dem Zusammenhang hervorgeht, läßt dann die Entscheidung zu, wie der Buchstabe eigentlich hätte lauten müssen. An diesem Beispiel wird deutlich, daß Zeichenerkennung von einem zum nächsten Schritt zu einem ungemein komplizierten Vorgang werden kann, in dem Moment nämlich, wenn Inhalte entscheidend werden.

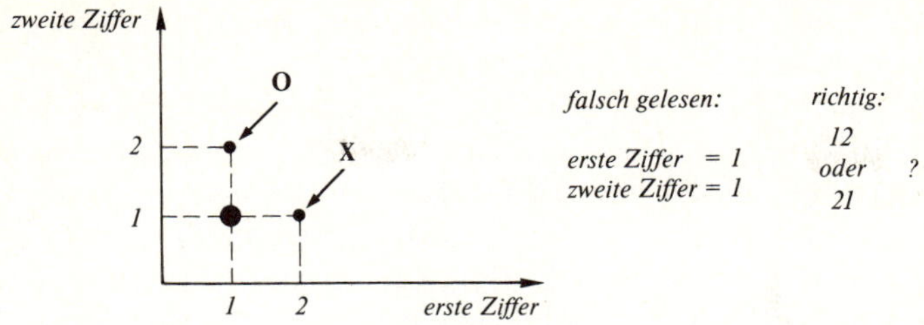

Abb. 17.5: Beispiel für einen Fehler. Die Maschine hat an vorderer und hinterer Stelle 1 gelesen, aber die eigentlich nur möglichen Buchstaben wären, wie in Abbildung 17.4, O beziehungsweise *X*. Der fehlerhafte Buchstabe ist von den beiden richtigen gleich weit entfernt. Zur endgültigen Entscheidung ist ein Symmetriebruch nötig.

Die hier besprochene Methode ist verhältnismäßig starr, weil die jeweils betrachteten Primitiven, also etwa die einzelnen Bogen einer Schrift, an einer ganz bestimmten Stelle abgelesen werden müssen. Während sich dies bei Schreibmaschinenschrift, die einigermaßen genormt ist, noch gut bewerkstelligen läßt, ist die Maschine bei Handschrift ziemlich hilflos. Daher sind andere Methoden entwickelt worden, um Schriftzüge zu erkennen. Hier nutzt man aus, daß die einzelnen Bogen in einer bestimmten Anordnung zueinander stehen müssen, ganz ähnlich wie in einer Sprache die jeweiligen Wörter eines Satzes an einer ganz bestimmten Stelle stehen. In der Tat wird diese Analogie zwischen der Grammatik einer Sprache und der Anordnung der Primitiven genutzt, um für die Maschine Vorschriften auszuarbeiten, nach denen sie beim Zusammensetzen der Primitiven vorgehen muß. Immer wieder steht dann die Maschine an einer Art Gabelung, wie in einem Labyrinth, wo aber die Anordnung der einzelnen Primitiven schließlich den Weg weist, um den Buchstaben als solchen zusammenzusetzen.

Wahrnehmung und synergetischer Computer

Besonders interessant an der menschlichen Wahrnehmung ist, daß wir in der Lage sind, auch verstümmelte Nachrichten zu verstehen; das Gehirn ist fähig, fehlende Informationsstücke von sich aus zu ergänzen.

Dies scheint ein wesentlicher Bestandteil unseres Wahrnehmungsvermögens zu sein. Diese Eigenschaft, Daten zu ergänzen, wird auch als *assoziatives Gedächtnis* bezeichnet. Ein solches assoziatives Gedächtnis wird durch den synergetischen Computer verwirklicht. Wie stark hierbei Prinzipien der Synergetik eingehen, wollen wir uns zunächst an einem ganz einfachen Beispiel klarmachen. Dieses Beispiel wird zugleich zeigen, wie weit sich der Bogen der Synergetik von der Flüssigkeitsbewegung bis hin zu Wahrnehmungsvorgängen erstreckt.

Wir betrachten eine einfache Modellrechnung, bei der eine Flüssigkeit in einem kreisrunden Gefäß von unten her erhitzt wird. Wie wir schon von Kapitel 4 her wissen, kann sich in einem solchen Fall ein Rollenmuster ausbilden. Bei der Modellrechnung wird nun zunächst eine einzige Rollenbewegung in einer bestimmten Richtung vorgegeben (vgl. Abb. 4.19). Wie die Modellrechnung zeigt, entwickelt dann die Flüssigkeit ganz von allein das vollständige Rollenmuster. Wird eine andere Rollenrichtung vorgegeben, so entsteht wieder ein Rollenmuster, aber in neuer Richtung. Geben wir schließlich zwei aufwärtsstrebende Flüssigkeitsstreifen vor, so befindet sich die Flüssigkeit in einer Konfliktsituation. Ist die eine Rolle aber etwas stärker als die andere, so gewinnt diese gewissermaßen den Wettkampf, und die Flüssigkeit nimmt schließlich ein Rollenmuster in der entsprechenden Richtung an.

Was ist hier geschehen? Gemäß den Konzepten der Synergetik ruft die eine Flüssigkeitsrolle den entsprechenden Ordnungsparameter hervor, der nach dem Versklavungsprinzip die Flüssigkeit in den gesamten geordneten Zustand in Form eines vollständigen Rollenmusters zieht. Sind zwei Rollen vorgegeben, so rufen diese ihre Ordnungsparameter auf; diese treten in einen Wettbewerb, und schließlich gewinnt derjenige Ordnungsparameter den Wettkampf, der ursprünglich am stärksten vertreten war, und bringt nach dem Versklavungsprinzip wieder die Flüssigkeit in den gesamten geordneten Zustand. Man kann auch sagen, daß hier die Flüssigkeit wie ein assoziatives Gedächtnis wirkt, das aus einem anfänglich vorgegebenen unvollständigen Datensatz, nämlich einer einzigen Rolle, den zugehörigen gesamten Datensatz, nämlich das ganze Rollensystem, ergänzt. Wir behaupten nun, daß die Mustererkennung nichts anderes als Musterbildung von der Art ist, wie wir sie hier beschrieben haben.

Bei einem Muster, zum Beispiel dem Teil eines Gesichts, erkennen wir einige Merkmale oder, wie man auch sagen könnte, Primitive. Diese

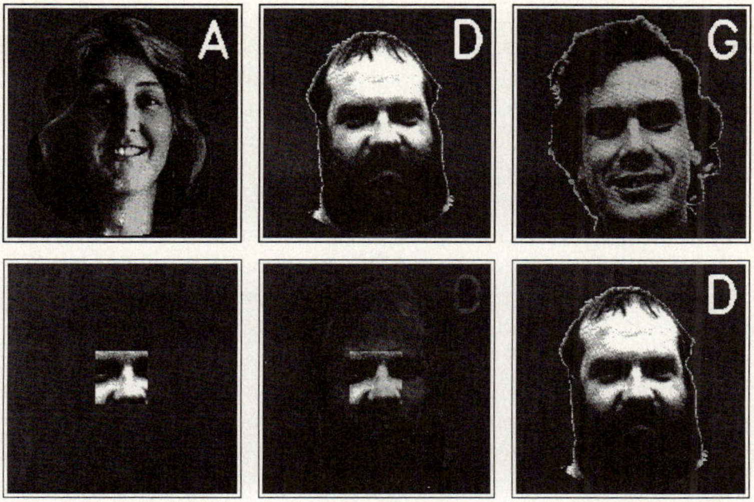

Abb. 17.6: Beispiel für eingespeicherte Muster, wobei die Buchstaben die Namen kodieren (oben); unten: Beispiele für die einzelnen Erkennungsschritte, die zur Herstellung des gesamten Musters (Gesicht) aus dem anfänglich (links) vorgegebenen Teil führen

Abb. 17.7: Eine Szene, die vom synergetischen Computer erkannt wurde

Merkmale rufen den zugehörigen Ordnungsparameter auf, der dann das gesamte Muster in den vollständigen Zustand bringt. Aufgrund dieser Analogie zwischen Mustererkennung und Musterbildung läßt sich nun ein Computer, zunächst in Form eines Algorithmus, konstruieren, der tatsächlich die Mustererkennung bewirkt, wobei eben nicht nur einzelne Rollen erkannt werden, sondern auch ganze Gesichter. Hierbei werden entweder dem Computer von vornherein die zu erkennenden vollständigen Gesichter eingegeben, oder aber sie können auch durch den Computer gelernt werden. Bietet man ihm dann einen Teil eines Gesichtes an, so gelingt es ihm, in Gegenwart aller gespeicherten Gesichter das vollständige, zu dem Teil gehörende Gesicht zu rekonstruieren (vgl. Abb. 17.6). Der Computer ist darüber hinaus in der Lage, etwas verzerrte Gesichter zu erkennen und zwischen verschiedenen Gesichtsausdrücken zu unterscheiden. Mit ein wenig mehr Aufwand kann der synergetische Computer auch Szenen, wie etwa die in Abbildung 17.7 dargestellte, erkennen. Hierbei identifiziert er zunächst die Frau im Vordergrund. Man kann dem Computer aber auch

Abb. 17.8: Einstein oder drei Badenixen?

«verbieten», diese Person zu erkennen, indem man einen sogenannten Aufmerksamkeitsparameter, der zu diesem Gesicht gehört, gleich Null setzt. Zeigt man ihm dann wiederum die zusammengesetzte Szene, so erkennt er nur noch den Mann im Hintergrund. Auf diese Weise kann er ganze Szenen mit einer Reihe von Gesichtern schrittweise entschlüsseln.

Bei einigen wenigen Beispielen versagte unser Computer allerdings und gab uns eine falsche Antwort. Schließlich wurde mir aber klar, daß auch das menschliche Erkennungsvermögen getäuscht werden kann. Betrachten wir dazu Abbildung 17.8, so erkennen wir hier natürlich das Gesicht Einsteins. Schauen wir aber genauer hin, erkennen wir plötzlich drei Badenixen. Unser Erkennungsvermögen – wie auch das des Computers – wird also von Erwartungen, das heißt von bestimmten Aufmerksamkeitsparametern, gesteuert. Dies hat uns in das interessante Gebiet der sogenannten Kippfiguren geführt, wovon Abbildung 17.9 ein Beispiel gibt. Handelt es sich hier um eine Vase (weißer Teil) oder um zwei Gesichter (schwarzer Teil)? Wir erkennen entweder das eine oder das andere; haben wir aber etwa die Vase erkannt, so

Abb. 17.9: Vase oder Gesichter?

verschwindet dieser Eindruck nach einiger Zeit, und wir erkennen zwei Gesichter, bis sich auch diese wieder auflösen und dem Eindruck *Vase* Platz machen. Interessanterweise läßt sich dieses psychologische Phänomen sehr einfach wiedergeben, wenn wir annehmen, daß die Aufmerksamkeitsparameter abnehmen, sobald ein Bild oder ein Teil des Bildes erkannt worden ist. Dann gelingt es der anderen Interpretation des Bildes, die Oberhand zu gewinnen, bis schließlich auch hierfür wieder die Aufmerksamkeit erlahmt. Nachdem diese Phänomene aber in einem anderen Buch ausführlich dargestellt worden sind, brauchen wir hier nicht weiter darauf einzugehen, so faszinierend diese Erscheinungen auch sein mögen.

Computer sollen aber nicht nur visuelle Eindrücke wie Gesichter oder geschriebene Sprache erkennen, sondern auch akustische Signale. Hierzu verwandelt man die gesprochenen Laute in elektrische Schwingungen, die auf einem Fernsehschirm sichtbar gemacht werden (Abb. 17.10). Es entsteht dann wieder ein optisches Muster, so daß die akustische Erkennung auf die optische zurückgeführt werden kann.

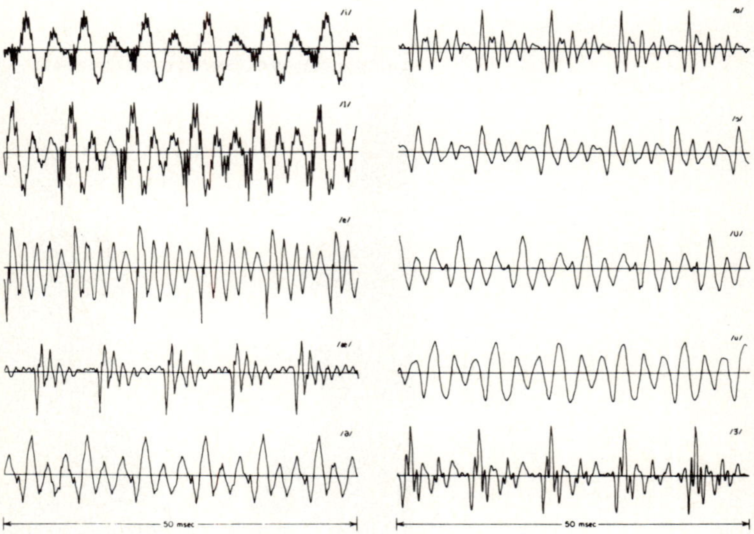

Abb. 17.10: Akustische Wellenformen für mehrere englisch-amerikanische Vokale (nach rechts ist die Zeit aufgetragen, nach oben die Amplitude)

Übrigens ist es seit einiger Zeit schon gelungen, auch den umgekehrten Vorgang zu verwirklichen, nämlich Buchstaben, die man wie von einer Schreibmaschine eingibt, in Laute zu übertragen. Dies ist uns zum Beispiel schon in Hotels bei Weckrufen völlig geläufig geworden.

Wie schon besprochen, ist die nächste Stufe, nämlich von der Identifizierung eines Buchstabens oder eines Wortes zur Erfüllung eines Wortes mit Bedeutung, ein qualitativ neuer und enorm schwieriger Schritt. Dies wird uns besonders bewußt, wenn wir den Computer für Sprachübersetzung verwenden wollen. Wie wir gesehen haben, kann der Computer jedes Wort in eine Zahlenkombination verwandeln. Mit Hilfe dieser Zahlenkombination sucht er dann in einer Art Lexikon eine andere Zahlenkombination auf, die dem Wort der Fremdsprache entspricht. Diese zweite Zahlenkombination wird vom Computer verwendet, um das Wort der Fremdsprache auszudrucken.

Die eigentliche Schwierigkeit beginnt aber, wenn es sich um Feinheiten der Sprache handelt, zum Beispiel wenn einem Ausgangswort mehrere Wörter der fremden Sprache entsprechen. Dies geschieht schon in primitiver Weise dann, wenn, wie man sagt, ein Wort ein «Teekessel» ist. So kann Hahn Wasserhahn oder Gockelhahn bedeuten. Wieder stehen wir vor den grundlegenden Problemen der Symmetriebrechung. Wir haben zwei völlig gleichberechtigte Bedeutungen vor uns. Die zutreffende kann erst aus dem Zusammenhang erschlossen werden. Wie soll aber eine Maschine einen Zusammenhang herstellen können? An dieser Stelle wird besonders deutlich, daß wir hier mit einer Hierarchie von Problemen konfrontiert sind, die uns in immer komplexere Fragestellungen hineinführt. Im Sinne der Synergetik steht die Maschine vor der Aufgabe, eine passende Hierarchie von Ordnern zu finden. So müssen sich die einzelnen Wörter zu einer Bedeutung zusammenfinden, sie ergeben einen Ordner. Dieser verfügt in vielen Fällen zugleich über die Fähigkeit, auch (innerhalb bestimmter Grenzen) verstümmelte Sätze wieder zu «reparieren», genauso wie die Laserwelle in der Lage ist, ein aus der Reihe tanzendes Atom zur Ordnung zu rufen. Zuweilen müssen einem (geschriebenen) Satz mehrere Ordner zugeordnet werden, wenn nämlich der Satz mehrdeutig ist. Dann muß die Maschine in der Hierarchie eine Stufe weitersteigen, um die Ordner eindeutig festzulegen. Die Schwierigkeit besteht nun oft darin, daß auf dem höheren Niveau ein enormer menschlicher Erfahrungsschatz nötig ist, um ein Schriftstück «richtig» zu interpretieren.

Die Unterwelt des Computers

Bis jetzt hatten wir hauptsächlich über den Teil der Computertechnik gesprochen, der als Software bezeichnet wird. Schauen wir uns nun an, wie denn der Computer im einzelnen rechnet. Der Teil, mit dem wir uns jetzt befassen wollen, wird in der Fachsprache als Hardware bezeichnet.

Im Computer werden die Rechenschritte oder auch das, was man als logisches Denken bezeichnet, in winzige Schritte zerlegt. Solche einfachen Schritte können «und», «oder», «ja», «nein» oder auch die Speicherung in einem Gedächtnis, das heißt in einem Satz von Kästchen, sein.

Derart logische Funktionen können schon von ganz simplen Vorrichtungen ausgeführt werden. In öffentlichen Parks sehen wir des öfteren Mobiles, die mit Wasser betrieben werden (Abb. 17.11). Zum Beispiel

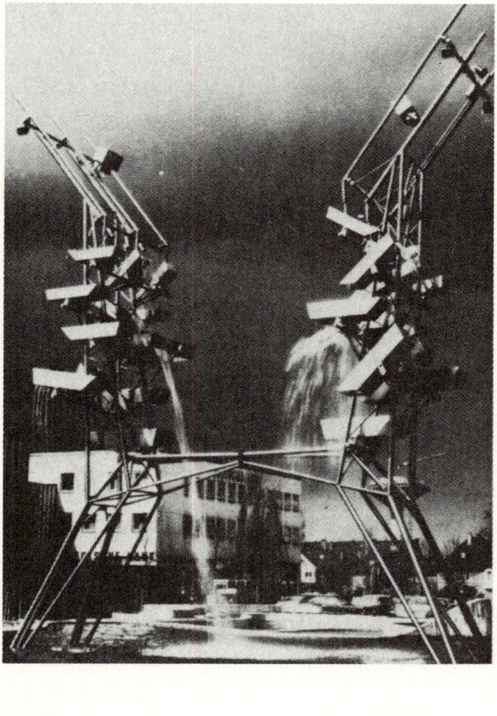

Abb. 17.11: Mobile

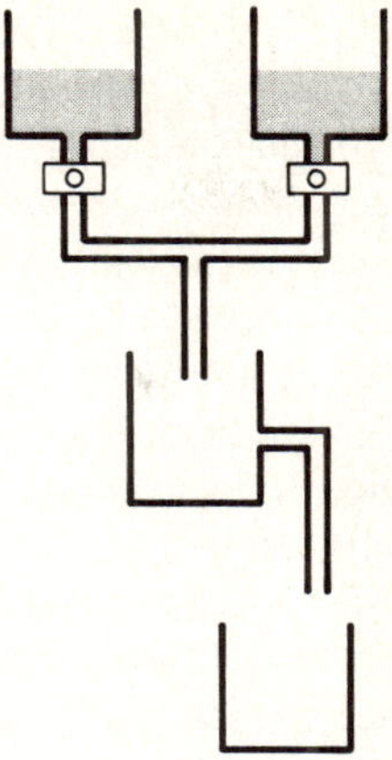

Abb. 17.12: Beispiel für eine Schaltung, die den logischen Vorgang «und» verwirklicht. Das unterste Gefäß wird nur dann mit Wasser gefüllt, wenn die beiden ersten Gefäße ursprünglich voll waren.

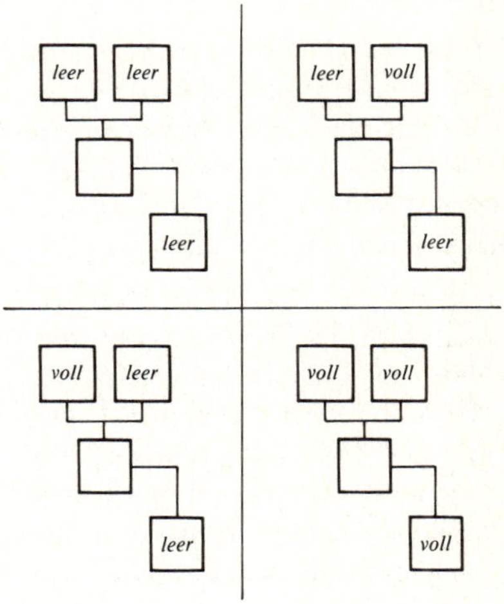

Abb. 17.13: Diese Abbildung veranschaulicht, wie die Wassergefäße es fertigbringen, die logische Verknüpfung «und» (sowohl als auch) zu verwirklichen.

läuft Wasser von oben in eine Schale, die bei einer bestimmten Wassermenge umkippt. Das Wasser wird auf neue Schalen verteilt usw. Zunächst erscheint uns die Bewegung der Schalen ganz unregelmäßig, aber nach einigem Zusehen kommen wir doch dahinter, daß das einzelne Umkippen nach strengen Regeln erfolgt, und zwar nach Regeln, die gerade logische Schritte darstellen. Greifen wir ein einfaches Beispiel eines solchen Mobiles heraus: zwei Schalen oder Gefäße, die mit Wasser gefüllt werden können. Diese beiden verbinden wir, wie in Abbildung 17.12 angegeben, so daß das Wasser in ein Überlaufgefäß fließen kann. Von dort aus kann es dann schließlich in ein viertes letztes Gefäß gelangen. Sind beide oberen Schalen leer, so bleibt die untere Schale auch leer. Ist nur eine der beiden oberen Schalen leer, so bleibt die untere Schale ebenfalls leer. Sie wird nur dann voll, wenn beide Schalen oben gefüllt sind. Dies können wir auch so formulieren: Unter der Voraussetzung, daß die oberen Schalen 1 *und* 2 gefüllt sind, wird die untere Schale auch gefüllt (Abb. 17.13). Das ist wohl eine der einfachsten Veranschaulichungen der logischen Verknüpfung «und». Es müssen beide Vorbedingungen erfüllt sein. Viele Vorgänge im Leben laufen nach dieser Verknüpfung ab. Wenn wir ein Ei kochen, so muß erstens das Wasser kochen, und zweitens muß das Ei eine Mindestzeit im kochenden Wasser sein, damit es gar ist. (Dieses Beispiel hinkt insofern, als es unserem Geschmack überlassen ist, wann wir ein Ei als gar empfinden. Nicht so ist es aber in der Mathematik, wo derartige Dinge streng auseinander hervorgehen.)

Ein anderes Mobile liefert uns ein schönes Beispiel für die Relation «oder». Es ist praktisch die gleiche Vorrichtung wie die oben besprochene, aber der Ablauf in das unterste Gefäß ist bei dem mittleren unten angebracht. Ein Überlauf hat noch dafür zu sorgen, daß überflüssiges Wasser abfließt. Hier wird das untere Gefäß bereits dann voll, wenn nur eines der beiden oberen Gefäße mit Wasser gefüllt wurde (vgl. Abb. 17.14, 17.15).

Wie in der mathematischen Logik gezeigt wird, können alle logischen Verknüpfungen mit ganz wenigen solcher elementarer Schritte wie «und, oder, ja, nein» dargestellt werden. Halten wir uns aber nicht mit diesen abstrakten Dingen zu sehr auf, sondern sehen wir nun, wie solche logische Verknüpfungen für praktische Rechnungen, das heißt für Zahlenrechnungen, verwendet werden können. Dazu müssen wir in die Unterwelt des Computers, die zugleich für den Laien eine Wunderwelt ist, hinabsteigen.

Wie die Mathematiker zeigen, lassen sich alle Zahlen durch Nullen und Einsen (dem sogenannten binären System) ausdrücken. Auch die Rechenregeln zwischen allen Zahlen lassen sich als solche der Addition, Subtraktion und Multiplikation von Zahlen im binären System wiedergeben. Zu unserer Überraschung erkennen wir dann, daß die einzelnen Computerteile sich in einer Art Primitivsprache verständigen. Die Compu-

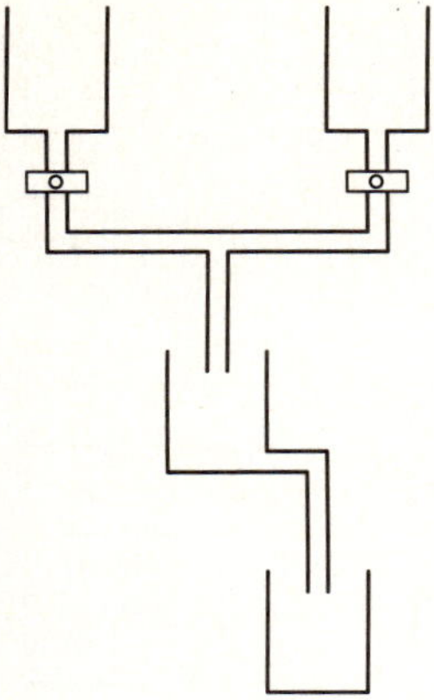

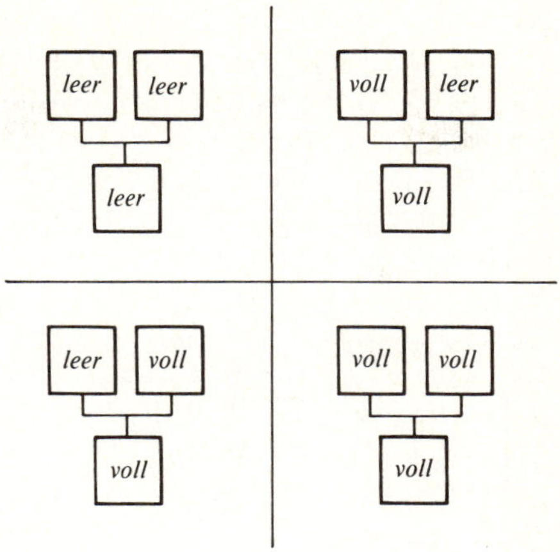

Abb. 17.14: So wird die Beziehung «oder» verwirklicht. Das untere Gefäß wird hier bereits voll, wenn nur eines der beiden oberen Gefäße voll war.
Abb. 17.15: Dieses Bild erläutert die einzelnen Möglichkeiten der Abbildung 17.14.

tersignale bestehen nur aus zwei Ziffern, 0 und 1. Die logische Verknüpfung «und» ermöglicht es uns, sofort zu sehen, wie ein Computer diese Zahlen 0 und 1 miteinander multiplizieren kann. Wir wollen sehen, wie der Computer die Multiplikation ausführt, und uns davon überzeugen, daß er es richtig macht. Dazu müssen wir nachprüfen, ob er dieselben Resultate liefert, die wir auch sonst finden würden. Wie jedes Schulkind weiß, ist $0 \times 0 = 0$, $0 \times 1 = 0$, $1 \times 0 = 0$ und $1 \times 1 = 1$. Diese Regeln können von unserem Wassercomputer genau imitiert werden. Dabei soll leeres Gefäß 0, volles Gefäß 1 bedeuten. Lassen wir beide oberen Gefäße leer, so bleibt auch das unterste Gefäß, das das Endresultat anzeigt, leer. Damit haben wir nachgeprüft, daß der Computer die Regel $0 \times 0 = 0$ erfüllt. Füllen wir ein Gefäß mit Wasser und lassen das andere leer, so bleibt ebenfalls das unterste Gefäß leer. Wir finden die Regel $0 \times 1 = 0$ bestätigt. Füllen wir beide Gefäße mit Wasser, so wird schließlich auch das unterste Gefäß voll. Damit haben wir die Regel $1 \times 1 = 1$ nachgeprüft. Auf diese Weise haben wir sozusagen das Einmaleins des Computers bereits verstanden.
Auch andere Rechenregeln lassen sich mit solchen Wassermobiles verwirklichen, zum Beispiel die Addition, die allerdings eine etwas kom-

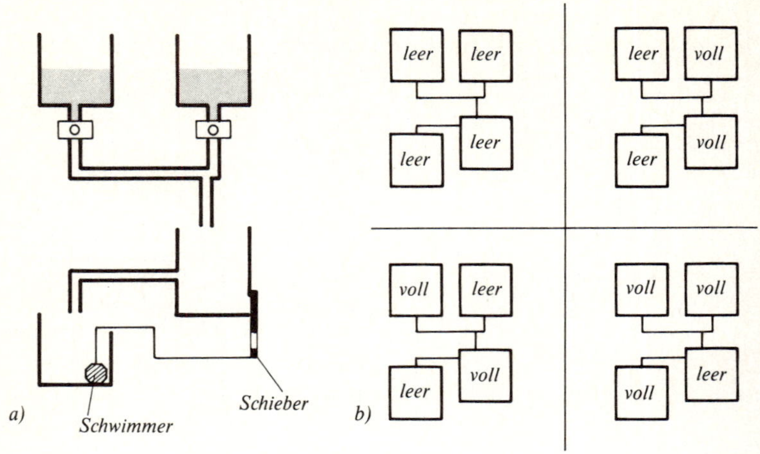

Abb. 17.16: Eine Wasserschaltung für die Addition.

Dieses «Wasserspiel» (a) zeigt uns, wie der mathematische Vorgang der Addition durch eine solche Anordnung verwirklicht werden kann. Je nachdem, ob ein oberer Behälter voll oder leer ist, stellt dieser die Zahlen 1 oder 0 dar. Die sich dann ergebende Füllung der unteren Behälter repräsentiert die Zahlen im sogenannten Zweiersystem (auch binäres System genannt). Im folgenden sprechen wir nur von den beiden unteren Behältern.

Sind beide Behälter leer, so stellt dies die Null dar. Ist der linke Behälter leer, der rechte Behälter dagegen voll, so bedeutet dies 1. Ist der linke Behälter voll, der rechte hingegen leer, so wird dies im binären System durch 10 dargestellt. Im gebräuchlichen Zehnersystem entspricht diese Zahl der 2.

Wir wollen uns nun anhand der Figur 17.16b klarmachen, wie mit Hilfe der Anordnung der Figur 17.16a die Regeln der Addition erfüllt sind.

Sind beide oberen Behälter leer, so bedeutet dies, wir wollen 0 zu 0 addieren. Dann sind natürlich auch die beiden unteren Behälter leer. Ist der linke obere Behälter leer, der rechte hingegen voll und öffnen wir sodann die Hähne unter den beiden oberen Behältern, so läuft der rechte untere Behälter voll, der linke untere Behälter bleibt hingegen leer. Dies entspricht dem Additionsergebnis 1.

Genau die gleiche Überlegung gilt natürlich, wenn der linke obere Behälter voll ist und der andere leer.

Besonders interessant ist der Fall, wenn die beiden oberen Behälter voll sind, wir also 1 zu 1 addieren wollen. Leeren wir nur den einen oberen Behälter aus, so wird der rechte untere Behälter zunächst voll. Schütten wir den Inhalt des zweiten oberen Behälters hinzu, so läuft der rechte untere Behälter über. Damit wird der linke untere Behälter voll. Der angebrachte Schwimmer sorgt dafür, daß der Schieber nun nach oben geschoben wird. Der rechte untere Behälter wird damit leer, und wir erhalten das in Abbildung 17.16b unten rechts angegebene Endresultat, das gerade der Darstellung der 2 im binären System entspricht. Diese Schaltung ist also in der Tat in der Lage, eine Addition im binären System durchzuführen. Durch geeignete Kombination solcher Schaltungen lassen sich auch noch kompliziertere Zahlen als 0 beziehungsweise 1 zueinander addieren. Das Grundprinzip bleibt aber im wesentlichen immer erhalten.

plziertere Wasserschaltung erfordert. Den hieran interessierten Leser verweisen wir auf das Schaubild (Abb. 17.16a und b). Anhand solcher einfachen Vorrichtungen können wir uns sehr schnell davon überzeugen, daß der Computer alle Rechenschritte durch ganz einfache Vorrichtungen verwirklichen kann.

Die Idee, hier Wasserspiele zur Illustration eines Computers heranzuziehen, mag ein klein wenig an den Haaren herbeigezogen scheinen. Tatsächlich gibt es aber Rechenmaschinenfirmen, bei denen kleine Computer in Form solcher hydraulischer Vorrichtungen existieren.

Am Beispiel des Schaubildes sehen wir zugleich, daß schon die einfache Operation «und» eine relativ komplizierte Schaltung von Wasserröhren erfordert. Wenn wir auch nur etwas kompliziertere Multiplikationen, Divisionen oder andere Rechenregeln vom Computer in die Tat umsetzen lassen wollen, gelangen wir zu einer sehr großen Zahl solcher Wasserschaltungen, die sehr leicht ein Hochhaus füllen könnten. Nichts liegt also näher, als die Physiker oder Elektrotechniker zu fragen, ob man nicht auch andere Schaltungen dieser Art bauen könnte, die aber viel kleiner in den Dimensionen sind. Wenn aber ungeheuer viele Elemente nötig sind und damit sehr viele Einzelschritte, so muß man gleichzeitig anstreben, daß die Einzelschritte in sehr kurzer Zeit ablaufen. Glücklicherweise haben die Physiker schon lange entdeckt, wie sich Schaltungen nicht nur mit Wasser, sondern auch auf andere Weise bauen lassen. Wir hatten ganz zu Anfang dieses Buches einmal von den Elektronen gesprochen, jenen kleinsten Teilchen, die den Strom in Metallen tragen. Diese Teilchen können nun nicht nur transportiert, sondern auch gespeichert werden, wie wir zum Beispiel von Batterien oder Kondensatoren her wissen.

Genauso wie im Beispiel des Wassers dieses aufgrund der Schwerkraft von einem Gefäß ins andere strömte, können wir auch Elektronen von einem Behälter, etwa einem Kondensator, in einen nächsten transportieren, wenn wir die Elektronen ein elektrisches Spannungsgefälle «hinunterrollen» lassen. Diese Analogie zwischen Wasser und Elektronen erlaubt es dem Ingenieur, alle Schaltungen, die wir vorhin besprochen haben, mit Hilfe der Elektronik zu verwirklichen.

In den letzten Jahren hat die Technik wahre Wunderwerke in der Kunst vollbracht, immer kleinere Schaltungen zu bauen. In den sechziger Jahren waren die Computer noch mit Radioröhren, in Aussehen und Größe Glühbirnen ähnlich, bestückt, von denen jede nur eine Schaltfunktion (ähnlich unserem Wasser-Bauelement) ausführte. Mit 18 000 Röhren wog der amerikanische Eniac Computer 18 Tonnen, Kostenpunkt 1,6 Millionen DM. Heute sind Zehntausende von Bauelementen, jedes mit der Funktion früherer Radioröhren, auf hauchdünnen Plättchen von 1 Zentimeter Durchmesser vereinigt, Kostenpunkt 10 DM. Immer neue Ideen wurden und werden verwirklicht. Gleichzeitig sind die Schaltzeiten immer wieder heruntergedrückt worden. Sie liegen zur Zeit bei dem hundertmillionsten Teil einer Sekunde.

Logische Vorgänge – unabhängig vom Stofflichen

An dieser Stelle kommt nun wieder die Synergetik ins Spiel. In diesem Buch sind wir immer wieder auf den Begriff des Ordners gestoßen. Wie die Synergetik zeigt, unterliegen die Ordner, von denen wir gesprochen haben, selbst logischen Prozessen. Zum Beispiel sind in den hier aufgeführten Fällen die Dichten der Elektronen in den verschiedenen Teilen eines Bauelements jeweils Ordner, sie charakterisieren den makroskopischen Zustand. Durch die Schaltungen haben wir erreicht, daß diese Ordner miteinander in Wechselwirkung treten und wieder zu neuen Ordnern führen. Das Interessante an den Resultaten der Synergetik liegt nun darin, daß solche Schaltvorgänge zwischen Ordnern auf die verschiedensten Weisen verwirklicht werden können, und zwar oft von einem System allein, ohne daß wir erst diese Schaltung selbst einbauen müssen. So können Computerschaltungen heutzutage auch durch das Laserlicht verwirklicht werden und stellen Schaltzeiten in Aussicht, die bei einer Billionstelsekunde liegen, also nur noch ein Zehntausendstel der heute schon unvorstellbar kurzen Schaltzeiten ergeben. Computerschaltungen lassen sich ebenso durch chemische Reaktionen verwirklichen. Besonders wichtig sind diese Überlegungen, wenn wir nach Computerelementen suchen, die noch kleiner als die bisherigen sind. Wir stoßen dann unmittelbar an die Dimension der Atome und Moleküle selbst, und hier liefert uns die lebendige Natur das Vorbild für das kleinste wohl überhaupt denkbare Computerelement. Es handelt sich hier um Membranen, die in den Zellen, insbesondere auch in den Nervenzellen, vorhanden sind. Diese Membranen bestehen aus langgestreckten Molekülen, von denen jedes eine Art Kopf und eine Art Schwanz hat, wobei der eine Teil sich in Richtung einer umgebenden

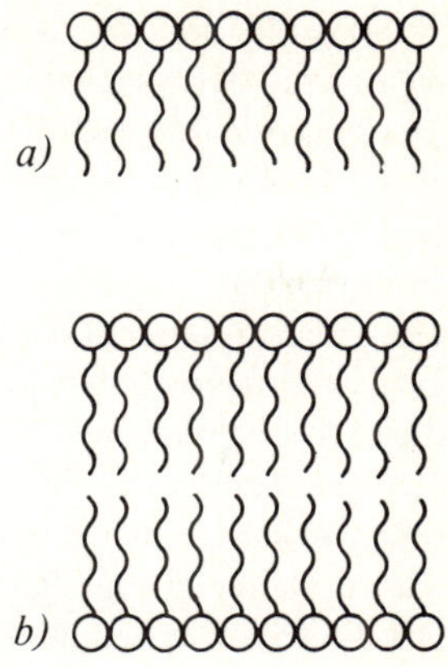

Abb. 17.17: Beispiele für Membranen
a) aus einer einzigen Molekülschicht
b) aus einer doppelten Molekülschicht

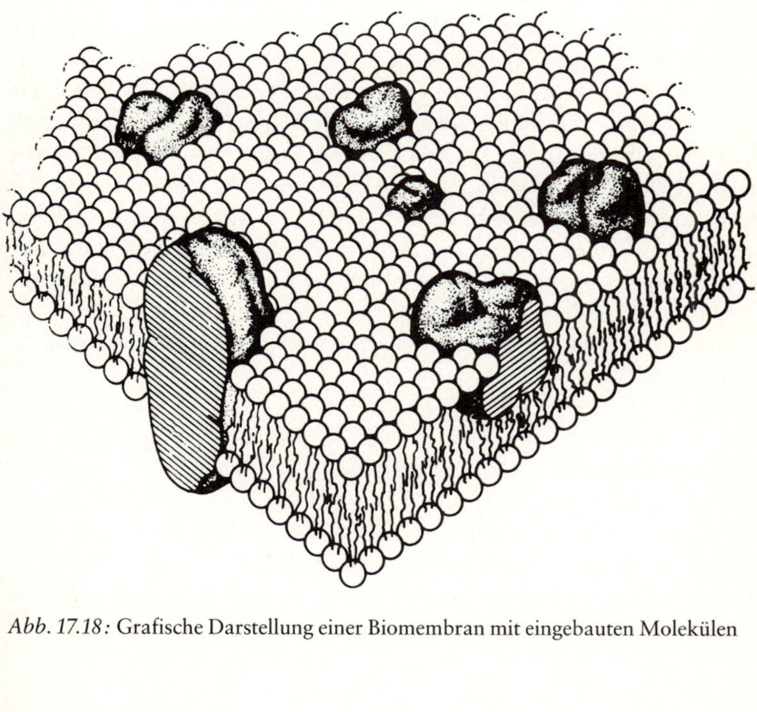

Abb. 17.18: Grafische Darstellung einer Biomembran mit eingebauten Molekülen

Wasserhülle streckt, der andere sich hingegen davon abwendet. So zwingt die Moleküle ihre gemeinsame Abneigung gegen das Wasser, sich auszurichten und sich wie Soldaten in Reih und Glied aufzustellen (Abb. 17.17). Solche Membranen lassen sich auch künstlich herstellen, sie sind nur so dick, wie ein Molekül lang ist. Durch Einwirkung bestimmter anderer Moleküle können sich in einer solchen Membran Poren öffnen oder schließen und damit in bestimmter Weise elektrisch geladene Atome oder andere Moleküle durchlassen (Abb. 17.18). Auf diese Weise entstehen wieder Schaltelemente, die logische Funktionen ausüben können. Es wird wohl nicht lange dauern, bis es dem Menschen gelingt, auch in diesen atomaren Dimensionen Computerelemente, vielleicht sogar ganze Computer zu bauen.

Die Ordnungsvorgänge auf dieser mikroskopischen Ebene genügen den Gesetzmäßigkeiten der Synergetik, handelt es sich doch fast ausschließlich um Effekte, die nur durch das Zusammenwirken vieler einzelner Teile zustande kommen. Von hier aus eröffnen sich faszinierende Ausblicke, denn wir erkennen, daß logische Prozesse, daß schließlich Denkvorgänge auf ganz verschiedenen Substraten vor sich gehen können. Es kann das Wasser sein, es können Elektronen sein, aber auch chemische Vorgänge, der Laser oder biologische Moleküle.

Mit diesen Betrachtungen sind wir in die Unterwelt des Computers hinabgestiegen, wir haben ihn auf seine einzelnen Elemente hin durchleuchtet. Wir dürfen aber nun nicht in den Fehler verfallen zu glauben, daß alle Denkvorgänge an derartige kleine logische Elemente geknüpft sein müssen. Vielleicht gibt es noch andere Möglichkeiten, wie Denkvorgänge ablaufen können, von denen wir heute noch gar nichts ahnen, zum Beispiel Denkvorgänge, die sich nicht in winzige Elementarschritte zerlegen lassen.

In gewissem Umfang ist dies sogar bei einer neuen Computergeneration der Fall:

Neurocomputer und synergetischer Computer

Zu Beginn dieses Kapitels sprachen wir vom Programmieren. Hier wurde wohl klar, daß ein Computer seriell arbeitet, das heißt einen Schritt nach dem anderen ausführt. Mit einem solchen Prinzip kann man aber niemals die Wahrnehmungsleistungen des menschlichen Gehirns erreichen, selbst wenn man die einzelnen Computerelemente noch viel schneller machen würde. Im Gegensatz zu den Computerelementen sind die Neuronen des menschlichen Gehirns wahre Schnekken. Wie gelingt es ihnen, trotzdem in relativ kurzer Zeit komplexe Bilder zu erkennen? Inzwischen hat sich die Idee durchgesetzt, das Gehirn erreiche dies dadurch, daß es nicht einen Schritt nach dem anderen durchführt, sondern die Sinneseindrücke, die von den verschiedenen Stellen eines Bildes herrühren, parallel, also gleichzeitig verarbeitet. Dies ist in gewissem Sinne genauso wie bei einer Flüssigkeit, in der ja die Flüssigkeitsteilchen an ganz verschiedenen Stellen auf- und absteigen und dabei schließlich ein hochgeordnetes Muster bilden. So gibt es in den neueren Computerentwicklungen tatsächlich zwei Wege, um solche Parallelrechner zu verwirklichen. Der eine geht von Analogien zum Netzwerk der Neuronen im Gehirn aus, wo sehr einfache Modelle verwendet werden, denen zufolge ein Neuron nur zwei Zustände besitzt: einen ruhenden und einen aktiven. Jedes Neuron erhält von anderen Neuronen Signale, die es aufaddiert. Bleibt das gesamte Signal, das übrigens elektrischer Natur ist, unter einem Schwellenwert, so verharrt das Neuron im Ruhezustand, im anderen Falle sendet es ein Signal zu anderen Neuronen aus. Legt man die Übertragungsstärken zwischen den Modellneuronen, die man in Anlehnung an die Verknüpfungen zwischen den wirklichen Nervenzellen im Gehirn Synapsen nennt, fest, so lassen sich in einem solchen Netzwerk bestimmte Muster abspeichern, die dann wieder im Sinne des assoziativen Speichers abgerufen werden können. Der andere Weg zur Verwirklichung der parallelen Verarbeitung führt über den synergetischen Computer, der in starker Analogie zu den Flüssigkeitsvorgängen arbeitet. Wie der Leser schon ahnen wird, hat hier ein Konkurrenzkampf zwischen verschiedenen Prinzipien für Parallelrechner begonnen, wobei, wie es scheint, der synergetische Computer hervorragende Chancen hat.

Können Computer launisch sein?

Computer erscheinen uns als tote Maschinen, die in streng programmierter Weise vorgehen, so daß keine Freiheit, keine Unbestimmtheit mehr bleibt. Nun haben wir aber in diesem Buch schon Probleme kennengelernt, die keine eindeutige Lösung besitzen, etwa bei der Symmetriebrechung: die Kugel in der Schale mit den beiden Vertiefungen. Wohin rollt die Kugel? Oder bei der Wahrnehmung: Vase – Gesichter. Was von beidem nehmen wir wahr? Füttert man den Computer mit solchen Aufgaben, so kommt er nicht weiter. Hier muß man dann zur Lösung der Aufgabe den Zufall bemühen. Man muß den Computer durch einige zufällige Schwankungen zum Weiterrechnen oder weiteren Problemlösen anschubsen. Die Launen des Computers sind vorprogrammiert. Aber selbst wenn wir sie gar nicht absichtlich einprogrammiert haben, können uns die vom Computer dargebotenen Lösungen als Launen erscheinen. Dies ist besonders bei komplizierten Vorgängen zu erwarten, die denen im psychologischen Bereich entsprechen – hier folgt ja eine Konfliktsituation auf die nächste.

Damit kommen wir zugleich zur Frage, inwieweit ein Computer höhere Denkvorgänge ausführen kann. Am Beispiel der Erkennung von Sätzen haben wir schon festgestellt, daß der Schwierigkeitsgrad enorm ansteigt, wenn wir auch nur um einen Schritt in der Hierarchie von Buchstabe zu Wort zu Bedeutung eines Satzes höher steigen. Es scheint, daß der Computer in der Fähigkeit, Querverbindungen oder, mit anderen Worten, Assoziationen herzustellen, dem menschlichen Gehirn noch weit unterlegen ist. Es ist aber nicht auszuschließen, daß auch hier der Computer nicht nur hinsichtlich der Menge des Materials, das er verarbeiten kann, sondern auch der Art, wie er es verarbeitet, das menschliche Gehirn eines Tages übertreffen wird. Vorläufig ist jedoch nicht daran zu denken. Daran ändert auch die Tatsache nichts, daß es einen Zweig moderner Forschung gibt, der «artificial intelligence», auf deutsch künstliche Intelligenz, genannt wird. Lassen wir aber trotzdem unserer Phantasie freien Lauf. Bestimmte Computer können in gewissem Umfang bereits sprechen, und manche können auch in gewissen Grenzen einfache, gesprochene Wörter oder Sätze erkennen. Wie weit kann ein Computer also menschenähnlich werden? Kann ein Computer Gefühle haben? Hat er ein Bewußtsein? Diese Dinge liegen außerhalb des eigentlichen Bereichs der Synergetik, die ein vornehmlich naturwissenschaftlich orientiertes Gebiet ist. Trotzdem seien hier einige Gedanken angeführt, mehr um den Leser zum Nachdenken anzuregen, als fertige Antworten zu geben.

Weshalb können wir Menschen überhaupt von Gefühlen sprechen? Einerseits, weil wir diese Gefühle selbst erfahren, andererseits aber, weil wir diese Gefühle dem anderen mitteilen und in gewissem Sinne beschreiben können. Diese Fähigkeit, Gefühle mitzuteilen, beruht natürlich darauf, daß der andere selbst über ähnliche Gefühle verfügt, sonst würde er wohl nie verstehen, was ein Gefühl ist. Hier bereits gehen wir von einer Annahme aus, nämlich daß die Gefühle, die der eine empfindet, gleich oder zumindest ähnlich denen sind, die ein anderer empfindet. Wir werden nie in der Lage sein, dies in irgendeiner Weise objektiv nachprüfen zu können. Es ist eine Vermutung, die mit großer Wahrscheinlichkeit zutrifft, die wir aber nicht nachprüfen können.

Bevor wir fragen, ob ein Computer Gefühle hat, sollten wir uns die Frage vorlegen, wie es denn in der belebten Natur ist. So würden wir wohl allen größeren Tieren Gefühle, wenn auch vielleicht nicht so ausgeprägte wie beim Menschen, zubilligen, insbesondere etwa das Gefühl des Schmerzes. Bei Pflanzen ist dies schon ganz anders. Wir schlagen Bäume um, reißen Blumen aus oder mähen Getreide, ohne daß wir je dazu kämen, bei diesen Lebewesen von Gefühlen zu reden. Ein Grund hierfür liegt sicher darin, daß die Pflanzen sich uns nicht mitteilen können. Ein Tier kann dies, indem es Laute ausstößt oder zurückzuckt oder beißt, also reagiert.

Dies will besagen, daß wir eigentlich über Gefühl nur dann sprechen können, wenn wir ein gleichartiges Wesen vor uns haben und uns gegenseitig Mitteilungen machen können. Werden dann aber Computer nicht doch im Laufe der Entwicklung immer menschenähnlicher werden? Wir können bereits mit relativ simplen Mitteln einen Computer bauen, der uns Gefühle vortäuscht. Wir brauchen ja nur eine Schaltung einzubauen, bei der der Computer folgendes tut. Falls irgendein Element von ihm überlastet ist, spricht er die Worte: Mir tut es da und da weh. Dies läßt sich heute bereits ohne weiteres verwirklichen. Hat der Computer aber nun damit das Gefühl, daß es ihm weh tut? An dieser Stelle würden wir wohl alle sagen: Nein! Diese Äußerung ist künstlich vom Menschen eingebaut, der Computer ist nach wie vor ein totes Gebilde.

Was passiert aber, wenn wir Computer haben, die in der Lage sind, sich selbst zu programmieren und aus dem Umgang mit ihrer Umwelt zu lernen? Es könnte doch zum Beispiel einen Diagnose-Computer geben, der von den Patienten das Wort «Schmerz» oder «Wehtun» oder eventuell auch das Wort «Freude» hört. Es ist dann nur noch ein kleiner Schritt, bis der Computer die Zusammenhänge erkennt und beim Ver-

sagen eines seiner Elemente oder bei deren Überlastung das Wort «Schmerz» gebraucht. Hat er aber dann wirklich Schmerzen?
Wir sehen, daß hier die Übergänge zwischen Mensch und Maschine durchaus fließend werden können und daß es vielleicht in einer gar nicht allzu fernen Zukunft genauso Roboterrecht oder Roboter-Schutzgesetze gibt, wie es heute Menschenrechte gibt. Vielleicht werden die Roboterrechte von den Menschen sogar mehr geachtet als die Menschenrechte selbst (Roboter sind teuer!). Es mag heute noch utopisch erscheinen, aber man kann sich durchaus eine Zeit ausmalen, in der über diese Fragen aufs heftigste diskutiert werden wird, nämlich dann, wenn die Computer noch menschenähnlicher werden. Man darf nicht vergessen, daß es schon heute Computer gibt, die für den Laien so verblüffend sind, daß er sich sogar in seelischen Nöten an ihn wendet. Ich denke hier an den von Joseph Weizenbaum konstruierten Computer Eliza, der den Patienten Fragen stellte und dem sich dann, wie Weizenbaum beobachten konnte, auch seine Sekretärin anvertraute. Die Funktionsweise des Computers war im Prinzip sehr einfach. Sagte zum Beispiel ein Benutzer (um nicht zu sagen «Patient») «Ich habe Schwierigkeiten mit meinem Vater», so war der Computer darauf getrimmt zu antworten «Erzählen Sie mehr über Ihren Vater». Der wesentliche Trick bei der Programmierung des Computers bestand darin, den Patienten zu veranlassen, mehr und mehr von sich zu erzählen. Eliza machte solchen Eindruck, daß sogar Psychotherapeuten erwogen, ihn in ihre Praxis einzubeziehen. Ihr Vater Weizenbaum hingegen hat nie an derartige Anwendungen gedacht und hält es im Gegenteil für gefährlich, Computern Aufgaben anzuvertrauen, die dem menschlichen Urteilsvermögen vorbehalten sein müssen. Auch der klügste Computer kann nicht ethische Gesichtspunkte ersetzen. Es wäre töricht und unverantwortlich, einem Computer Entscheidungen zu überlassen, die weit ins Moralische oder Ethische hineinreichen, wie im Extremfall über Krieg und Frieden.

Sich das Denken nicht aus der Hand nehmen lassen

Aber auch in anderen Fällen ist große Vorsicht geboten. Immer wieder hören wir von Weltmodellen, Rechnungen von Computern, die uns die Wirtschaftsentwicklung in den nächsten fünfzig oder hundert Jahren vorhersagen. Wir denken hier an die Studien des Club of Rome, Berechnungen zum Weltenergieproblem und viele andere Untersuchungen. In meinen Augen beruht der Wert solcher Untersuchungen im Wachrütteln, im Bewußtmachen, daß unsere Hilfsquellen beschränkt, einige von ihnen vielleicht sogar bald erschöpft sein können. Andererseits wandern gerade komplexe Systeme, wie die Synergetik zeigt, von Instabilität zu Instabilität. Dies hat zur Folge, daß die Resultate von Computerrechnungen ganz empfindlich von Dingen abhängen können, die wir zunächst als unwesentlich abtun würden. Kleine Unsicherheiten über Rohstoffverteilungen oder Fabrikationsabläufe, über Recycling und anderes können sich zu völlig andersartigen Endresultaten hochschaukeln, wie wir es in den Kapiteln über Chaos an ganz einfachen Beispielen so deutlich kennengelernt haben. Oft ist es daher wichtiger, daß den Computern nicht ungeheure Datenmengen eingegeben werden, die sie in für uns nicht mehr überschaubarer Weise verarbeiten, sondern daß wir uns zuerst qualitativ die einzelnen Schritte klarmachen. Es kommt darauf an, ein «Gefühl» dafür zu entwickeln, was die «relevanten Größen» sind. Zweifellos müssen wir uns an die Lösung komplexer Probleme erst herantasten, wobei, sinnvoll eingesetzt, Computer eine wesentliche Hilfe sein können. Trotz aller Vorausplanung und Vorausberechnung müssen wir aber zukünftig wohl immer auf Überraschungen gefaßt sein, im Guten wie im Bösen.

18

Die Dynamik wissenschaftlicher Erkenntnis oder Der Kampf der Wissenschaftler

Mit der Wissenschaft kommen wir wohl erstmalig in unserem Leben beim Schulbesuch in Berührung. Sie tritt uns in den verschiedenen Unterrichtsfächern, wie Geschichte, Erdkunde, Biologie, Mathematik und Physik, um nur einige zu nennen, entgegen. Dabei wirkt sie auf uns wie etwas einmalig fest Gegebenes, schon in Urzeiten entstanden. Vom Forscherdrang erfüllte junge Menschen sind darüber frustriert, daß schon alles entdeckt und erforscht zu sein scheint, die Erde bis zum letzten Winkel hin durchstöbert

Daneben hören wir aber zuweilen von ganz neuartigen Entdeckungen oder Erfindungen. Ein Stern, dessen Helligkeit ungleichmäßig schwankt, wird entdeckt, neue Elementarteilchen mit dem Namen Gluon werden nachgewiesen, mit der neuartigen Lichtquelle Laser wird es möglich, dicke Stahlplatten zu durchbohren, oder in der Mathematik wird das schon über hundert Jahre alte Vierfarbenproblem gelöst. Dieses Problem schien so einfach, daß sich an seiner Lösung auch immer wieder Laien versuchten. Aber deren Bemühen blieb ebenso vergeblich wie das hochkarätiger Mathematiker. Das Problem ist mit wenigen Worten geschildert: Bei der Herstellung von Landkarten werden Länder, die aneinandergrenzen, durch verschiedene Farben dargestellt (Abb. 18.1). Sind auf einer Karte viele Länder eingezeichnet, so könnte man denken, daß man bei ihrem Druck viele Farben benötigt. Die Drucker fanden aber im 19. Jahrhundert durch Probieren heraus, daß für die jeweils zu druckende Landkarte vier Farben ausreichten. Für den Mathematiker stellt sich die Frage, ob man bei jeder Landkarte mit vier verschiedenen Farben auskommen kann oder ob sich nicht doch eine Landkarte ausdenken läßt, bei der mehr als vier Farben, zum Beispiel fünf, nötig sind. Nach mehr als einem Jahrhundert ist erst vor wenigen Jahren die Lösung dieses Problems Kenneth Appel und Wolfgang Haken

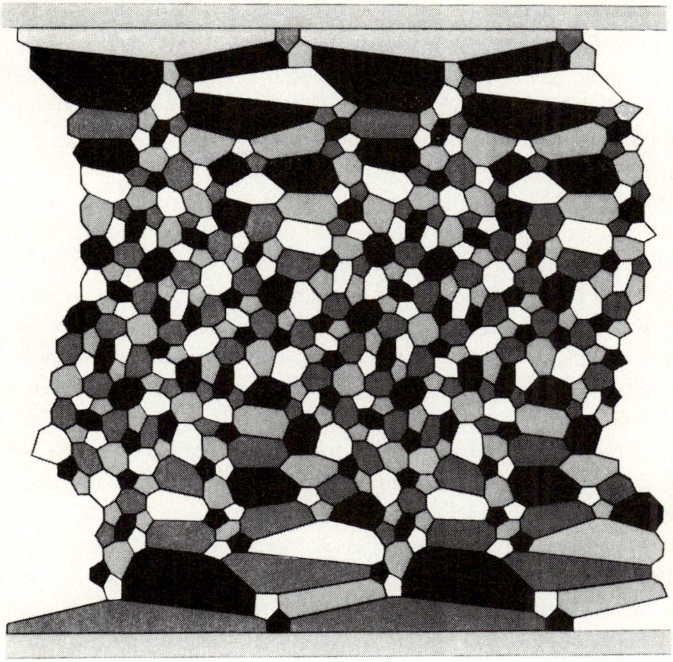

Abb. 18.1: Beispiel einer Landkarte zum Vierfarbenproblem. Die vier Farben sind hier dargestellt durch Weiß, Schwarz, Hellgrau und Dunkelgrau.

gelungen, wobei ein Computer so programmiert wurde, daß er eine Fülle von Details des Beweises selbst ausführen konnte.
Die Wissenschaft tritt uns bei all diesen und vielen weiteren Beispielen von einer anderen Seite entgegen. Oft sind es einzelne große Entdekker oder Naturforscher, die unser Weltbild verändern. So entwickelte Einstein die Relativitätstheorie und revolutionierte unsere Vorstellungen von Raum und Zeit. Heisenberg und Schrödinger schufen die Quantentheorie, die uns ein völlig neues Bild von der Welt der Atome vermittelte, Crick und Watson entdeckten die Doppelhelix als Träger der Erbinformation. Studiert man und wird man später selbst Wissenschaftler, so erdrückt einen die Flut wissenschaftlicher Veröffentlichungen. Immer neue Erkenntnisse und Entdeckungen dringen von

allen Seiten auf uns ein, auf der Welt erscheinen täglich weit mehr als zwanzigtausend Veröffentlichungen. Während uns also zunächst die Wissenschaft als etwas Statisches, Ruhendes erscheint, erkennen wir bei näherem Hinsehen, daß sie sich in einer unglaublichen Bewegung befindet, einer, wenn man sich positiver ausdrückt, Evolution, einer Höherentwicklung.

An dieser Stelle kommen wieder Überlegungen zum Tragen, die uns in der Synergetik schon häufig begegnet sind. Bei den verschiedenartigsten Erscheinungen, die wir bisher in diesem Buch untersucht haben, stellten wir fest, daß es bei Änderung äußerer Einwirkungen Entwicklungsabschnitte gibt, in denen die Systeme sich mehr oder minder gleichmäßig fortentwickeln. Bei bestimmten Situationen hingegen tritt ein völlig neuer makroskopischer Ordnungszustand auf. In dieses von der Synergetik allgemein aufgezeigte Bild paßt nun gerade die Vorstellung hinein, die der bekannte Wissenschaftshistoriker Thomas S. Kuhn in seinem Buch *Die Struktur wissenschaftlicher Revolutionen* beschreibt. In ihm unterscheidet er zwischen der normalen Wissenschaft und den Umwälzungen, die in der Wissenschaft stattfinden. Auch die normale Wissenschaft entwickelt sich weiter, aber stetig, in kleinen Schritten. Sie baut das einmal Erkannte immer mehr aus, vertieft es. Zum Beispiel werden im Brückenbau altbekannte physikalische Gesetze zugrunde gelegt, aufgrund derer neuartige Brückenkonstruktionen entwickelt werden. Vielleicht nichts grundsätzlich Neues, aber doch ein Voranschreiten der Wissenschaft und Technik. Oder es werden Experimente in der Physik gemacht, um zum Beispiel die Lichtgeschwindigkeit immer genauer zu messen. In der Biologie wird weiter untersucht, wie elektrische Ladungen durch Zellmembranen transportiert werden. Diese Forschungen führen aber zuweilen zu ganz neuartigen Erkenntnissen. Zum Beispiel häuften sich um die Jahrhundertwende die Hinweise, daß die Gesetze der Mechanik nicht mehr auf die Bewegung der Elektronen um den Atomkern anwendbar sind. So dürfte es zum Beispiel gar keine stabilen Atome geben. Die Elektronen, die den Atomkern umkreisen, müßten schließlich in diesen hineinfallen. Es ergaben sich also immer mehr Anzeichen dafür, daß die bisherigen Gesetze nicht richtig waren oder nur innerhalb bestimmter Grenzen ihre Gültigkeit besaßen.

Die Wissenschaft erscheint im Sinne der Synergetik wie ein offenes System. Es werden in sie immer neue Entdeckungen und Ideen hineingefüttert. Die neuen Entdeckungen können derart einschneidend sein, daß das bisherige Bild des jeweiligen naturwissenschaftlichen Zweiges erschüttert wird. Die Wissenschaftler werden verunsichert. Im Sinne der Synergetik treten immer stärkere Fluktuationen in Form neuer Ideen oder neuer Experimente auf, die Anhänger finden, auf diese Weise verstärkt, dann aber eventuell widerlegt werden, bis schließlich eine neue Idee auftaucht, die viele Erscheinungen erklären kann und dann so endgültig von den Wissenschaftlern übernommen wird. Eine neue wissenschaftliche Idee, wie etwa die schon oben erwähnte Quantentheorie, hat eine wissenschaftliche Revolution im Sinne von Thomas S. Kuhn herbeigeführt. Im Sinne der Synergetik ist diese neue Idee, die vieles vorher Unzusammenhängende vereinigt, der Ordner. Dieser Ordner, in Kuhns Buch Paradigma genannt, hat nun all die Eigenschaften, die wir von den anderen Ordnern aus der Synergetik kennen. Er selbst «versklavt» die weiteren Arbeiten der Wissenschaftler, die die neue Wissenschaftsrichtung im Sinne dieser Idee ausbauen, verbreitern, vertiefen und dabei wieder «normale» Wissenschaft treiben. Umgekehrt tragen die Wissenschaftler durch ihre Arbeit die neue Idee, das neue Paradigma weiter und ermöglichen so die Existenz des Ordners. Der Übergang von einem Bewußtseinszustand der Wissenschaft in den nächsten ist wie ein Phasenübergang. Die neue Idee, das neue Grundprinzip oder das Paradigma haben eine weitreichende Ordnung im Denken hervorgerufen.

Derartige Ordner können teils durch Entdeckungen gewissermaßen von außen her an die Wissenschaft herangetragen werden. Sie können aber auch wie Moden entstehen und vergehen, parallel zum allgemeinen Zeitgeist. Es läßt sich wohl kaum leugnen, daß eine enge Wechselbeziehung zwischen wissenschaftlichen Anschauungen und den anderen geistigen Strömungen einer Zeit besteht. Nicht umsonst hat es etwa tiefe Auseinandersetzungen zwischen religiösen oder philosophischen Fragen auf der einen Seite und den wissenschaftlichen Erkenntnissen auf der anderen Seite gegeben.

Von der Synergetik her wissen wir, daß ein Ordner die Untersysteme, in unserem Falle die einzelnen Wissenschaftler, «versklavt». Genau dies tritt tatsächlich in der Wissenschaft auf. Ein Wissenschaftszweig kann ja nur dadurch als solcher existieren, daß er zumindest von einer größeren Zahl von Gelehrten allgemein anerkannt wird. Der Wissenschaftszweig schafft sich seine eigene Sprache, die den Wissenschaftlern gemeinsam ist. Ein Außenstehender, und hierzu gehören auch Wissenschaftler einer *anderen* Disziplin, kann eine derartige Sprache praktisch nicht mehr verstehen, handle es sich um Medizin, Computerwissenschaften oder Mathematik. Auf diese Weise stabilisiert sich der Wissenschaftszweig selbst. Seine Grundideen erscheinen als so stabil, als wären sie eingefroren. Zum Teil werden diese Ideen von nachfolgenden Generationen gedankenlos übernommen. Diese Situation bringt gerade für junge Wissenschaftler eine erhebliche Schwierigkeit mit sich. Für sie ist es verhältnismäßig leicht, ihre Arbeiten in Fachzeitschriften zu veröffentlichen, sofern sich die Arbeiten im konventionellen Rahmen halten. Schwierig hingegen ist es, völlig neuartige, unkonventionelle Ideen zu publizieren und dafür Anhänger zu finden. Der junge Wissenschaftler befindet sich daher in einem echten Dilemma. Um sich zu profilieren, hervorzutun, Anerkennung zu finden, müßte er eigentlich unkonventionelle, völlig neue Ideen haben und publizieren. Das Referentensystem der Zeitschriften, das jede eingereichte Arbeit begutachtet und über deren Annahme oder Ablehnung, also deren Veröffentlichung, entscheidet, wird aber hier gerade einen Riegel vorschieben. Die Referenten gehören ja der «alten» Denkrichtung an. Natürlich gibt es in diesem Mechanismus auch Ausnahmen, aber es bedurfte zum Beispiel in der Physik schon des Genies Max Planck, um das Genie Einstein zu erkennen und ihm den Weg zu bahnen.

Natürlich habe ich das Problem der Durchsetzung einer neuen Idee hier etwas überspitzt dargestellt. Um die Wissenschaft voranzutreiben, ist eine ungeheure Anstrengung auch in ihrem normalen Betrieb nötig, und nur selten ist es einem Wissenschaftler vergönnt, auf eine wirklich fundamentale Idee zu stoßen und diese durchzusetzen. Dann aber ist es meist wie bei anderen synergetischen Systemen. Die Zeit war reif für diese neue Idee, so daß sie sich, nachdem sie einmal hervorgebracht ist, schnell durchsetzt. Dieses «Reifsein» äußert sich oft auch darin, daß ähnliche, zuweilen auch gleiche Ideen ganz unabhängig voneinander von verschiedenen Wissenschaftlern hervorgebracht werden.

Obwohl immer einige bedeutende Wissenschaftler besonders herausragen, ist die Wissenschaft doch ein kollektives Unterfangen. Die wissenschaftlichen Erkenntnisse einzelner werden von der Masse der Wissenschaftler, später sogar von deren Schülern und Studenten, weitergetragen. Umgekehrt baut das Werk der einzelnen Wissenschaft-

ler wieder auf dem früherer Generationen auf. Dieses gemeinschaftliche Verhalten macht die Wissenschaft einer neuen Disziplin zugänglich, nämlich der Soziologie der Wissenschaft. Einer ihrer Begründer, Robert Merton, stellt diese Welt soziologischer Beziehungen in der Wissenschaft in zugleich wissenschaftlicher, aber auch menschlich packender Weise dar. Zwei Dinge sind es, die sich wie ein roter Faden durch die einzelnen Abschnitte seines Buches ziehen: der Kampf der Wissenschaftler um die Priorität und der «Matthäus-Effekt». Bei näherem Hinsehen ist, wie schon eben bemerkt, keineswegs eine Neuentdeckung das Werk immer nur eines einzelnen. Oft stehen mehrere Gelehrte in einem harten Wettbewerb, wer als erster die neue, fundamentale Entdeckung macht. Die Geschichte ist voll von Entdeckungen, die praktisch zur gleichen Zeit gemacht wurden. So wurde die Differential-Integral-Rechnung praktisch gleichzeitig und unabhängig voneinander von Newton und Leibniz erfunden. In der Biologie waren es zugleich Darwin und Wallace, die die grundlegenden Prinzipien der Evolutionstheorie aufstellten. Während Darwin und Wallace miteinander wohlwollend umgingen, führte Newton einen harten Kampf gegen Leibniz und behauptete, dieser hätte ihm seine Idee gestohlen. Der berühmte Newton war es auch, der schließlich zugeben mußte, daß der Kraftbegriff ursprünglich von seinem Landsmann Hooke stammte.
In diesem Sinne wird man an die Worte Rousseaus erinnert, die wir schon auf S. 214 zitierten.
Was sind nun die Antriebskräfte des Wissenschaftlers und was trägt die Synergetik dazu bei, Einblick in das Entstehen wissenschaftlicher Erkenntnisse zu erhalten?
Wie für jeden anderen Menschen auch spielt für einen Wissenschaftler die Frage des Lebensunterhaltes eine Rolle. Ausschlaggebend sind aber wohl andere Motive, die treffend in einem Motto zu dem Buch *The Scientific Elite* von Harriet Zuckerman (New York 1977) zusammengefaßt werden. Dieses Motto, das von Simone Weil stammt, lautet: «Die Wissenschaft muß heute nach einer Quelle der Inspiration oberhalb ihrer selbst suchen, oder sie wird zugrunde gehen. Es gibt genau drei Gründe, um Wissenschaft zu treiben: 1. technische Anwendungen, 2. Schachspiel, 3. der Weg zu Gott. (Der Reiz des Schachspiels wird erhöht durch Wettbewerbe, Preise und Medaillen.)»
Heute würden wir wohl nicht nur von technischen Anwendungen, sondern von Anwendungen überhaupt sprechen. Über die gesellschaftliche

Relevanz der Forschung wird gerade in dieser Zeit so viel geschrieben, daß ich dieses Thema nur zum Schluß kurz streifen will.

Der letzte Punkt, der Weg zu Gott, ist uns auch geläufig: die Suche nach der Wahrheit, nach dem, «was die Welt im Innersten zusammenhält».

Was aber soll Punkt 2, «Schachspiel», bedeuten? Es ist Wissenschaft als eine intellektuelle Herausforderung, sei es, daß man der Natur ein neues Geheimnis entreißt, sei es, und das besonders, der Wettkampf der Gelehrten untereinander um die Freude, der «erste» zu sein oder wissenschaftlich anerkannt zu werden, was sich vielleicht auch äußerlich in Preisen und Medaillen niederschlägt. Genauso wie Schachgroßmeister um den ersten Platz ringen, gibt es derartige intellektuelle Auseinandersetzungen auch unter Wissenschaftlern. Der Kampf der Wissenschaftler um wissenschaftliche Anerkennung bedeutet letztlich Kampf um Prioritäten. Wer hat eine Entdeckung als erster gemacht? Wer hat eine Idee als erster veröffentlicht? Obgleich im Zeitalter des Teamworks diese Haltung oft absurd erscheint, dürfen wir nicht übersehen, daß der Konkurrenzkampf in der Wissenschaft immer härter wird. Hier kommen wieder Grundprinzipien der Synergetik zum Tragen. Es gibt sehr viele Wissenschaftler, aber ihre wissenschaftlichen Ressourcen einerseits und auch die Möglichkeiten, etwas wirklich Neues zu entdecken, sind begrenzt. Dies führt zu einem weiteren Anwachsen des Konkurrenzkampfes, und im Sinne vieler Beispiele, die wir in diesem Buch kennengelernt haben, kommt es schließlich zum Überleben des «Besten» auf dem jeweiligen Gebiet. Wie in der Physik nur *eine* Laserschwingung überlebt und sich gegen die anderen durchsetzt, so gewinnt auch jeweils nur ein Name, ein Werk den Wettbewerb. Dieser Name, dieses Werk wird immer wieder zitiert und dringt in das Bewußtsein der Wissenschaftler und schließlich vielleicht auch weiterer Bevölkerungskreise ein.

Das mag zuerst weit hergeholt erscheinen in purer Analogie zu den übrigen Überlegungen der Synergetik. Das ist es aber gerade, was Robert Merton als den Matthäus-Effekt bezeichnet und was er durch viele Beispiele belegt. Im Neuen Testament hat Matthäus geschrieben: «Denn wer da hat, dem wird gegeben, daß er die Fülle habe; wer aber nicht hat, dem wird auch das genommen, was er hat.» Ragt erst einmal ein Name heraus, so wird dieser aus den verschiedensten Gründen von den anderen Autoren immer häufiger zitiert, bis nur er schließlich übrigbleibt. Dieser Effekt wird durch Preise, besonders wenn diese auch in der Öffentlichkeit bekannt sind, nur noch verstärkt. Wegen der vielen Wissenschaftler kommt es immer häufiger vor, daß neue Ergebnisse gleichzeitig und unabhängig von mehreren aufgefunden werden. Erhält dann einer eine Auszeichnung, so ist die Chance groß, daß nur noch er schließlich zitiert wird und ihm alle Erkenntnisse, selbst wenn sie nicht von ihm stammen, zugeschrieben werden. Hierzu gehört auch, daß Preiskomitees eine bestimmte Dynamik entwickeln. Sind erst einmal Preisträger, die eine bestimmte Denkrichtung vertreten, vorhanden, so besteht die Tendenz, daß durch die Vorschläge aus den Reihen dieser Preisträger weitere Preisträger aus der gleichen Ideenrichtung stammen. Es kommt dann zu Anhäufungen von Preisen in ganz ähnlichen Gebieten oder «Schulen». Das Buch von Harriet Zuckerman ist hierfür eine Fundgrube.

Es ist interessant zu sehen, wie Wissenschaftler gelegentlich versuchen, diesem Konkurrenzdruck entgegenzuwirken oder ihn für sich auszunutzen. Wie wir schon sahen, ist es für das Bekanntwerden eines Wissenschaftlers wichtig, daß seine Ergebnisse von anderen Autoren verwendet und zitiert werden. Es gibt aber nun ein großes Nachschlagewerk, den in den USA erscheinenden *Citation Index*. In diesem kann man folgendes nachschlagen: Angenommen, Herr X hat eine Arbeit veröffentlicht. Dann steht in diesem Werk Jahr für Jahr, welche anderen Wissenschaftler Herrn X zitiert haben. Am *Citation Index* läßt sich also ablesen, wie oft ein Wissenschaftler zitiert wird. Nun muß natürlich die bloße Zahl der Zitate nicht unbedingt ein Maß für das Ansehen des Herrn X sein. Er könnte ja eine Arbeit veröffentlicht haben, deren Problemstellung wichtig, deren Lösung aber falsch war. Viele andere Gelehrte hätten dann diese Arbeit gelesen und ihre Richtigstellung veröffentlicht. Sehen wir aber von solchen Grenzfällen ab, so wird der *Citation Index* doch ein Indiz für die Wirkung eines Forschers auf seine Kollegen sein. Es wird übrigens behauptet, daß manche amerikanischen Firmen oder Universitäten sich bei der Bezahlung ihrer Mitarbeiter am *Citation Index* orientieren. Diejenigen, die oft zitiert werden, haben mit einem höheren Gehalt zu rechnen als die anderen. Kommen wir nun zum eigentlichen Thema zurück, wie Wissenschaftler gelegentlich versuchen, dem Konkurrenzdruck zu entrinnen. Obwohl es sich hier nur um Einzelfälle, die für das Gros der Wissenschaftler nicht typisch sind, handelt, sind diese vom Standpunkt der Synergetik her recht interessant. Wie sich nämlich anhand des *Citation Index* verfolgen läßt, gibt es zuweilen, besonders in großen Ländern, Gruppen von Wissenschaftlern, die sich ausschließlich gegenseitig zitieren, andere Gruppen jedoch gar nicht (oder nur höchst selten) erwähnen. Auf diese Weise wollen sich dann die Mitglieder des «Klubs» gegenseitig in ihrem Ansehen nach außen hochschaukeln.

In gewissem Sinne ähnelt dieses Verhalten dem von Geschäften, die an einem Platz konzentriert sind und so einzelne, verstreute Geschäfte ausstechen können, wie wir dies in Kapitel 14 kennengelernt haben. Gibt es aber mehrere Klubs dieser Art, so wird der Wettbewerb der einzelnen Wissenschaftler durch den ihrer Klubs ersetzt. Das Auftreten solcher Klubs könnte auf den ersten Blick für eine objektive Entwicklung der Wissenschaft gefährlich erscheinen. Es könnte ja sein, daß ein Klub Ideen verbreitet, die nicht richtig sind. Ganz zweifellos lassen sich solche Fehlentwicklungen nicht völlig ausschließen. Dabei sollte man aber die aus dem Prioritätenkampf entstehende eingebaute Selbstkritik der Wissenschaft nicht unterschätzen. Es ist ja gerade dann eine besonders große Leistung, wenn man nachweisen kann, daß eine bisher propagierte Idee falsch war. Doch kann es durchaus sein, daß sich durch das Auftreten von Klubs oder auch «Schulen» eine neue Idee, die von denen eines solchen Klubs abweicht, nur schwer etablieren läßt.

In einem solchen Fall konnte früher die Durchsetzung einer neuen Idee zu einer Generationsfrage werden. Während noch die Mitglieder einer Wissenschaftsgeneration über eine Frage zerstritten sind, wendet sich die neue Generation der ihr richtig erscheinenden Lösung zu und vergißt den vorangegangenen Kampf. Die heutige Zeit und mit ihr die Wissenschaft sind so schnellebig geworden, daß es jetzt kaum mehr eines Generationswechsels bedarf, um ein neues Paradigma hervorzubringen. Wem kommt also letztlich all dieser Konkurrenzkampf zugute? Die Antwort erscheint überraschend. Allein der Menschheit und ihrer Zukunft, sofern sie die hart errungenen Erkenntnisse verantwortungsvoll benutzt. Die im oben zitierten Motto erwähnten Punkte 2 und 3 kommen ihr am Schluß genauso zugute wie Punkt 1.

Der Wettkampf der Wissenschaftler ist nichts anderes als ein Leistungswettbewerb mit selbstgesteckten Zielen. Die Wissenschaft ist ein sich selbst organisierendes System. Manches in ihrer Entwicklung erinnert an die Vorstellungen, die sich die Biologen vom Ursprung des Lebens selbst machen. Zunächst zufällig entstandene organische Moleküle, wie zum Beispiel Aminosäuren, finden sich zu immer größeren Gebilden zusammen, die dann plötzlich einen solchen Ordnungszustand erreichen, daß auf einer höheren Ebene etwas Neues, Sinnvolles von ganz neuer Qualität entstanden ist. In diesem Sinne entstehen wissenschaftliche Erkenntnisse mehr oder weniger bruchstückhaft, um sich dann schließlich auf einer höheren Ebene zu einem neuen Paradigma zu vereinigen.

Kann man denn Wissenschaft aber nicht systematisch planen, statt sich auf solche «Zufälligkeiten», solche «Bruchstücke» zu verlassen? Mit der Wissenschaft ist es nicht viel anders als mit unseren Gedanken: Wir können sie nicht herbeizwingen nach dem Motto «Morgen mache ich diese oder jene Erfindung oder Entdeckung». Ob wir dabei Erfolg haben, hängt von vielerlei Dingen ab, nicht zuletzt davon, ob sich unsere bruchstückhaften Gedanken richtig zusammenfügen – letztlich wieder von allein, selbstorganisiert. Diese Erfahrungstatsache macht Wissenschaftsplanung, Wissenschaftspolitik so schwierig.

Aber wir können aus den sich selbst organisierenden Systemen der Natur lernen: allgemeine Zielsetzungen angeben und fördern, ohne dabei ins Detail zu gehen, gerade junge Wissenschaftler an die großen Bezüge, an die großen Zusammenhänge erinnern. Die Zusammenarbeit, den Gedankenaustausch zwischen den Wissenschaftlern und zwischen verschiedenen Disziplinen fördern. Oft erweist sich eine Idee auch in einem anderen Gebiet als sehr fruchtbar und trägt im neuen Zusammenhang zu einem Durchbruch bei. So hörte ich, daß Ford die Idee zur Auto-Serienfertigung durch Zufall aus der Landmaschinenherstellung bekam.

Bei allen solchen Einwirkungen sollte man aber nicht übersehen, daß gerade die hervorragenden Wissenschaftler eine Art «Instinkt» dafür besitzen, was wichtig, was relevant und was auch erreichbar, machbar ist. Für diese ist es dann geradezu frustrierend, wenn ihnen weniger Einsichtige oder gar Wissenschaftsfremde dauernd vorhalten, was sie eigentlich zu entdecken hätten. Etwas entdecken können heißt nämlich, an *den* Stellen zu suchen, die aussichtsreich sind – und hierfür sind unter anderem viel wissenschaftliche Erfahrung, Glück und der eben genannte «Instinkt» Voraussetzung.

Wenn sich alles vorausplanen ließe, jede Entdeckung und Erfindung vorhersehen, bräuchten wir die Wissenschaft nicht. Die geschichtliche Erfahrung zeigt aber, daß dies nicht so ist. Manches wurde gar nicht einmal geahnt, sondern zufällig gefunden, wie zum Beispiel die Röntgenstrahlen, aber dann von Wissenschaftlern schnell in deren Bedeutung erkannt. Folgerungen für Wissenschaftspolitik: allgemeine Trends angeben, aber Platz für die Selbstorganisation lassen.

Es gehört zum Wesen sich selbst organisierender Systeme, daß auch Zielsetzungen immer wieder neu formuliert, immer den neuen Gegebenheiten angepaßt werden müssen. Dies kann im Falle der Wissenschaft (einschließlich Technik, die ich immer einbegreife) nur durch einen ständigen Dialog mit der Gesellschaft geschehen. Jede von beiden, Wissenschaft und Gesellschaft, ist nämlich unbedingte Voraussetzung für die Existenz der anderen, eine echte Symbiose, die es zu fördern gilt, wo immer dies möglich ist. Bei einem solchen Dialog wird sich dann ergeben, wie allgemein (eventuell zu allgemein) gesetzte Ziele abzuändern sind wie: «Löst das Energieproblem» oder: «Löst das Krebsproblem». Wir haben an Beispielen in diesem Buch gesehen, wie manche Probleme nicht eindeutig zu lösen sind, und wir werden im Schlußkapitel Fälle besprechen, in denen Probleme prinzipiell unlösbar sind (was nicht bedeuten soll, dies träfe auf die eben genannten Probleme Energie und Krebs zu). Dieser Dialog wird auch angesichts einer wachsenden Wissenschafts- und Technikfeindlichkeit immer dringender. Für manchen haben diese Gebiete deshalb etwas so Bedrohliches an sich, weil durch die Sprachbarriere der Wissenschaft hindurch nicht mehr deren Gedankenstruktur, Absichten und Auswirkungen allgemein erkennbar sind. So erwächst das Gefühl, von der Wissenschaft (und Technik) manipuliert und überrollt zu werden.

Wettbewerb der Zeitschriften

Das Prinzip des Wettbewerbs, das uns in diesem Buch immer wieder begegnet, sei es in der Physik, in der Wirtschaftslehre oder in der Soziologie, gilt nicht nur für Wissenschaftler, sondern zum Beispiel auch für die wissenschaftlichen Zeitschriften. Neue werden gegründet, um neu auftretenden Gebieten Rechnung zu tragen, andere sterben. Hierbei spielen auch Fragen des wissenschaftlichen Ansehens sowie wirtschaftliche Probleme eine wichtige Rolle. Durch Veröffentlichungen bedeutender Wissenschaftler gewinnen einige Zeitschriften ein höheres Ansehen als andere. An sie werden dann wiederum viele Arbeiten gesandt und von den Referenten ausgewählt. Auf diese Weise steigt die Auflage und damit die Verbreitung von Zeitschriften mit hohem Prestige immer mehr. Da aber die finanziellen Möglichkeiten der Bibliotheken beschränkt sind, muß auch dies zwangsläufig zum Aussterben anderer Zeitschriften führen. Werden diese letzteren weniger gekauft, so müssen sie, um überhaupt noch wirtschaftlich zu sein, höhere Preise verlangen. Dies beschleunigt aber ihren Untergang um so mehr, da die Bibliotheken nun erst recht weniger bereit sind, diese teuren Zeitschriften zu kaufen.

Eine wichtige, oft übersehene Rolle bei der Verbreitung wissenschaftlicher Zeitschriften ist auch die Sprache, in der sie erscheinen. Früher war es Latein, später in den Naturwissenschaften Deutsch, heute ist die Weltsprache der Wissenschaft Englisch. Beim Übergang von Deutsch zu Englisch hat es einen «Phasenübergang» gegeben, der sich zeitlich genau zurückverfolgen läßt. Als nämlich in den dreißiger Jahren die Emigration vieler bedeutender Gelehrter aus Deutschland einsetzte, veröffentlichten diese in den USA und Großbritannien auf Englisch.

Da in großen Ländern, wie den USA, bereits viele Leser vorhanden sind, von den Bibliotheken ganz abgesehen, können die Verlage ihre Zeitschriften günstiger und effektiver herstellen. Zugleich haben sie eine Reihe hervorragender Gelehrter an der Hand. Dies führt dazu, daß derartige Zeitschriften auf dem Weltmarkt eine führende Rolle spielen, aber zugleich im Sinne der Synergetik dabei sind, die Rolle eines Ordners zu übernehmen. Damit ist zugleich ein enormer Ideenexport verknüpft, der, wie es manchem europäischen Wissenschaftler erscheint, doch zuweilen die tatsächlichen wissenschaftlichen Errungenschaften nicht völlig gerecht wiedergibt. So manche europäische wissenschaftliche Leistung erfährt auf diese Weise nicht ihre gerechte Würdigung, alles scheint schließlich aus den USA zu uns zu kommen.

Ein anderes Phänomen verdient hier noch erwähnt zu werden. Man sollte meinen, daß die Wissenschaftler eines Landes den Arbeiten der Wissenschaftler anderer Länder die gleiche Aufmerksamkeit schenken. Meiner Erfahrung nach ist dies aber keineswegs so; es besteht ein Ost-West-Gefälle. Russische Wissenschaftler zeigen sich erstaunlich gut informiert über Arbeiten westlicher, das heißt europäischer und amerikanischer Kollegen. Europäische Wissenschaftler sind wenig mit russischen Arbeiten vertraut, einigermaßen mit europäischen und sehr gut mit Veröffentlichungen aus den USA. Die US-Wissenschaftler schließlich richten fast ihre ganze Aufmerksamkeit auf die in den USA erschienenen Arbeiten. Natürlich ist diese Darstellung überspitzt, doch viele meiner Kollegen werden ihr zustimmen.

Synergetik über Synergetik

Die Synergetik gehört zu den wenigen Wissenschaftszweigen, die ihre Prinzipien auf sich selbst anwenden können. Ebenso wie in einem speziellen Wissenschaftszweig ein neues Paradigma entstehen kann, aufgrund dessen bisher verschieden erscheinende Vorgänge als etwas Einheitliches erkennbar werden, so erlaubt es die Synergetik, ganz verschiedenartige Erscheinungen, die völlig verschiedenen Disziplinen angehören, unter einem einheitlichen Gesichtspunkt darzustellen. Als ich dieses neue Gebiet begründete, erschien es mir als ein waghalsiges Unternehmen, bei dem man leicht seinen wissenschaftlichen Namen und Ruf verlieren konnte. Zu diesem Zeitpunkt erschien die Behauptung allgemeiner Gesetzmäßigkeiten, wie sie in diesem Buch dargelegt sind, als ein kühnes Unterfangen. Aber wie sich bald gezeigt hat, war die Zeit reif, und die Idee der Synergetik hat sich nunmehr weitgehend durchgesetzt. Die Synergetik ist so selbst ein typisches Beispiel für die Entstehung einer neuen Wissenschaft geworden.
Vergleichen wir das Auftreten eines neuen Paradigmas, einer neuen Grundidee, mit einem Phasenübergang der Physik, so drängt sich die Frage auf, ob es auch im geistigen Bereich «kritische Fluktuationen» gibt, Schwankungen also, die die «Geburt» der neuen Idee begleiten, ihr vielleicht sogar vorauseilen, um aber dann schließlich von ihr verdrängt oder aufgesogen zu werden. Diese allgemeinen Thesen der Synergetik werden nun auch im Bereich der Synergetik als Wissenschaft in überraschender Weise untermauert. In der Tat sind praktisch gleichzeitig mit ihr mindestens zwei weitere Ideen geboren worden, die eine Vereinheitlichung der Gesamtwissenschaften zum Ziel haben. Hier handelt es sich zum einen um die Katastrophentheorie, die in der Öffentlichkeit mit dem Namen René Thom verknüpft ist, an deren Entwicklung und Anwendung aber auch andere Mathematiker wie Christopher Zeeman, Tim Poston und V.I. Arnold wesentlich beteiligt waren. Auf wohl kaum eine andere mathematische Theorie der neueren Zeit treffen Schillers Worte aus *Wallensteins Lager* besser zu: «Von

der Parteien Gunst und Haß verwirrt, schwankt sein Charakterbild in der Geschichte.» Wie kommt es, daß eine Theorie aus dem kristallklaren, abstrakten Gedankengebäude der Mathematik überhaupt mit einem so gefühlsbeladenen Ausspruch in Verbindung gebracht werden kann? Dazu müssen wir ein klein wenig ausholen.

Nachdem die Katastrophentheorie auf große Anerkennung in Mathematikerkreisen gestoßen war, wurde die Öffentlichkeit durch populäre Artikel in internationalen Nachrichtenmagazinen auf sie aufmerksam. In den begleitenden Bildern sah man Katastrophen, durch Feuersbrunst oder Erdbeben zerstörte Häuser, entgleiste Eisenbahnen und ähnliches. Gab es nun also eine Theorie, mit deren Hilfe sich solche Katastrophen voraussagen ließen? Um dies zu beantworten, müssen wir wiederum etwas weiter ausholen. Die Katastrophentheorie befaßt sich im Rahmen bestimmter mathematischer Gleichungen mit drastischen Änderungen – in diesem Sinne ganz ähnlich wie die Synergetik, die ja ebenfalls plötzlich auftretende neuartige Zustände in den Mittelpunkt ihrer Untersuchungen stellt. So gestattet es zum Beispiel die Katastrophentheorie zu untersuchen, wie eine Brücke unter einer kritischen Last zusammenbricht, Resultate übrigens, zu denen Ingenieure unabhängig von der Katastrophentheorie gelangt waren. Aber nun kommt der Punkt, an dem sich die Geister scheiden: Eine jede mathematische Theorie, ein jeder mathematischer Satz ist an bestimmte Voraussetzungen geknüpft. Zum Beispiel lernen wir in der Schule, daß die Winkelsumme im Dreieck 180 Grad beträgt. Später auf der Universität, zum Teil aber auch in der Oberstufe unserer Gymnasien, lernen wir dann, daß dies an eine bestimmte Voraussetzung geknüpft ist, daß nämlich die Axiome, die Grundannahmen der euklidischen Geometrie gelten. Zeichnen wir ein Dreieck auf einer Kugel, etwa einem Globus, aus Großkreisen, so ist hier die Winkelsumme keineswegs mehr 180 Grad. Analog verhält es sich mit der Katastrophentheorie. Diese ist nämlich an die sogenannte Potentialbedingung geknüpft, die ich hier nicht näher erläutern will, da dies zu fachspezifisch werden würde. Zwei Aspekte sind jedoch für die allgemeine Beurteilung wichtig:

Eine ganze Reihe von Mathematikern war deshalb von der Thomschen Theorie so angetan, weil Thom so wenig über die Potentialbedingung annehmen mußte, es war eben eine sehr «schöne» Theorie. Aus der Sicht des Naturwissenschaftlers und Ingenieurs hingegen ist die Katastrophentheorie in vielen, gerade den wichtigsten Bereichen, wie den offenen Systemen, nutzlos, da die Potentialbedingung überhaupt nicht erfüllt ist. Wie sich nachweisen läßt, ist sie in offenen Systemen prinzipiell nicht erfüllt, oder – noch anders ausgedrückt – in offenen Systemen, aber auch in den meisten abgeschlossenen Systemen verlaufen die Naturvorgänge nach ganz anderen Gesetzmäßigkeiten, als sie die Katastrophentheorie postuliert.

Nachdem die Katastrophentheorie zuerst hochgelobt wurde, sah sie sich dann plötzlich scharfen Angriffen ausgesetzt. G.B. Kolata veröffentlichte einen Artikel unter der Überschrift «The Emperor Has No Clothes» – Der Kaiser hat keine Kleider an.

Er spielte damit auf das bekannte Märchen des weisen dänischen Erzählers Hans Christian Andersen (1805–1875) an. In diesem Märchen kommen Fremde zum Kaiser, die vorgeben, herrliche Gewänder weben zu können, die eine besondere Eigenschaft hätten: Dumme könnten diese Kleider nicht sehen. Die Fremden beginnen nun scheinbar zu weben, niemand sieht ein Gewand entstehen, aber keiner traut sich, es zu sagen, da er ja damit seine Dummheit eingestehen müßte. Schließlich findet ein großer Umzug des Kaisers in seinen neuen «Gewändern» statt, und alles preist bewundernd deren Schönheit (übrigens Andersens Beitrag zum Thema «öffentliche Meinung»). Schließlich aber ruft ein kleines Kind: «Der Kaiser hat ja gar keine Kleider an.»

Der Angriff von G.B. Kolata wie auch von H.J. Sussmann und R.S. Zahler auf die Katastrophentheorie rief nunmehr bei denen, die diese Theorie anwendeten, ihrerseits einen Sturm der Entrüstung hervor, wie er in zahlreichen Zuschriften an die Zeitschrift, die den Kolata-Artikel veröffentlicht hatte, zum Ausdruck kam. Heute setzt sich eine gelassenere Betrachtungsweise, wenn auch erst langsam, durch – das uns aus den Phasenübergängen bekannte langsame Abklingen kritischer Fluktuationen ist auch hier zu beobachten. Es bildet sich nunmehr unter den Wissenschaftlern immer mehr das kollektive Bewußtsein oder, mit anderen Worten, die wissenschaftliche Erkenntnis, daß die Katastrophentheorie nur ganz spezielle Anwendungen besitzt. Hinzu kommt, daß Thom die Existenz von Fluktuationen leugnet. Als er auf einem der von mir veranstalteten Synergetik-Symposien diese Meinung äußerte, stieß er auf starke Verwunderung bei den Physikern. In der Tat haben wir in diesem Buch immer wieder gesehen, daß Fluktuationen eine grundlegende Rolle bei vielen Prozessen der Synergetik spielen.

Ein weiterer interessanter Versuch einer Vereinheitlichung der Naturbetrachtung stammt von Ilya Prigogine, der von chemischen und biochemischen Prozessen ausging. Er unterschied dabei zwischen Strukturen, die, wie zum Beispiel ein Kristall, nach ihrer Entstehung ohne weitere Energiezufuhr bestehenbleiben, und solchen, die nur eine ständige Energie- und vielleicht auch Stoffzufuhr aufrechterhält. Ein Beispiel für die letztere Struktur stellen die Bienenwabenzellen in Flüssigkeiten, die von unten her erhitzt werden, dar, wie wir sie im vierten Kapitel kennengelernt haben. Die hier ständig zugeführte Wärmeenergie wird zum Teil in die Bewegungsenergie der Flüssigkeitswaben umgesetzt. Die Bewegungsmuster der Flüssigkeit erreichen aber deshalb einen stabilen Zustand, weil hier ständig Reibungsverluste auftreten, bei denen Energie «zerstreut» oder, in der Fachsprache ausgedrückt, «dissipiert» wird. Prigogine prägte daher für diese Strukturen die Bezeichnung «dissipative Strukturen».

Ihr Auftreten sollte durch ein bestimmtes universelles Prinzip bestimmt sein. Dieses von Paul Glansdorff und Prigogine aufgestellte Prinzip befaßt sich damit, wie Entropie, das heißt wie Unordnung auf mikroskopischer Ebene bei dissipativen Vorgängen erzeugt wird. Wie von Rolf Landauer und von Ronald F. Fox gezeigt wurde, ist dieses Prinzip leider nicht universell gültig, und es hat auch nicht immer die von ihm behauptete Eigenschaft, eine sogenannte Ljapunov-Funktion zu sein. (Die Bedeutung einer solchen Funktion läßt sich übrigens leicht darstellen: Ebenso wie in einer Schale eine Kugel auf den tiefsten Punkt zurollt, gibt die Ljapunov-Funktion an, ob ein System einem stabilen Zustand zustrebt.) Während dies wohl nur für die Experten von Interesse sein mag, leuchtet ein anderer Gesichtspunkt sofort ein: Dieses Prinzip ist nämlich auch gar nicht in der Lage vorauszusagen, welche «dissipativen Strukturen» überhaupt entstehen. Es kann zum Beispiel weder die Eigenschaften des Laserlichts noch die Form der Bénard-Zellen, also die Bienenwabenstruktur bei Flüssigkeiten, voraussagen. Dies vermögen in der Tat erst die in der Synergetik benutzten oder sogar hierzu neu entwickelten mathematischen Methoden.

Erfolgreicher war ein zweiter von der Brüsseler Schule Prigogines eingeschlagener Weg: die mathematische Formulierung und Behandlung eines chemischen Modells, das zu makroskopischen Oszillationen der Konzentrationen zweier Stoffe oder auch zu räumlichen Mustern Anlaß gibt. In diesem Modell sollen zwei chemische Substanzen nach bestimmten Regeln miteinander reagieren und in einer oder auch zwei Dimensionen, also wie in einem Löschblatt, diffundieren, ganz ähnlich wie zum Beispiel das Modell von Gierer und Meinhardt, das wir im Zusammenhang mit der biologischen Gestaltbildung besprochen haben. Diese Modelle können als eine wesentliche Erweiterung des Turingschen Modells, von dem in Kapitel 6 die Rede war, betrachtet werden. In diesem sollte ein Stoffaustausch zwischen *zwei* Zellen, in denen sich jeweils eine chemische Reaktion abspielt, möglich sein, und dadurch sollte es zu einer «Zelldifferenzierung» kommen. Die neueren Arbeiten der Brüsseler Schule haben inzwischen eine Richtung genommen, wie sie von der Synergetik zum Beispiel beim Laserproblem von Anfang an eingeschlagen wurde.

Nach dem Erscheinen der ersten Auflage dieses Buches sind noch weitere fachübergreifende Gebiete, die mit der Synergetik in Verbindung stehen, entstanden, ebenso wie auch andere Namen hierfür verwendet werden. Nachdem also das neue Gebiet in das Bewußtsein vieler Wissenschaftler und auch der Öffentlichkeit eingedrungen ist, hat ein gewisser Wettbewerb um den Namen des neuen Kindes eingesetzt. Da ist zweifellos und vor allem der Name Chaostheorie. Hierunter wird zuweilen alles subsumiert, was zuvor im Rahmen der Synergetik erarbeitet worden ist, insbesondere also die Gesetzmäßigkeiten der Selbstorganisation. Wie wir aber schon sahen, untersucht die Chaostheorie nur einen ganz bestimmten Ausschnitt der Selbstorganisationseffekte. Da bei der Selbstorganisation die nichtlineare Wechselwirkung eine zentrale Rolle spielt, verwendet man für Synergetik, aber nicht nur für diese, auch die Bezeichnung nichtlineare Dynamik oder auch Theorie dynamischer Systeme, obwohl hier verschiedene Dinge zusammengeworfen wurden. Zum Beispiel ignoriert die Theorie dynamischer Systeme die für die Synergetik zentrale Rolle der Fluktuationen. Insgesamt ist die Situation ähnlich der, wo eine Firma ein neues erfolgreiches Produkt auf den Markt gebracht hat und nun die Konkurrenzfirmen auf den Plan treten.

19

Rückblick

Ein neues Prinzip

Der Leser, der uns bis zu diesem Kapitel gefolgt ist, wird nun bald am Ende dieses Buches angelangt sein. Ganz zu Anfang verglichen wir ein komplexes System mit einem Buch. Es hat vielerlei Aspekte, und was ein einzelner als charakteristische Eigenschaften eines komplexen Systems ansieht, hängt oft ganz wesentlich von seiner persönlichen Einstellung ab. So wird es auch dem Leser mit diesem Buch selbst ergehen. Er hat viele Einzeltatsachen aus ganz verschiedenen Gebieten kennengelernt, einige mögen ihn mehr oder weniger interessiert oder angesprochen haben. Einigen Schlußfolgerungen, besonders im wirtschaftlichen und soziologischen Bereich, wird er vielleicht begeistert zustimmen, andere entschieden ablehnen. Aber neben all diesen Einzeleindrücken bleibt eine Frage, die der Wissenschaftler immer stellt: Bleiben diese Einzelteile wie ein wirres Mosaik nebeneinander stehen oder fügen sie sich zu einem einheitlichen Ganzen zusammen? Mit anderen Worten, vermag dieses Buch eine neue allgemeingültige Einsicht zu vermitteln? Verweilen wir zur Beantwortung dieser Frage zunächst im naturwissenschaftlichen Bereich, also in Physik, Chemie, Biologie und verwandten Gebieten.

Wir hatten zu Anfang von den Schwierigkeiten gesprochen, denen sich die Physik noch vor kurzer Zeit bei der Beantwortung der Frage gegenübersah, ob die Entwicklung biologischer Strukturen mit ihren Grundprinzipien vereinbar ist. Wie wir an einer Reihe konkreter Beispiele sahen, kann es auch in der unbelebten Natur zu Strukturbildungen kommen, wobei diese Strukturen durch einen ständigen Strom von Energie aufrechterhalten werden. Beispiele hierfür waren der Laser mit seiner streng geordneten Lichtausstrahlung, Bienenwabenstrukturen in Flüssigkeiten oder Spiralwellen in der Chemie. All diese Beispiele stellen Systeme dar, bei denen ständig ein Energiefluß, zum Teil auch ein Fluß ständig neuer Stoffe, zugeführt, in ihm verwandelt und

schließlich in veränderter Form wieder ausgeschieden wird. Es handelt sich um sogenannte offene Systeme.
Hier setzt nun die neue Erkenntnis der Synergetik ein. Für offene Systeme gilt das Prinzip nicht mehr, daß die Unordnung in einem System immer größer wird, wenn man dieses System sich selbst überläßt. Das alte Boltzmannsche Prinzip, nach dem die Entropie ein Maß für die Unordnung ist und einem Maximum zustrebt, gilt eben nur für abgeschlossene Systeme. Bei diesem Boltzmannschen Prinzip kam es, wie wir im Kapitel 2 über das Anwachsen der Unordnung gesehen haben, nur auf die Zahl von Möglichkeiten an, etwa die verschiedenen Lagen der Gasmoleküle, die ein System, in diesem Fall das gesamte Gas, im einzelnen verwirklichen kann. Es handelt sich hier also jeweils um eine ganz bestimmte Zahl und damit um ein *statisches* Prinzip. Gibt es nun aber ein gemeinsames neues Prinzip für die Entstehung von Strukturen in offenen Systemen? Dies ist es gerade, was die Synergetik vor allem zutage gefördert hat. In einem offenen System testen die einzelnen Bestandteile ständig neue Lagen zueinander, neuartige Bewegungsabläufe oder neuartige Reaktionsvorgänge, an denen jeweils sehr viele Einzelteile des Systems beteiligt sind. Unter dem Einfluß der ständig zugeführten Energie oder auch ständig neu zugeführter Materie zeigen sich eine oder einige solcher gemeinschaftlicher, das heißt kollektiver Bewegungen oder Reaktionen anderen überlegen. Diese speziellen Abläufe verstärken sich also immer mehr, wie wir das bei der Laserwelle oder bei der Ausbildung von Flüssigkeitsrollen ganz deutlich sahen; mit anderen Worten, sie wachsen immer mehr an. Schließlich gewinnen sie über die anderen Bewegungsformen die Oberhand und versklaven, im Fachausdruck der Synergetik, alle anderen Bewegungsformen. Diese neuen Bewegungsabläufe – auch Moden genannt – prägen also dem System eine makroskopische Struktur auf, die wir oft sehr leicht wahrnehmen können. Die neuen Zustände, die das System so erreicht, erscheinen uns in der Regel als von höherer Ordnung. Wir haben dabei ein dynamisches Prinzip vor uns: Es kommt auf die Wachstumsraten der Moden an; die mit der höchsten Rate setzen sich in der Regel durch und bestimmen die makroskopischen Strukturen. Haben mehrere dieser Kollektivbewegungen, die wir auch als die Ordner bezeichneten, gleiche Wachstumsraten, so können diese unter Umständen auch miteinander kooperieren und so wieder eine ganz neuartige Struktur zustande bringen. Um zu erreichen, daß bestimmte Wachs-

tumsraten positiv werden (auch in der Natur gibt es Nullwachstum oder negatives Wachstum), muß die Energiezufuhr hinreichend groß sein. Bei bestimmten kritischen Werten der Energiezufuhr kann sich dann der Gesamtzustand eines Systems makroskopisch ändern, das heißt, eine neue Ordnung tritt auf. Die Natur verwendet dabei die zugeführte Energie nach einer Art Hebelgesetz. Nach dem Hebelgesetz der Mechanik können wir auch sehr schwere Lasten mit geringer Kraft heben, wenn wir nur den eigenen Hebelarm genügend lang machen. Ähnlich macht es die Natur bei offenen Systemen, die Strukturen bilden.
Eine geringfügige Änderung der Umweltbedingungen, etwa der Stromzufuhr beim Laser oder der Temperaturerhöhung bei der Flüssigkeitsschicht, wird in ihrer Wirkung dadurch vervielfacht, daß eine ganz bestimmte Bewegungsform immer heftiger wird. Die Stärke dieser Bewegung spielt, wie man mathematisch nachweisen kann, die Rolle des Hebelarms, die Änderung der Umweltbedingungen hingegen die Rolle unserer Kraft am Hebelarm, während die Erhöhung des makroskopischen Ordnungszustands der zu hebenden Last entspricht.

Brücken von der unbelebten zur belebten Natur

Das Anliegen der Synergetik ist aber nicht nur das Auffinden allgemeiner Gesetzmäßigkeiten in der unbelebten Natur, sondern sie will gerade eine Brücke von der unbelebten zur belebten Natur bauen. Zwei Erkenntnisse sind es, die diesen Brückenschlag besonders ermöglichen: zum einen die Erkenntnis, daß wir es auch in der belebten Natur ausschließlich mit offenen Systemen zu tun haben, und zum anderen die Idee des Wettbewerbs zwischen Moden. Beginnen wir mit dieser letzteren. Die Idee, daß die verschiedenen Wachstumsraten einzelner kollektiver Bewegungsformen (oder Moden) darüber entscheiden, welche Struktur sich schließlich durchsetzt, bedeutet, daß ein ständiger Wettbewerb zwischen diesen verschiedenen Bewegungsformen stattfindet. Dies erinnert natürlich sehr stark an die Grundidee des Darwinismus für die belebte Natur, der zufolge der Wettkampf der Arten Motor der Entwicklung ist. Wir erkennen nun, daß der Darwinismus der Spezialfall eines noch umfassenderen Prinzips ist. Der Wettkampf findet auch schon in der unbelebten Materie statt. Nach unserem jetzigen Wissensstand spielen derartige Konkurrenzvorgänge beim Wachstum und bei

der Entwicklung eines jeden Lebewesens selbst eine Rolle, sei es bei der Formenbildung oder der Entwicklung des Gehirns. Dieses Prinzip des Wettkampfs kollektiver Verhaltensweisen gilt aber nicht nur für die unbelebte Welt und die Lebewesen, sondern auch im geistigen Bereich, wie wir es in der Soziologie deutlich sahen. Dies gilt bis hin zu neuen Ideen der Wissenschaft, die in einem ständigen Wettstreit miteinander leben und die nur durch das kollektive Bemühen und kollektive Bewußtsein der Wissenschaftler entwickelt und weitergetragen werden können.
Die andere Erkenntnis, die wir nochmals genauer betrachten wollen, bezieht sich auf die offenen Systeme, die in der unbelebten wie auch in der belebten Natur vielfältige Strukturen bilden können.

Leben zwischen Feuer und Eis

Die Existenz von Feuer einerseits, etwa dem Feuer der Sonne, und der Eiseskälte des Weltraums andererseits bedeutet, daß das Weltall nicht im thermischen Gleichgewicht ist. Es war auch noch nie in diesem. Als die Welt nach unseren jetzigen Vorstellungen im Urknall entstand, war sie zwar ein unglaublich heißer Feuerball, zugleich aber dehnte sich das Universum aus und sorgte dabei für die Abkühlung. Von Anfang an war also für den Gegensatz von ungeheurer Hitze und ungeheurer Kälte gesorgt. Ob das Leben weiter zu bestehen vermag, hängt davon ab, ob der Kosmos ständig diesen Gegensatz aufrechterhalten kann. Ich glaube, daß hierüber das letzte Wort noch nicht gesprochen ist. Nach neuesten Vorstellungen der Astrophysiker hat das Weltall noch eine bewegte Zukunft vor sich, die allerdings dem Leben nicht immer freundlich gesonnen sein wird. So kann unsere Sonne eines Tages in ferner Zukunft explodieren und zu einem roten Riesen werden. Es können sogenannte schwarze Löcher im Weltraum entstehen, die alles, was in ihre Nähe kommt, mit unwiderstehlicher Gewalt in sich hineinziehen und verschlingen. Aber diese schwarzen Löcher können schließlich auch wieder verdampfen. Nach vielerlei Hin und Her ist die Energie so weit verpufft und die Materie so umgewandelt, daß schließlich nur noch riesige Eisenkugeln im Weltall als tote Materie übrigbleiben. In diesen Zukunftsvisionen stecken natürlich einige Annahmen. Eine davon ist, daß sich unsere Welt immer weiter ausdehnt. Dieses Expansionsmodell ist wissenschaftlich gut fundiert. Die Grundidee hierzu ist ganz einfach und beruht auf der sogenannten Flucht der Spiralnebel, die sich an der Rotverschiebung des Lichts dieser Spiralnebel erkennen läßt. Bei dem in der Physik wohlbekannten Phänomen der Rotverschiebung handelt es sich um folgendes: Strahlt ein ruhender Körper gelbes Licht ab, so erscheint uns dieses nach Rot verschoben, wenn er sich von uns entfernt. Nun hatten Astronomen schon vor langer Zeit festgestellt, daß Spiralnebel, die weiter von uns entfernt sind, «röter» erscheinen als näher gelegene. Sie schlossen daraus, daß diese weiter entfernten Spiralnebel sich fortbewegen, und zwar um so schneller, je weiter außen sie im Weltraum liegen. Aus diesen Befunden folgerte man, daß sich das Weltall ständig ausdehnt. Wird sich aber diese Ausdehnung ewig fortsetzen? Es kann nämlich durchaus sein, daß diese Ausdehnungsbewegung eines Tages zum Stillstand kommt und sich das Weltall wieder zusammenzieht. Dann würde es voraussichtlich am Schluß in einem heißen Feuerball enden, und das ganze Spiel kann von neuem beginnen – vielleicht sogar eine ewige Wiederkehr? Es wäre aber auch denkbar, obwohl es hierüber noch wenig Theorien gibt, daß im Weltall selbst immer wieder eine Art Urknall, vielleicht jedoch in kleinerem Umfang, stattfindet, so daß ständig neue Energiequellen auftauchen. Ich halte diese Schlußfolgerung für nicht spekulativer als die, daß schließlich die Materie in toten Eisenkugeln enden wird.

Noch ein Charakteristikum des Lebens?

Wenn Leben aufgrund des Gegensatzes von heiß und kalt möglich wird, so können wir uns natürlich fragen, ob es nicht auch auf anderen Planeten Leben gibt. Hierbei denkt man natürlich wohl meist an Leben auf Planeten, die der Erde in ihren Bedingungen ähnlich sind. Da aber bereits die unbelebte Materie eine Vielfalt von kollektiven Bewegungsformen hervorbringen kann, könnte man auch darüber spekulieren, ob es nicht ganz andere Arten von Leben gibt. So weiß man ja, daß die Sonne ein Plasma ist, in dem sich die kompliziertesten Kollektivbewegungen, zumeist als Plasmainstabilitäten bezeichnet, abspielen. Könnten derartige Vorgänge nicht schließlich Eigenschaften haben, die man in Analogie zum Leben setzen könnte? Wenngleich diese Gedanken vielleicht nicht völlig von der Hand zu weisen wären, so kommt beim

Leben auf der Erde etwas hinzu, was wir bei offenen Systemen der unbelebten Natur nicht haben. Schalten wir nämlich etwa den Energiezufluß in einem Laser oder bei den von unten erhitzten Flüssigkeiten ab, so bricht die Struktur, die sich einmal ausgebildet hat, sehr rasch wieder zusammen. Die Lebewesen haben es aber verstanden, zugleich feste Strukturen aufzubauen. Dies gilt von den Grundbausteinen, den Biomolekülen, wie etwa der DNS, bis hin etwa zum Knochengerüst oder zum ganzen Körper selbst. Der Natur ist es also gelungen, die Formbildungsvorgänge immer wieder in feste Strukturen niederzulegen. Dies ermöglicht es den Lebewesen, auch noch hinzulernen zu können, sei es als Einzelorganismus, sei es als Gesamtheit der Lebewesen, die sich von einer Stufe zu nächsten entwickeln konnten. Wie mir scheint, ist gerade an dieser Nahtstelle zwischen fester Struktur und der Funktion, die diese Strukturen dann ausführen und durch die sie auch wieder gebildet werden, noch ungeheuer viel Forschungsarbeit zu leisten, und es ist zu vermuten, daß hier noch tiefliegende Grundprinzipien zu entdecken sind, von denen wir heute wahrscheinlich kaum etwas ahnen.

Grenzen der Erkenntnis

Wie wir in diesem Buch sahen, hat die Synergetik in ganz verschiedenen Gebieten gleichartige Gesetzmäßigkeiten bei der Entwicklung von Strukturen aufgezeigt.

Bestimmte Ordnungszustände wachsen immer mehr an und setzen sich schließlich durch, bis sie alle Teile eines Systems versklaven und in den Ordnungszustand hereinziehen. Oft trifft eine nicht vorhersehbare Fluktuation die endgültige Auswahl zwischen an sich gleichberechtigten Ordnungszuständen. Diese Erscheinungen treten uns auch im geistigen Bereich entgegen.

Solche Entwicklungen sehen wir bei der Sprache, bei der Kunst, der Kultur oder beim Denken überhaupt. Plötzlich tritt ein neuer geordneter Zustand auf. Wie beim Zusammenwachsen eines Bildes bei einem Puzzle wird mit einem Mal eine ganz neue Richtung deutlich. Plötzlich ist ein Zustand höherer Ordnung oder im geistigen Bereich eben höherer Einsicht da. Im naturwissenschaftlich-technischen Bereich können wir in vielen Fällen die neuen Ordnungszustände vorausberechnen. Im rein geistigen Bereich geht das natürlich nicht mehr. Aber wir erkennen doch, daß die gleichen qualitativen Gesetzmäßigkeiten gelten.

Nachdem alles schließlich aus Materie besteht und wir nunmehr sehen, daß die Gesetze der Selbstorganisation nicht den Gesetzen der Physik widersprechen, sondern mit ihnen verträglich sind, drängt sich natürlich sofort die Frage danach auf, ob ein Schöpfer überhaupt noch notwendig ist. Hier steht wohl jeder von uns an einer Weggabelung. Es steht ihm frei, an einen Schöpfer zu glauben oder nicht. Der eine wird sagen: Wir können diese ganzen Entwicklungen ja nun wenigstens im Prinzip auf materiellem Gebiet verstehen. Alles ist durch Selbstorganisation entstanden. Der andere wird sich daran erinnern, daß es sich zum Beispiel bei der Konstruktion von Rechenmaschinen als äußerst schwierig erweist, grundsätzliche Regeln aufzustellen, die dann die Selbstorganisation der Computer gewährleisten.

Dieser andere wird also sagen: Nachdem alles in so wundervoller Weise in der Natur entstanden ist, muß ein Schöpfer dagewesen sein, der erst einmal die richtigen Gesetze geschaffen hat, damit sich dann die Selbstorganisation der Materie verwirklichen kann.

Zugleich tritt noch ein Gesichtspunkt hervor, der uns in unserem Buch nie verließ und der etwas Unheimliches an sich hat. Immer wieder mußten wir bei der Entstehung neuer Ordnungszustände mit zufälligen Ereignissen rechnen, ja oft wurde der neue Zustand erst durch diese endgültig bestimmt. Hier geraten wir nun an Probleme, die wohl bei weitem noch nicht ausgelotet sind. Sollten wir etwa sagen, beim Zustandekommen einer speziellen Laserschwingung handelt es sich um Zufälle, beim Zustandekommen eines bestimmten Biomoleküls hingegen nicht?

Hier erkennen wir eine erste Grenze unserer Erkenntnisse, die meiner Ansicht nach eine fundamentale Grenze ist. Wie es immer deutlicher wird, gibt es in den Naturwissenschaften und wohl erst recht im philosophischen oder soziologischen Bereich Probleme, die prinzipiell nicht oder nicht eindeutig lösbar sind. Dies mag uns zugleich überraschen und schockieren. Tatsächlich konnte aber der Mathematiker Kurt Gödel (1906–1978) zeigen, daß es selbst in der strengen Mathematik Aufgaben gibt, bei denen man grundsätzlich nicht weiß, ob man sie lösen kann oder nicht, oder – genauer gesagt – bei denen das Problem der Lösung nicht entscheidbar ist.

Wenn wir solche Einsichten der Mathematik auch auf andere Wissenschaftszweige zumindest intuitiv ausdehnen, so müssen wir damit rechnen, daß es Fragen gibt, die wir prinzipiell nicht beantworten können. Gerade ein junger Leser mag hier nun enttäuscht sein. Ihm sei aber zum Trost gesagt, daß es ungeheuer viele Probleme gibt, die sich lösen lassen und die auch gelöst werden müssen, um ein Weiterbestehen der Menschheit zu gewährleisten.

Anhang

Literaturhinweise und Anmerkungen

Da die Synergetik Querverbindungen zwischen sehr vielen Wissensgebieten herstellt, ist die Zahl der Einzelarbeiten, zu denen Beziehungen aufgestellt werden können, fast unübersehbar und insbesondere in einem allgemeinverständlichen Buch wie diesem gar nicht wiederzugeben. Ich muß mich daher im folgenden auf einige wesentliche Hinweise beschränken. Dabei führe ich einerseits solche Originalarbeiten oder Artikel auf, deren Ergebnisse im vorliegenden Buch verwendet wurden. Andererseits gebe ich für den interessierten Leser Hinweise auf weiterführende oder ergänzende Literatur. Die Hinweise sind nach den einzelnen Kapiteln gegliedert.

1. Vorwort, Einleitung und Übersicht

M. Eigen, R. Winkler-Oswatitsch: «Das Spiel», Piper, München 1975.
Der Begriff «Synergetik» wurde von mir in meiner Vorlesung an der Universität Stuttgart, WS 1969, eingeführt, siehe auch: H. Haken, R. Graham: «Synergetik. Die Lehre vom Zusammenwirken», Umschau 6, 191 (1971).
Eine wissenschaftliche Darstellung gibt die Monographie H. Haken: «Synergetics. An Introduction. Nonequilibrium Phase Transitions in Physics, Chemistry and Biology», dritte erweiterte Auflage, Springer, Berlin 1983 (Bd. 1 der Springer Series in Synergetics), deutsch «Synergetik. Eine Einführung. Nichtgleichgewichts-Phasenübergänge und Selbstorganisation in Physik, Chemie und Biologie». Springer, Berlin 1990.
Eine Reihe von Aspekten wird von führenden Wissenschaftlern in den folgenden Konferenz-Bänden abgehandelt: «Synergetics. Cooperative Phenomena in Multi-Component Systems», hg. von H. Haken, Teubner, Stuttgart 1973; «Cooperative Effects. Progress in Synergetics», hg. von H. Haken, North Holland, Amsterdam 1974.
Sowie in den Bänden der Springer Series in Synergetics, von der bisher 63 Bände erschienen sind.
Der im vorliegenden Buch verwendete Begriff des Ordners entspricht dem in der Fachliteratur der Synergetik verwendeten Begriff des Ordnungsparameters (englisch: order parameter), der dort in mathematisch präziser Weise definiert wird. Ebenso besitzt dort das Versklavungsprinzip eine mathematisch präzise Fassung (vgl. hierzu: H. Haken: «Synergetics. An Introduction...» [a.a.O.], sowie H. Haken: Advanced Synergetics, 3rd print. Springer, Berlin 1993).

2. Wächst die Unordnung immer mehr an? Der Wärmetod der Welt.

L. Boltzmann: Entropie-Verteilungsfunktion, Sitzungsber. Akad. Wien *63*, 712 (1871).

3. Kristalle, geordnete, aber tote Strukturen

Eine allgemeinverständliche Einführung in die Festkörperphysik gibt H. Pick: «Einführung in die Festkörperphysik», Wiss. Buchgesellschaft, Darmstadt 1978.
Eine Darstellung von Phasenübergängen geben H. E. Stanley: «Phase Transitions and Critical Phenomena», Clarendon, Oxford 1971, L. D. Landau, E. M. Lifschitz: Lehrbuch der Theoretischen Physik, Band 5, Statistische Physik Teil I, 8. Aufl., Akademie Verlag Berlin, 1987, W. A. Benjamin: Modern Theory of Critical Phenomena, Inc. London, 1977, N. Goldenfeld: Lectures on Phase Transitions and the Renormalization Group, Addison-Wesley, 1992, A. K. Jena: Phase Transformation in Materials, Prentice Hall, 1992.

4. Flüssigkeitsmuster, Wolkenbilder und geologische Formationen

Das Entstehen von Bewegungsmustern bei einer von unten erhitzten Flüssigkeit wurde zuerst von H. Bénard: Rev. Gen. Sci. Pures. Appl. *12*, 1261 (1900); Annls. Chim. Phys. *23*, 62 (1901) beschrieben. In den letzten Jahren erlebte dieses Gebiet ein wahres Comeback. Die neuen Experimente von Busse, Gollub, Koschmieder, Swinney und anderen sind u. a. in den Bänden 2 und 5 der Springer Series in Synergetics beschrieben. Bezüglich einer theoretischen Behandlung im Rahmen der Synergetik vgl. H. Haken: Synergetics, a. a. O. Zur Kontinentalverschiebung siehe: H. Berckheimer: Vortrag auf der 111. Versammlung Deutscher Naturforscher und Ärzte, Hamburg 1980; neuere Literatur über Musterbildung in Flüssigkeiten, z. B. Bestehorn in R. Friedrich/A. Wunderlin (eds.): Evolution of Dynamical Structures in Complex Systems, Springer, Berlin, 1992

5. Es werde Licht – Laserlicht

Laserprinzip: A. L. Schawlow, C. H. Townes: Phys. Rev. *112*, 1940 (1958).
Der Laser wurde unabhängig voneinander von J. P. Gordon, H. J. Zeiger, C. H. Townes: Phys. Rev. *95*, 282 (1954); *99*, 1264 (1954), sowie von N. G. Basov, A. M. Prokhorov: J. Exptl. Theor. Phys. USSR *27*, 431 (1954); *28*, 249 (1955) entwickelt. (Nobelpreis Basov, Prokhorov, Townes, im Jahr 1964.) Der erste Laser wurde von T. H. Maiman: Brit. Commun. Electr. *7*, 674 (1960); Nature *187*, 493 (1960) mit Hilfe eines Rubins verwirklicht.
Statistische nichtlineare Theorie des Laserlichts: H. Haken: Z. Physik *181*, 96

(1964). Siehe auch H. Haken: «Laser Theory», Handbuch der Physik XXV/2c, Springer, Berlin 1970, sowie H. Haken: «Licht und Materie», Bibliographisches Institut, Mannheim, 2. Auflage 1994. Der Phasenübergang des Lasers wurde aufgezeigt von R. Graham, H. Haken: Z. Physik *213*, 420 (1968); *237*, 31 (1970), V. DeGiorgio, M. O. Scully: Phys. Rev. *A2*, 1170 (1970).

6. Chemische Muster

Über chemische Oszillationen (chemische Uhren) wurde bereits 1921 berichtet: C. H. Bray: J. Am. Chem. Soc. *43*, 1262 (1921).
Eine mathematische Theorie von chemischen Oszillationen gab bereits: K. F. Bonhoeffer: Z. Elektrochemie u. angewandte physikalische Chemie *51*, 24 (1948).
Die Belusow-Shabotinski Reaktion: B. P. Belusow: Sb.ref.radats. med. Moscow (1959), V. A. Vavilin, A. M. Shabotinski, L. S. Yaguzhinsky: «Oscillatory Processes in Biological and Chemical Systems» (Moscow Science Publication 1967), S. 181. Eine Darstellung neuerer Arbeiten findet sich bei A. S. Michailov: Foundations of Synergetics I, Distributed Active Systems, Springer, Berlin 1990.
Allgemeinverständliche Darstellungen finden sich bei A. T. Winfree: Science, *175*, 634 (1972); Sci. Am. *230*, 82 (1974).

7. Biologische Evolution. Der Beste überlebt.

Bei der Darstellung der Prioritätsfrage Darwin – Wallace folgen wir R. K. Merton: «The Sociology of Science», The University of Chicago Press, Chicago 1973. Die Original-Mitteilung von Darwin und Wallace lautet: «On the Tendency of Species to Form Varieties and on the Perpetuation of Varieties and Species by Natural Means of Selection», by C. Darwin and A. R. Wallace. Communicated by Sir C. Lyell and J. D. Hooker, Journal of the Linnean Society 3 (1859); 45. Read, 1. July 1858.
Es würde den Rahmen dieses Buches sprengen, auf den Einfluß, den Darwins Theorien auf die Sozialwissenschaften hatten, und die Kritik am Sozialdarwinismus hier näher einzugehen. Siehe dazu z. B. R. Hofstadter: «Social Darwinism in American Thought», Braziller, New York 1959.
Die Konkurrenz zwischen Laserschwingungen wird dargestellt bei H. Haken, H. Sauermann: Z. Physik *173*, 261 (1963).
Konkurrenz von Biomolekülen, präbiotische Evolution: M. Eigen: Die Naturwissenschaften *58*, 465 (1971); M. Eigen, P. Schuster: Die Naturwissenschaften *64*, 541 (1977); *65*, 7 (1978); *65*, 341 (1978); M. Eigen, W. Gardiner, P. Schuster, R. Winkler-Oswatitsch: «The Origin of Genetic Information», Scientific American *244*, April 1981, S. 78. M. Eigen: Stufen zum Leben, Oxford University Press, 1992.
M. Eigen: Virus-Quasispezies oder die Büchse der Pandora, Spektrum der Wissenschaft S. 42–55, Dez. 1992.

8. Überleben, ohne der Beste zu sein

V. Volterra: Mem. Acad. Lincei 2, 31 (1926); A. J. Lotka: J. Wash. Acad. Sci. *22*, 461 (1932).
Mathematische Modelle für unregelmäßige Schwankungen von Insektenpopulationen gibt R. M. May: «Model Ecosystems», Princeton Univ. Press, Princeton, 1974.

9. Wie entstehen biologische Organismen? Vererbung durch Moleküle

Eine allgemeinverständliche Darstellung (einschließlich der Geschichte der Entdeckung der Doppelhelix) gibt J. D. Watson: «Die Doppelhelix», Rowohlt Taschenbuch, Hamburg 1973.
Zum Schleimpilz siehe z. B. G. Gerisch, B. Hess: Proc. nat. Acad. Sci. *71*, 2118 (1974), sowie insbesondere zum Nachweis der Spiralwellen: K. J. Tomchik, P. N. Devreotes: Science *212*, 443 (1981).
Ein Modell zur Zelldifferenzierung gab A. M. Turing: Phil. Trans. R. Soc. London *B 237*, 37 (1952).
Ein detailliertes Modell von biologischen «Musterbildungen», das auf Reaktions-Diffusions-Gleichung beruht, entwickelten u. a. A. Gierer, H. Meinhardt: Kybernetik *12*, 30 (1972).
Eine Behandlung dieses Modells mit den Konzepten der Synergetik geben H. Haken, H. Olbrich: J. Math. Biol. 6, 317 (1978).
Experimenteller Nachweis von Anregungs- und Hemmstoffen in Hydra: Tobias Schmidt, Cornelius J. P. Grimmelikhuijzen, H. Chica Schaller, in: «Developmental and Cellular Biology of Coelenterates», hrsg. von P. Tardent, R. Tardent, Elsevier/North Holland Biochemical Press 1980, S. 395.
Die Rolle des Nervenwachstumsfaktors wird dargestellt in R. Levi-Montalcini, P. Calissano: «The Nerve-Growth Factor», Sci. Am. *240–6*, 44 (1979).
Zur Morphogenese: H. Meinhardt: Models of Biological Pattern Formation, Academic Press London, 1982.

10. Biologische Bewegungsmuster

Experimente:
J. A. S. Kelso, American Journal of Physiology: Regulatory, Integrative and Comparative Physiology, *15*, R 1000–R 1004, 1984.
J. A. S. Kelso, J. P. Scholz, G. Schöner: Nonequilibrium Phase Transitions in Coordinated Biological Motion: Critical Fluctuations, Physics Letters A. vol. 118, no. 6, 1986.
Theorie:
H. Haken, J. A. S. Kelso, H. Bunz: A Theoretical Model of Phase Transitions in Human Hand Movement, Biol. Cybern., *51*, 347–356, 1985.
G. Schöner, H. Haken, J. A. S. Kelso: A Stochastic Theory of Phase Transitions in Human Hand Movement, Biol. Cybernetics, *53*, 247–257, 1986.

Weitere Literatur:
E. v. Holst: Zur Verhaltensphysiologie bei Tieren und Menschen, Gesammelte Abhandlungen Band I, München, 1969.
H. Haken und M. Haken-Krell: Entstehung von biologischer Information und Ordnung, Wissenschaftliche Buchgesellschaft, 1989.

11. Konflikte sind manchmal zwangsläufig

Psychologische Testbücher: J. G. Howeller, J. R. Lickorish: «Familien-Beziehungs-Test», Ernst Reinhardt Verlag, München/Basel 1975. S. Rosenzweig: «Aggressive Behaviour and the Rosenzweig Picture Frustration Study», Praeger, New York 1978.
B. Bettelheim: «Erziehung zum Überleben», DVA, Stuttgart 1980.
B. A. Hubermann, N. S. Glance: The Dynamics of Social Dilemmas, Scientific American März 1994, vol. 270, Nr. 3, S. 58–63.

12. Das Chaos, der Zufall und das mechanistische Weltbild

Zu philosophischen Grundfragen der Quantentheorie vgl. C. F. v. Weizsäcker: «Zum Weltbild der Physik», Hirzel, Leipzig 1945, Stuttgart 1970; C. F. v. Weizsäcker: «Die philosophische Interpretation der modernen Physik», Nova Acta Leopoldinae, Barth, Leipzig 1972; W. Heisenberg: «Der Teil und das Ganze», Piper, München 1969.
Chaos bei Flüssigkeitsbewegungen: E. N. Lorenz: J. Atmos. Sci. *20*, 130 (1963).
Chaos in der Belusow-Shabotinski-Reaktion, siehe z. B. O. E. Roessler: Z. Naturforschg. *31 a*, 259 (1976); Bull. Math. Biol. *39*, 275 (1977).
Chaos in der Biologie: R. M. May: «Model Ecosystems», Princeton Univ. Press, Princeton 1974.
Unregelmäßige Bewegungen in der Himmelsmechanik: H. Poincaré: «Les Methodes Nouvelles de la Méchanique Céleste», Reprint Dover, New York 1957.
Eine Übersicht über charakteristische Beispiele von Chaos gibt S. Großmann: Vortrag auf der 111. Tagung Deutscher Naturforscher und Ärzte, Hamburg 1980.
Zur Energiegewinnung durch Kernfusion siehe H. Zwicker: «Kernfusion als mögliche Energiequelle der Zukunft», in: Brennpunkte der Forschung, herausgegeben von W. Weidlich DVA, Stuttgart 1981.

13. Ein Blick hinter die Kulissen der Chaostheorie

Zur Chaostheorie gibt es inzwischen eine umfangreiche Literatur. Siehe z. B.:
D. Ruelle: Zufall und Chaos, 2. Aufl., Springer, Berlin 1994.
H. G. Schuster: Deterministisches Chaos. Eine Einführung, 2. Aufl., VCH Weinheim 1994.

R. Leven, B. P. Koch, B. Pompe: Chaos in dissipativen Systemen, 2. Aufl., Akademie Verlag, Berlin 1994.
R. Worg, Deterministisches Chaos: Wege in die nichtlineare Dynamik, BI-Wiss.-Verlag, Mannheim 1993.
I. Stewart: Spielt Gott Roulette? Chaos in der Mathematik, Birkhäuser Verlag Basel 1990.
H. Jürgens, H.-O. Peitgen, D. Saupe: Chaos und Fraktale, Spektrum der Wissenschaft, Heidelberg 1989.
W. Ebeling: Chaos, Ordnung und Information, Urania-Verlag, Verlag H. Deutsch, Leipzig/Frankfurt/M. 1989.

14. Synergetische Effekte in der Wirtschaft.
Zu «Wohlstand und wirtschaftliche Depression» sowie «Technische Neuerungen» etc.

Das hier besprochene Modell stammt von Gerhard Mensch, Klaus Kaasch, Alfred Kleinknecht und Reinhard Schnopp: IIM/dp 80–5, «Innovation Trends, and Switching between Full- and Under-Employment Equilibria», 1950–1978, Discussion paper series, International Institute of Management, Wissenschaftszentrum Berlin.
Im vorliegenden Buch folge ich meiner Diskussionsbemerkung anläßlich des Vortrags von G. Mensch an der Universität Stuttgart, Sommersemester 1980. Auch weichen einige meiner Schlußfolgerungen von denen der zitierten Arbeit ab.
Neuere Anwendungen der Synergetik bringt Wei-Bin Zhang: Synergetic Economics, Springer, Berlin 1991.
Ein aufschlußreiches Buch zur Anwendung der Synergetik in der Industrie basierend auf einer Fallstudie in der Automobilindustrie ist: Ruth Beisel: Synergetik und Organisationsentwicklung, Rainer Hampp, München Verlag und Mering 1994

15. Sind Revolutionen vorhersagbar?

Isaac Asimov: «The Foundation», Avon Books, New York 1964.
Elisabeth Noelle-Neumann: «Die Schweigespirale», R. Piper & Co., München 1980. Eine Reihe der folgenden Zitate verdanke ich diesem Buche.
Solomon E. Asch: «Group Forces in the Modification and Distortion of Judgements», in: Social Psychology, Prentice Hall Inc., New York 1952, S. 452.
Das Buch von E. Noelle-Neumann enthält eine ganze Reihe ihrer eigenen Untersuchungen mit Hilfe demoskopischer Methoden zu dieser Problematik.
Jean-Jacques Rousseau: «Dépêches de Venise, XCI». La Pléiade. Gallimard, Paris 1964, Band 3, S. 1184.
James Madison, in: The Federalist, 1788, No. 49, February 2.
Alexis de Tocqueville: «Autorität und Freiheit», Rascher, Zürich, Leipzig 1935, S. 55.

James Bryce: «The American Commonwealth», Macmillan, London, Vol. II, Part IV, Chapter LXXXV, S. 337.
Guy de Maupassant: «Bel ami».
Walter Lippmann: «Public Opinion», The Macmillan Comp., New York 1922, 1954; deutsch: «Die öffentliche Meinung», Rütten u. Loenig, München 1964.
Niklas Luhmann in: Politische Vierteljahrsschrift, 11. Jg., 1970, Heft 1, S. 2–28.
David Hume: «Essays Moral, Political and Literary», Oxford University Press, London 1963, S. 29.
Jean-Jacques Rousseau: «Schriften zur Kulturkritik», französisch-deutsche Ausgabe. Deutsche Übersetzung von Kurt Weigand, Felix Meiner, Hamburg 1978, S. 257.
Phasenübergangsanalogien von Revolutionen: W. Weidlich, in: H. Haken (Hg.), «Synergetik», Teubner, Stuttgart 1973, sowie W. Weidlich, G. Haag: Quantitative Sociology, Springer, Berlin 1983.
A. Wunderlin u. H. Haken: «Vortrag zum Projekt Mehrebenenanalyse im Rahmen des Forschungsschwerpunkts Mathematisierung», Universität Bielefeld 1980, s. a. H. Haken: «Synergetik. Eine Einführung» (a. a. O.).
Ivan London: Vorabdruck 1981. Alexis de Tocqueville: «L'Ancien Régime et la Révolution», deutsch: Das alte Staatswesen und die Revolution, Leipzig 1857.
G. Bateson: Ökologie des Geistes: Anthropologische, psychologische, biologische und epistemologische Perspektiven, 3. Aufl., Suhrkamp, Frankfurt/M. 1990.

16. Beweisen Halluzinationen Gehirntheorien?

Einen guten allgemeinverständlichen Überblick über Gehirnforschung gibt: «The Brain», Scientific American, September 1979; D. H. Hubel, T. H. Wiesel: The Journal of Physiology, 195, No 2, 215, November 1968 (Experimente zum visuellen System von Affen); allgemein verständl. Bücher zur Gehirnforschung, z. B.: Wolf Singer: Gehirn und Bewußtsein, Spektrum Akademischer Verlag, Heidelberg 1994. J. D. Cowan, G. B. Ermentrout, in: Springer Series in Synergetics, Bd. 5, S. 122, l. c. (Theorie drogeninduzierter Halluzinationen).
Zu Gehirn und visueller Wahrnehmung siehe H. Haken und M. Haken-Krell: Erfolgsgeheimnisse der Wahrnehmung, DVA, Stuttgart 1992.
Epileptische Anfälle siehe z. B.: A. Babloyantz, in: Springer Series in Synergetics, Bd. 6, S. 180, l. c. C. Uhl, R. Friedrich: Synergetic Analysis of Human Electroencephalograms: Petit-Mal Epilepsy, in «Evolution of Dynamical Structures in Complex Systems», Proceedings of the International Symposium Stuttgart, eds. R. Friedrich, A. Wunderlin, Springer Proceedings in Physics 69, 1992.
Bezüglich Hebbsche Synapse siehe: D. Hebb: «Organization of behavior», Wiley, New York 1979.

17. Die Emanzipation des Computers: Wunsch oder Alptraum?

Zur Mustererkennung siehe: K. S. Fu: «Digital Pattern Recognition», Springer, Berlin, Heidelberg, New York 1976; K. S. Fu: «Syntactic Pattern Recognition Applications», Springer, Berlin, Heidelberg, New York 1976; K. S. Fu, in: Springer Series in Synergetics, Springer, Berlin 1979, Bd. 5, S. 176 l. c.; T. Kohonen: Associative Memory – A System – Theoretical Approach, Springer, Berlin, Heidelberg, New York 1978,
sowie in Springer Series in Synergetics, Springer, Berlin 1979, Bd. 5, S. 199 l. c.
Synergetischer Computer: H. Haken, Synergetic Computers and Cognition, Springer, Berlin, 1990, sowie H. Haken und M. Haken-Krell: a. a. O.
Über die Theorie zur visuellen Wahrnehmung, u. a. Kippfiguren, ergeben sich interessante Querverbindungen zwischen der Synergetik und der Gestalttheorie (vgl. W. Köhler: Die Aufgabe der Gestaltpsychologie, de Gruyter, Berlin, 1971).
Können Computer launisch sein? Siehe J. Weizenbaum: «Computer Power and Human Reason», W. H. Freeman & Co., San Francisco 1976.
Über Neurocomputer gibt es eine umfangreiche Literatur, s. z. B.:
H. Ritter: Neuronale Netze: Eine Einführung in die Neuroinformatik selbstorganisierter Netzwerke, Addison-Wesley, Bonn, München 1994.
D. Nauck, F. Klawonn, R. Kruse: Neuronale Netze und Fuzzy-Systeme, Vieweg, Braunschweig, Wiesbaden 1994.
K. P. Kratzer: Neuronale Netze: Grundlagen und Anwendungen, Carl Hanser Verlag, München, Wien 1993.
N. Hoffmann: Kleines Handbuch neuronaler Netze, Vieweg, Braunschweig, Wiesbaden 1993.
S. Brunak, B. Lautrup: Neuronale Netze: Die nächste Computer-Revolution, Carl Hanser Verlag, München, Wien 1993.
S. Brunak, B. Lautrup: Theorie der neuronalen Netze: Eine systematische Einführung, Springer, Berlin 1993.
G. Grauel: Neuronale Netze: Grundlagen und mathematische Modellierung, BI-Wiss.-Verlag, Mannheim 1992.

18. Die Dynamik wissenschaftlicher Erkenntnis oder
Der Kampf der Wissenschaftler

Thomas S. Kuhn: «The Structure of Scientific Revolution», University of Chicago Press, Chicago 1970.
R. K. Merton: «The Sociology of Science», The University of Chicago Press, Chicago 1973.
Harriet Zuckerman: «Scientific Elite», The Free Press, Macmillan Publishing Co. Inc., New York 1977.
René Thom: «Stabilité Structurelle et Morphogénèse», Benjamin, New York 1972.
Tim Poston, Jan Stewart: «Catastrophe Theory and its Applications», Pitman Publishing Limited, London 1978.

E. C. Zeeman: «Catastrophe Theory. Selected Papers», Addison-Wesley, Reading, Mass. 1977.
G. B. Kolata: Science *196*, 287, 350–351 (1977).
H. J. Sussmann und R. S. Zahler: Synthese *37*, 117–216 (1978); H. J. Sussmann und R. S. Zahler: Behavioral Science *23*, 383–389 (1978).
V. A. Arnold: Catastrophe Theory, Springer, Berlin 1992.
P. Glansdorff, I. Prigogine: «Thermodynamic Theory of Structure, Stability and Fluctuations», Wiley, New York 1971.
G. Nicolis und I. Prigogine: «Self-Organization in Nonequilibrium Systems», Wiley Interscience, New York 1977.
R. Landauer: Phys. Rev. *A 12*, 636 (1975).
Ronald Forrest Fox: Proc. Natl. Acad. Sci, USA, 77, No 7, 3763 (1980).
Von der Zielsetzung her gibt es interessante Parallelen zwischen der Synergetik und der allgemeinen Systemtheorie von Bertalanffys (s. z. B.: L. von Bertalanffy: General System Theory, Foundations, Development, Applications, rev. ed., George Braziller, New York 1976). Beide Theorien haben u. a. die Auffindung von Analogien zwischen verschiedenen Systemen zum Ziel. Während aber die allgemeine Systemtheorie diese Analogien auf der Ebene der einzelnen Teile suchte, sucht (und findet!) die Synergetik weitreichende Analogien auf der Ebene der Ordnungsparameter.
Schließlich sollte hier noch der entscheidende Unterschied zwischen der Kybernetik (N. Wiener: Cybernectics, The Technology Press of M. I. T. and John Wiley and Sons, Inc., New York 1953) und der Synergetik diskutiert werden: Die Kybernetik («Steuermannskunst») befaßt sich mit der Regelung und Steuerung, die Synergetik hingegen mit der Selbstorganisation. Zur Geschichte der letzteren siehe R. Paslack: Urgeschichte der Selbstorganisation, Vieweg u. Sohn, Verlagsgesellschaft mbH, Braunschweig/Wiesbaden 1991, siehe auch H. von Förster: Principles of Self-Organization in a Socio-Managerial Context, in: H. Ulrich/G. J. B. Probst, ed., 1984, Self-Organization and Management of Social Systems. Insights, Promises, Doubts, and Questions, Berlin, mit weiteren Referenzen.

19. Rückblick

Zur Zukunft des Weltalls siehe z. B.: F. J. Dyson: Rev. Mod. Phys. *51*, 447 (1979), s. a. R. Breuer: «Vom Ende der Welt», Bild der Wissenschaft, Stuttgart 1981, Heft 1, 18. Jahrgang, S. 46.
Kurt Gödel: «Über formal unentscheidbare Sätze der Prinzipia Mathematica und verwandter Systeme», I., Monatshefte für Mathematik und Physik, 38, 173–198 (1931); vgl. auch Douglas R. Hofstadter: «Gödel, Escher, Bach, and Eternal Golden Braid», The Harvester Press Ltd., Hassocks 1979.

Bildnachweis

1.1 Galaxie M 81, aus H. C. Arp: «The Evolution of Galaxies», Readings from Scientific American: «New Frontiers in Astronomy», Freeman and Co, San Francisco 1975
1.3 Naturwissenschaftl. Rundschau, *10*, 1979
1.4 «Zeichnen», aus M. C. Escher: «Graphik und Zeichnungen», Heinz Moos Verlag, München 1975
2.3 «Ordnung und Chaos», aus M. C. Escher: «Graphik und Zeichnungen», Heinz Moos Verlag, München 1975
3.1 Aus G. Adam, P. Läuger, G. Stark: «Physikalische Chemie und Biophysik», Springer, Berlin 1977, nach L. Pauling: «The Nature of the Chemical Bond», Cornell Univ. Press, 1960
3.3 Aus Gerthsen, Kneser, Vogel: «Physik», Springer, Berlin 1977
3.6 Aus C. Kittel: «Introduction to Solid State Physics», Wiley, New York 1956
4.4 Aus H. Haken: «Die Synergetik. Ordnung aus dem Chaos», Bild der Wissenschaft/Keidel
4.19 Aus M. Bestehorn, H. Haken; Associative Memory of a Dynamical System: The Example of the Convection Instability, Z. Phys. B 82, 305, 1991
4.20 Aus M. G. Velarde, C. Normand: «Convection», Sci. Am. July 1980
4.22 Aus U. George: «Geburt eines Ozeans», Geo 7, Juli 1978, Gruner + Jahr, Hamburg 1978
4.23 Aus H. Haken: «Die Synergetik. Ordnung aus dem Chaos», Bild der Wissenschaft
4.24 Aus J. A. Whitehead jr.: «A Survey of Hydrodynamic Instabilities», in: «Fluctuations, Instabilities and Phase Transitions», ed. T. Riste, Plenum Press, New York 1975
4.25 Aus M. Bestehorn, M. Fantz, R. Friedrich, H. Haken: Hexagonal and Spiral Patterns of Thermal Convection, Physics Letters A, 174, 1993
4.26 Aus «Pattern Formation and Pattern Recognition», ed. H. Haken, Springer, Berlin 1979, nach F. H. Busse, J. A. Whitehead; J. Fluid Mech. *47*, 305 (1971)
4.27 Aus H. L. Swinney, P. R. Fenstermacher, J. P. Gollub: «Transition to Turbulence in a Fluid Flow», in «Synergetics. A Workshop», ed. H. Haken, Springer, Berlin 1977
4.29 Aus R. P. Feynman, R. B. Leighton, M. Sands: «The Feynman Lectures of Physics II, Addison Wesley, 1965
6.5 Aus M. L. Smoes: «Chemical Waves in the oscillatory Zhabotinskii System. A Transition from temporal to spatio-temporal Organization», in «Dynamics of Synergetic Systems», ed. H. Haken, Springer, Berlin 1980
8.3 Aus D. A. McLulich: «Fluctuations in the Numbers of varying Hare», Univ. of Toronto Press, Toronto 1973
8.4 Aus R. M. May: «Model Ecosystems», Princeton Univ. Press, Princeton 1974

9.1 a) Aus M. W. Nirenberg: «The Genetic Code II», b) Aus V. Yanofsky: «Gene Structure and Protein Structure», in Readings from Scientific American: «The Molecular Basis of Life», Freeman and Co, San Francisco 1968

9.4 Aus J. C. Fiddes: «The Nucleotide Sequence of Viral DNA», Sci. Am. December 1977, *54* (1977)

9.5 Aus F. Vester: «Das Kybernetische Zeitalter», S. Fischer Verlag, Frankfurt a. M. 1974

9.6 Aus J. T. Bonner: «Differentiation in Social Amoebae», Readings from Scientific American: «From Cell to Organism», Freeman and Co, San Francisco 1967

9.7 Aus G. Gerisch, B. Hess; Proc. nat. Acad. Sci. (Wash.), *71*, 2118 (1974)

9.13 Aus H. Meinhardt: «The Spatial Control of Cell Differentiation by Autocatalysis and Lateral Inhibition», in «Synergetics. A Workshop», ed. H. Haken, Springer, Berlin 1977

11.3 «Kreislimit IV» aus M. C. Escher: «Graphik und Zeichnungen», Heinz Moos Verlag, München 1975

11.4 Aus G. C. Davison/J. M. Neale: «Klinische Psychologie», Urban & Schwarzenberg, München/Wien/Baltimore 1979

12.1 Film- und Bildarchiv Werner-Büdeler, 83629 Weyarn

12.3 Aus H. Haken: «Synergetics. An Introduction», Springer, Berlin 1978

12.3 Aus Physics Today, January 1978

14.6 Aus G. Mensch, K. Kaasch, A. Kleinknecht, R. Schnopp: «Innovation Trends, and Switching Between Full- and Under-Employment Equilibria 1950–1978», IIM/dp 80–5, discussion paper series, International Institute of Management, Wissenschaftszentrum Berlin, Berlin 1980

16.1, 16.2 Aus T. H. Bullock, R. Orkand, A. Grinell: «Introduction to Nervous Systems», Freeman and Co, San Francisco 1977

16.2a Aus D. H. Hubel: «The Brain», Sci. Am. September 1979, *39* (1979)

16.4 Aus N. A. Lassen, D. H. Ingvar, E. Skinhøj: «Brain Function and Blood Flow», Sci. Am. October 1978

16.6 Aus A. Babloyantz: «Self-Organization Phenomena in Multiple Unit Systems», in «Dynamics of Synergetic Systems», ed. H. Haken, Springer, Berlin 1980

17.2 Aus K. S. Fu: «Syntactic Methods in Pattern Recognition», Academic Press, New York 1974

17.11 Aus L. R. Rabiner, R. W. Schafer: «Digital Processing of Speech Signals», Prentice-Hall Inc., Englewood Cliffs, New Jersey, © 1978 Bell Labs Inc.

17.12 Aus G. Hoffmann: «Brunnen und Wasserspiele», J. Hoffmann Verlag, Stuttgart 1980

17.19 Aus G. Adam, P. Läuger, G. Stark: «Physikalische Chemie und Biophysik», Springer, Berlin 1977, nach Singer, Nicolson; Science *1975*, 720 (1972)

18.1 Aus K. Appel, W. Haken: «Der Beweis des Vierfarbensatzes», Spektrum der Wissenschaft, Erstedition

Register

Ausflüge ins All

Kosmologie und Astrophysik

Peter W. Atkins
Schöpfung ohne Schöpfer *Was war vor dem Urknall?*
(rororo sachbuch 8391)

Reinhard Breuer (Hg.)
Immer Ärger mit dem Urknall
Das kosmologische Standardmodell in der Krise
(rororo science 9323)

Rudolf Diehl
Sonne, Mond und Sterne
Unser Sonnensystem - Ein Überblick
(rororo sachbuch 9305)

Hans Elsässer
Weltall im Wandel
Die neue Astronomie
(rororo sachbuch 8361)
Die Astronomie, zu deren führenden Vertretern Professor Hans Elsässer zählt, entwirft heute ein neues Bild vom Weltall. Durch das stark erweiterte Arsenal ihrer Beobachtungsmethoden hat sich die älteste Wissenschaft von der Natur in jüngster Zeit geradezu explosiv entwickelt. Werden und Vergehen im Kosmos ist eines ihrer zentralen Forschungsthemen. Hans Elsässers reich bebilderte Darstellung bilanziert umfassend und prägnant diese «neue Astronomie».

Tor Nørretranders
Der Anfang der Unendlichkeit
Essay über den Himmel
(rororo science 9528)

rororo sachbuch

James Trefil
Fünf Gründe, warum es die Welt nicht geben kann
Die Astrophysik der Dunklen Materie
(rororo science 9313)
«Trefils Buch ist eine faszinierende Chronik der geistreichen Versuche, mit den Problemen der heutigen Modelle des Universums zu Rande zu kommen - ohne technische Details, Formeln, komplizierte Diagramme und in einfacher, klarer Sprache.»
Wiener Zeitung

Ein Gesamtverzeichnis aller lieferbaren Bücher und Taschenbücher der Rowohlt Verlage und des Wunderlich Verlags finden Sie in der *Rowohlt Revue*. Jedes Viereljahr neu. Kostenlos in Ihrer Buchhandlung.

James Trefil

Physik im Strandkorb *Von Wasser, Wind und Wellen*
Deutsch von Helmut Mennicken
Mit Illustrationen von Gloria Walters
(rororo science 9683 - erhältlich ab Juli '94 - und als gebundene Ausgabe im Wunderlich Verlag)
Wie kommt das Salz ins Meer? Warum gibt es Ebbe und Flut? Wieso rollen die Wellen immer parallel auf den Strand zu?
«Ein herrlicher Ausflug vom Strand bis ans Ende des Sonnensystems.»
The New York Times

Physik in der Berghütte *Von Gipfeln, Gletschern und Gestein*
Deutsch von Helmut Mennicken
(rororo science 9382 und als gebundene Ausgabe im Wunderlich Verlag)
James Trefils Streifzüge durchs Gebirge sind keine schweißtreibenden Kletterpartien, sondern lustvolle Gedankenreisen: von Felsmassiven zur Geschichte der Erde, vom sprudelnden Gebirgsbach zu Strömungslehre und Chaostheorie, vom Drehwuchs der Bäume zum Ursprung des Lebens.
«Trefil ist einer der wenigen Wissenschaftler, die dem Leser nicht nur die wissenschaftlichen Sachverhalte, sondern auch den Spaß daran vermitteln.»
Los Angeles Times

Wunderlich und rororo

1000 Rätsel der Natur
Deutsch von Helmut Mennicken
(als gebundene Ausgabe im Wunderlich Verlag)
In lebendiger Sprache werden die Grundlagen der Biologie, der Physik, der Geologie und Astronomie dargestellt. Wir erfahren aber auch, was der Daumen des Panda-Bären evolutionsgeschichtlich bedeutet, warum wir alt werden, warum Blumen einst für das Dinosaurier-Sterben verantwortlich gemacht worden sind und was Computerviren mit Krankheitserregern gemeinsam haben.

Fünf Gründe, warum es die Welt nicht geben kann *Die Astrophysik der Dunklen Materie*
(rororo science 9313)